myBook+

Ihr Portal für alle Online-Materialien zum Buch!

Arbeitshilfen, die über ein normales Buch hinaus eine digitale Dimension eröffnen. Je nach Thema Vorlagen, Informationsgrafiken, Tutorials, Videos oder speziell entwickelte Rechner – all das bietet Ihnen die Plattform myBook+.

Ein neues Leseerlebnis

Lesen Sie Ihr Buch online im Browser – geräteunabhängig und ohne Download!

Und so einfach geht's:

- Gehen Sie auf **https://mybookplus.de**, registrieren Sie sich und geben Sie Ihren Buchcode ein, um auf die Online-Materialien Ihres Buches zu gelangen
- **Ihren individuellen Buchcode finden Sie am Buchende**

Wir wünschen Ihnen viel Spaß mit myBook+!

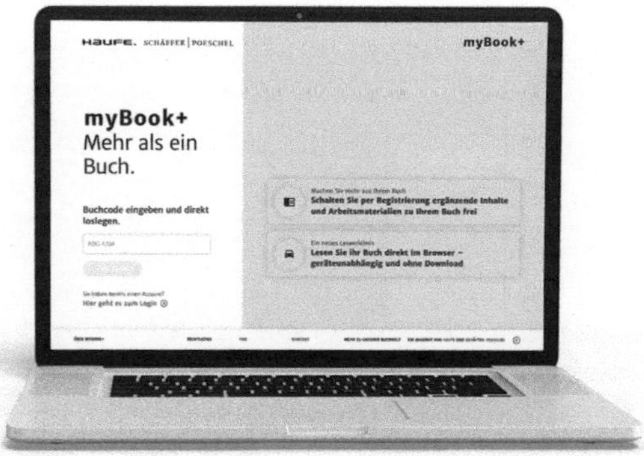

Nachhaltigkeit beginnt im Kopf

Dr. Maria Hoffacker

Nachhaltigkeit beginnt im Kopf

Die Macht der Hirnforschung für die Unternehmenskultur nutzen

1. Auflage

Haufe Group
Freiburg · München · Stuttgart

Bibliografische Information der Deutschen Nationalbibliothek

Die Deutsche Nationalbibliothek verzeichnet diese Publikation in der Deutschen Nationalbibliografie; detaillierte bibliografische Daten sind im Internet über http://dnb.dnb.de/ abrufbar.

Print:	ISBN 978-3-648-17503-3	Bestell-Nr. 10992-0001
ePub:	ISBN 978-3-648-17504-0	Bestell-Nr. 10992-0100
ePDF:	ISBN 978-3-648-17505-7	Bestell-Nr. 10992-0150

Dr. Maria Hoffacker
Nachhaltigkeit beginnt im Kopf
1. Auflage, Juni 2024

www.haufe.de
info@haufe.de

Bildnachweis (Cover): © draganab, iStock

Produktmanagement: Bettina Noé

Für Saskia und Patrick

Inhaltsverzeichnis

Prolog 13
Einleitung 17

1 Einführung: Warum Nachhaltigkeit für Führungskräfte wichtig ist 23
1.1 Die Bedeutung von Nachhaltigkeit für die Wettbewerbsfähigkeit und das Image des Unternehmens 26
1.2 Die Rolle von Führungskräften bei der Veränderung der Unternehmenskultur 35

2 Die Neurobiologie von Nachhaltigkeit 39
2.1 Die Dreifaltigkeit unserer Gehirne 45
2.1.1 Unser Kopf – der rationale Verstand? 46
2.1.2 Herzblut und mehr Gehirn 86
2.1.3 Darm – unser Bauchgefühl 106
2.1.4 Die vergessene Kunst des Atmens 113
2.1.5 Die Macht der Düfte – wie Gerüche das Gehirn beeinflussen 116
2.2 Wie unser Gehirn auf Nachhaltigkeit reagiert und wie das unser Verhalten beeinflusst 119
2.2.1 Neuromarketing 120
2.3 Bedeutung von Glaubenssätzen und Mindset für nachhaltiges Handeln 122

3 Veränderung von Glaubenssätzen und Mindset im Unternehmen 125
3.1 Praxiserprobte Methoden zur Förderung von nachhaltigen Glaubenssätzen und einem nachhaltigen Mindset 132
3.1.1 Die 1,5-Prozent-Methode 134
3.1.2 Expedition in die Zukunft 136
3.1.3 Den Code entschlüsseln 137
3.1.4 Navigationssystem 138
3.1.5 Der 5-Uhr-Club 140
3.1.6 Gewohnheiten unterbrechen 141
3.1.7 Muscle-Memory-Training 142
3.1.8 Mindset mit Momentum – wie du die Zeit für dich arbeiten lässt 144
3.1.9 Rekalibrieren lernen – wie du dich neu programmierst 152
3.1.10 Tipping Point – wie kleine Dinge Großes bewirken können 158
3.1.11 Deine Entscheidung – wie du deine Bremsen löst 162
3.1.12 Meine Chefin: die KI – wie sich Führung verändert 165
3.2 Wie Führungskräfte und Teams durch Zusammenarbeit und Kollaboration nachhaltiges Handeln unterstützen können 168
3.2.1 Gemeinsam unternehmen – Entrepreneur Spirit 169
3.2.2 Coachen und Trainieren – Teamplay 171

3.2.3 Ökolopoly/ecopolicy – gemeinsam Spielen ... 173
3.2.4 Co-Creation – gemeinsam Denken ... 174
3.2.5 Green Teams und Lernreisen – neue Formen nachhaltigen Zusammenarbeitens . 176
3.2.6 Nachhaltige Narrative ... 178

4 Erfolgsfaktoren nachhaltiger Unternehmensführung ... 183
4.1 Erfolgsmodelle nachhaltiger Unternehmen ... 186
4.1.1 Reinventing Business and Leadership ... 187
4.1.2 Holacracy – agiler Prozess statt Hierarchie ... 191
4.1.3 Quantopia – Wirtschaft mit Quanten ... 192
4.1.4 Ökonomische Ansätze aus Oxford und Cambridge ... 194
4.1.5 Wissen heißt: macht! – Aufbruch in eine intelligentere Ökonomie ... 199
4.2 Erfolgsfaktoren nachhaltiger Unternehmensführung und wie Führungskräfte diese umsetzen können ... 200
4.2.1 New Work needs Inner Work ... 203
4.2.1 New Sustainable Work ist das neue New Work ... 210

5 Nachhaltigkeit als Teil der Unternehmenskultur ... 213
5.1 Wie Nachhaltigkeit als Grundlage für eine erfolgreiche Unternehmenskultur genutzt werden kann ... 213
5.1.1 Der Acht-Stufen-Prozess des nachhaltigen Wandels ... 214
5.1.2 Fairness-Faktor und Fairness-Formel ... 221
5.1.3 Angstfreie nachhaltige Organisationskultur ... 223
5.1.4 Co-Creation Leadership und Toolbook ... 225
5.2 Umsetzung von nachhaltigen Strategien in allen Unternehmensbereichen ... 227

6 Fazit: Wie Führungskräfte ihr Mindset und das ihrer Teams verändern können ... 233
6.1 Zusammenfassung der wichtigsten Erkenntnisse und Methoden ... 237
6.2 Ausblick auf die Bedeutung von Nachhaltigkeit für die Zukunft von Unternehmen und Gesellschaft ... 242

7 Danke ... 247

Literatur ... 249
Anmerkungen/Endnoten ... 255
Die Autorin ... 263

Abbildungsverzeichnis

Abb. 1: Die Entwicklung der planetaren Grenzen 2009 und 2015 (eigene Darstellung in Anlehnung an Quelle: https://stockholmuniversity.app.box.com/s/sr0nfknm95oydnnsm1zj0c526qzjn1vsPIK-Potsdam) ... 40

Abb. 2: Die aktuelle Situation: Sechs der neun Bereiche stehen auf Rot (Stand 2023) (eigene Darstellung in Anlehnung an Quelle: https://stockholmuniversity.app.box.com/s/sr0nfknm95oydnnsm1zj0c526qzjn1vsPIK-Potsdam) ... 41

Abb. 3: Das Gehirn des Menschen (eigene Darstellung unter Verwendung Depositphoto 237266214) ... 56

Abb. 4: Zwei Wege der Angst nach LeDoux (eigene Darstellung unter Verwendung Depositphotos 169518718 und 92595086) ... 60

Abb. 5: Die Gehirnwellenfrequenzen (eigene Darstellung in Anlehnung an Quelle https://sleeping-buddha.de/2020/12/delta-und-theta-wellen/ ... 71

Abb. 6: Die Nervenzelle (Lösung der Gedächtnisübung aus diesem Kapitel) (eigene Darstellung unter Verwendung von depositfoto 101891680) ... 85

Abb. 7: Der zehnte Hirnnerv – Nervus vagus (eigene Darstellung unter Verwendung von Shutterstock-Bild 2216537757) ... 90

Abb. 8: Herzratenvariabilität bei Stress/Ärger und bei Dankbarkeit/Zufriedenheit (eigene Darstellung nach heartmathdeutschland.de) ... 94

Abb. 9: Herzmagnetismus – Verbindung über elektromagnetische Felder (eigene Darstellung nach Kirlian-Fotografie in Anlehnung an Quelle Minute 3.30: https://youtu.be/5-Vk6ITY5iA?feature=shared) ... 98

Abb. 10: Das ReSource-Modellprojekt (eigene Darstellung in Anlehnung an Quelle: Das ReSource Projekt – Dr. Tania Singer) ... 104

Abb. 11: Der Vagusnerv – Verbindungsachse Gehirn, Herz und Darm (eigene Darstellung unter Verwendung von Shutterstock-Bild 2216537757) ... 108

Abb. 12: Die siebzehn Sustainable Development Goals (SDGs) der UN (eigene Darstellung in Anlehnung an Quelle: https://unric.org/de/17ziele/) ... 127

Abb. 13: Die fünf Inner Development Goals (IDGs) (eigene Darstellung in Anlehnung an Quelle Inner Development Goals – Inner Growth for Outer Change und https://www.haufe-akademie.de/fokus-personalentwicklung/idg?) ... 128

Abb. 14: Handschwengelpumpe (eigene Darstellung nach https://www.hornbach.de/p/handschwengelpumpe-75-mm-1-1-4/1640160/?) ... 160

Abb. 15: Teamplay (Foto zur Verfügung gestellt von High5 2Rise AG) ... 173

Abb. 16: Die Ganzheit des Menschen (eigene Darstellung gemäß Quellen: Buch Reinventing Organisations und https://youtu.be/gcS04BI2sbk?feature=shared auf englisch abgerufen 20.1.2024) ... 190

Abb. 17: Theorie U (Eigene Darstellung nach C. Otto Scharmer in Anlehnung an Quelle: Theorie U | school of facilitating ... 195

Abb. 18: Die Donut-Ökonomie (eigene Darstellung in Anlehnung an About Doughnut Economics | DEAL). 198

Abb. 19: AQAL-Modell (eigene Darstellung nach https://media.licdn.com/dms/image/C4D12AQGmBZeh5M7HVQ/article-inline_image-shrink_1000_1488/0/1566293394899?e=1710979200&v=beta&t=YAUGtePQTDTx0Cs_QKck8l1uYNfXeowGbExQw50Ixgo) . 205

Prolog

Warum bewirken die klaren Aussagen der Wissenschaft und die Klimaproteste letztendlich so wenig? Nachhaltige Veränderungen in Wirtschaft und Politik scheinen nur unglaublich langsam voranzuschreiten.[1] Woran liegt das und wie kommen wir ins Tun? Wie kann die kulturelle Transformation wirklich gelingen? Dieses Buch bietet einen vollkommen neuen Ansatz. Es zeigt erfolgreiche und vor allem tiefergehende Strategien auf, die auf den wissenschaftlichen Erkenntnissen der Neurowissenschaften beruhen. Das Buch ist eine Quelle der Inspiration und Motivation für alle, die sich für Nachhaltigkeit und unternehmerische Verantwortung interessieren und die bereit sind, diese Prinzipien in ihrem eigenen Leben und in ihrer Arbeit umzusetzen.

Als Pionierin im Umweltmanagement war ich eine der ersten Nachhaltigkeitsmanagerinnen – damals hießen sie Umweltbeauftragte –, die es in Unternehmen gab. Als promovierte Meeresökologin hatte ich als Trainee und Consultant in einer Wirtschaftsberatung die nötige ökonomische Grundbefähigung erworben. Ansonsten wäre ich nach damaliger Meinung – ich spreche von 1991 – zu »birkenstockmäßig«, zu »öko« gewesen. Heute hat sich das Image von Birkenstock-Schuhen gewandelt, seit Heidi Klum 2003 eine Sandalen-Collection entworfen hat. Sie sind nun modern und hipp, Instagram-Influencer lieben sie.[2] Das Image von Nachhaltigkeit hinkt jedoch immer noch hinterher. Zwar ist das Thema mittlerweile durchaus angesagt, die Zahl der Klimaleugner ist gesunken, die Regularien sind höher geworden, und alle Unternehmen müssen sich damit beschäftigen – tun jedoch nur das Nötigste. Also wirklich hipp ist was anderes – sprich: Spaß bringt es nicht. Und gerade das wäre bitter nötig. Es sollte unser Gehirn in Schwung bringen. Der richtige Kick fehlt immer noch. Deshalb habe ich mich seit nun über zehn Jahren in die Neurowissenschaften und in die Psychologie von Wandel und Transformation vertieft und viele effektive und gleichzeitig ansprechende Tools aufgespürt. Ich wollte wissen, was uns Menschen davon abhält, uns selbst zu retten. Die gute Nachricht: Problem erkannt – Lösungen gefunden. Du wirst sehen und – so hoffe ich – umsetzen.

Dieses Buch beruht auf meinen langjährigen Erfahrungen als CSR-Lead (CSR=Corporate Social Responsibility). Dies war – und ist auch heute noch – eine wirklich herausfordernde Führungsaufgabe,[3] die strategisch das ganze Unternehmen umfasste, allerdings ohne konkrete Weisungsbefugnis aber mit direkter Berichterstattung an den Vorstandsvorsitzenden. Denn Umwelt war und ist Chefsache und natürlich war ich international für alle Länder zuständig. Meine Durchsetzungsstärke und fast meditativ motivierende Überzeugungsfähigkeit wurden gelobt. Der Erfolg war jedoch stets von der aktuellen Relevanz des Umweltthemas abhängig. Dennoch gelang es mir, den ersten Umweltbericht des Unternehmens zu erstellen, wofür ich 1993 einen der allerersten B.A.U.M.-Umweltpreise erhielt.

Auch die Kommunikationsherausforderungen in einem Medienunternehmen waren spannend, da ich mit vielfältigen Stakeholdern interagieren musste, darunter auch Greenpeace-Aktivisten, die direkt vor unserem Verlagsgebäude protestierten. Diese Erfahrungen haben meine Fähigkeiten weiter geschärft und mir gezeigt, wie externer Druck dazu beitragen kann, Veränderungen voranzutreiben. Die Leserinnen und Leser meines Buches können nun von meinen Erfahrungen und Kompetenzen, die ich auf dem Gebiet des CSR-Leadership erlangt habe, profitieren. Sie lernen, wie sie auch ohne formale Autorität erfolgreich Einfluss nehmen können und wie sie ihre Überzeugungskraft nutzen, um Veränderungen anzustoßen.

Als echtes Kölner Dreigestirn habe ich drei Fächer studiert: Biologie, Theologie und Pädagogik. Früher dachte ich – bzw. es wurde mich gesagt –, dass diese Richtungen nicht wirklich zusammenpassen. Doch es hat sich gezeigt, dass es genau die richtige Kombination ist, die neue Sichtweisen und Umsetzungsstrategien ermöglicht. Ich werde dir die Dreifaltigkeit unserer Gehirne näher bringen: die biologisch-natürliche Triebkraft einiger Werte, die unternehmerische Entwicklungspsychologie und die pädagogische verantwortliche Führung von Menschen. Und ich werde dich duzen, damit dein Gehirn sich auch wirklich angesprochen fühlt. Bezüglich der gendergerechten Sprache werde ich ein bisschen innovativ mischen, um die Aufmerksamkeit deiner Denkstrukturen wach zu halten. In jedem Fall sollten sich immer alle angesprochen fühlen.

Im Rahmen dieses Buches werde ich dir zahlreiche neue gehirngerechte Methoden aus verschiedenen Wissenschaftszweigen vorstellen und dir zeigen, wie du sie in der Praxis anwenden kannst. Ich lade dich herzlich dazu ein, sie zu testen und auszuprobieren, denn auch der Blick über den Tellerrand gehört zu den Fähigkeiten, die wir für eine nachhaltige Zukunft brauchen. Insgesamt sechszehn Jahre war ich im Editorial Board für GEO TV tätig, einer Dokumentationsreportage, die wöchentlich auf ARTE ausgestrahlt wurde. Meine Erfahrung ist: Menschen, die Natur filmen, haben immer die neueste Technologie, nutzen die innovativsten und kreativsten Methoden, sind unglaublich geduldig, diszipliniert und willensstark. Natur scheint eine transformative Wirkung zu haben. Ihre Gesetze sind in uns und je mehr wir uns auf sie einlassen, desto mehr Kraft verleihen sie uns. Ich lade dich herzlich ein, dich dieser Erfahrung zu öffnen, möglichst viel selbst zu testen und zu messen und mein breit gefächertes Angebot für dich zu nutzen.

> Die Wissenschaft zeigt uns täglich mit neuen Studien, dass wir dabei sind, unsere Lebensgrundlagen unwiederbringlich zu zerstören – und trotzdem konsumieren und produzieren wir nahezu unverändert in der tradierten Weise weiter. Woran liegt das?

Warum handeln wir nicht, wenn es doch wirklich ums Überleben geht. Was hält uns davon ab?
Um diese Frage wirklich zu beantworten, müssen wir uns mit dem Wesen des Menschen befassen, mit unserer Biologie und den Konsequenzen, die sich daraus ergeben. Welches Potenzial besitzt unser Gehirn? Was ist evolutiv möglich auf Basis der Naturgesetze, die uns Menschen mit umfassen. Was geht in unserem Schädel vor?

Um ein neues Zukunftsszenario als Vision und konkretes Bild entwickeln zu können, müssen wir also zunächst das Verständnis für uns als Menschen vertiefen: Was ist denn eigentlich biologisch möglich und was liegt brach? Warum fällt uns Transformation so unglaublich schwer? Wir brauchen dafür dringend Wegbereiter, die das Wissen besitzen und ganzheitlich umsetzen, Führungspersonen, die eine konkrete Zukunftsvision verfolgen, die Hoffnung geben. Und wir müssen – neudeutsch gesprochen – dringend ein neues positives Transformationsnarrativ entwickeln.

Akteure einer solchen Transformation sind Unternehmen und wirtschaftliche Entscheider. Führungspersönlichkeiten sollten als Erste tiefer gehen und die wirklichen Hebel für Transformationen erkennen und umsetzen. Dieses Buch soll dazu beitragen, das dazu notwendige lebendige Wissen zu vermitteln.

Einleitung

An ihren Taten sollt ihr sie erkennen!
1. Johannes 2,1-6

Geschrieben steht: Im Anfang war das Wort! ....schreibe getrost: im Anfang war die Tat!
Goethe, »Faust« (Studierzimmerszene)[4]

Welches Bild hast du im Kopf, wenn du an die Zukunft denkst? Gibt es überhaupt eins? Ist es konkret, ist es nachhaltig, ist es bunt und lebendig oder eher düster und grau? Dies ist kein neues Buch über Nachhaltigkeit im Unternehmen. Es wird nicht Nachhaltigkeitsstrategien oder gar Theorien wiederholen, sondern den Blick dahinter wagen, um die Barrieren für Veränderung an den Wurzeln zu packen. Dieses Buch geht an die Fundamente, an die biologischen und an die kulturellen. Es ist praxisnah, transformierend, direkt anwendbar und umsetzbar. Dieses Buch enthält »lebendiges Wissen« für den Menschen von morgen, für die Führungsperson der Zukunft. Wir werden präkrastinieren und nicht prokrastinieren. Du darfst dich auf eine Fülle an inspirierenden und transformativen Informationen freuen, begleitet von konkreten Methoden zur praktischen Umsetzung – Neuroculturehacks für dich selbst und für dein Unternehmen. Greife zu!

Der Titel dieses Buches »Nachhaltigkeit beginnt im Kopf« könnte als bloße Floskel betrachtet werden, als ein idealistisches Mantra ohne klaren Anwendungsbezug im eng getakteten Geschäftsalltag. Doch gerade in einer Ära, in der die Wirtschaft immer stärker von globalen Herausforderungen beeinflusst wird, gewinnt dieses Konzept zunehmend an Bedeutung. Es lohnt sich ein Blick in die Köpfe – vor allem auch in den eigenen.

Dieses Buch gibt dir einen praktischen Leitfaden, der die grundlegenden Konzepte der Nachhaltigkeit mit den Herausforderungen und Chancen für Unternehmen und Führungspersönlichkeiten verbindet – und zwar auf einer Ebene, die bis in die Biologie des menschlichen Denkens reicht.

Durch die Linse der Neurowissenschaften und des menschlichen Verhaltens erkunden wir, wie nachhaltiges Denken in den Gehirnen der verantwortlichen Entscheidungsträger verankert werden kann – sowohl in ihren eigenen als auch in deren Teams. Wir betrachten nicht nur die ökonomischen Vorteile einer nachhaltigen Unternehmensführung, sondern auch die Neurobiologie des Wandels und wie sie in der DNA unserer Unternehmen verankert werden kann.

Von der Energieeffizienz bis hin zur Schaffung einer Unternehmenskultur, die auf Menschlichkeit und langfristigem Wachstum basiert, erforscht dieses Buch die direkten Auswirkungen nachhaltigen Denkens auf den Geschäftserfolg. Es hebt die strategischen Vorteile hervor, die Unternehmen durch ein Umdenken in Richtung Nachhaltigkeit erlangen können – sei es durch Kosteneinsparungen, verbesserte Markenreputation oder die Erschließung neuer Märkte.

Doch es geht über die traditionellen wirtschaftlichen Vorteile hinaus. Dieses Buch fordert Unternehmer und Führungskräfte dazu auf, ihre Rolle als Gestalter einer zukunftsfähigen Welt anzunehmen. Es beleuchtet die Verantwortung, die Unternehmen tragen, um nicht nur Gewinne zu maximieren, sondern auch einen positiven Einfluss auf Umwelt, Gesellschaft und die nächste Generation zu hinterlassen, basierend auf den Erkenntnissen der Neurowissenschaften und der biologischen Grundlagen des menschlichen Verhaltens.

Darüber hinaus hebt dieses Buch einen unschätzbaren Wert hervor: Es vermittelt zukunftsorientierte Fähigkeiten und Kompetenzen, die für das unternehmerische Handeln im 21. Jahrhundert unerlässlich sind. Es ermutigt zur Entwicklung von Innovationsgeist, Anpassungsfähigkeit und der Fähigkeit, langfristig zu denken – essenzielle Werkzeuge für die Gestaltung einer nachhaltigen und wettbewerbsfähigen Zukunft.

Dieses Buch ist keine philosophische Abhandlung über Ideale – auch wenn altes Menschheitswissen aus Theologie und Philosophie natürlicherweise einfließt –, sondern ein praktisches Werkzeugset für Entscheidungsträger, um nachhaltiges Denken in ihre Unternehmensstrategie zu integrieren – gestützt auf das Wissen über die Biologie des menschlichen Gehirns, die Prinzipien der Neurowissenschaften und zukunftsorientierte Fähigkeiten. Es bietet konkrete Maßnahmen, Fallstudien und bewährte Praktiken, die Unternehmen dabei unterstützen, einen Weg zu einer nachhaltigeren Zukunft zu finden, ohne den Fokus auf Rentabilität und Wachstum zu verlieren. Es zeigt Wege zur Transformation in eine menschliche Zukunft und eine Wirtschaft im Einklang mit dem Leben. Lebendiges Wissen für lebendige Organisationen, die die Zukunft gestalten.

Als Unternehmer und Führungskräfte habt ihr die Macht, nicht nur eure Unternehmen zu transformieren, sondern auch die Welt, in der wir leben. »Nachhaltigkeit beginnt im Kopf« bietet die Werkzeuge, Einsichten und zukunftsorientierten Fähigkeiten, um diesen Wandel anzustoßen und eure unternehmerische Vision auf eine neue, nachhaltige Ebene zu heben – basierend auf den Erkenntnissen der Neurowissenschaften und der biologischen Prinzipien des menschlichen Denkens und Erfahrens. Lasst uns gemeinsam die Geschäftswelt revolutionieren – zum Wohle der Gesellschaft und des Planeten.

Die Herausforderung besteht darin, auszubrechen aus tief verwurzelten Denkweisen oder deduktiven Mustern. Es geht nicht darum, wie die Dinge sind oder waren, sondern darum, den aktuellen Zustand komplett infrage zu stellen, um Neues, Nachhaltiges zu erschaffen. Dazu braucht es Vertrauen, Verletzlichkeit, Risikobereitschaft und den Mut, Fehler zu machen.

Es ist keine Frage: Nachhaltigkeit und Neurowissenschaften sind beide aktuell, beide Begriffe und das dahinter liegende Wissen stehen hoch im Kurs – theoretisch zumindest. Es gibt zahlreiche Bücher und Publikationen, jedoch scheitert es oft an der praktischen Umsetzung. Und an diesem Punkt kann die Kombination dieser Themenbereiche meines Erachtens und meiner Erfahrung nach sehr helfen – mit einem anderen, viel konkreteren und klareren Ansatz. Trotzdem kommt die Frage hoch: Jetzt also auch noch Nachhaltigkeit mit »Neuro«? Allem, was man einen aktuellen Touch verpassen will, setzt man ja nun ein »Neuro« vorweg: Neuromarketing, Neurohacking, Neurotrading, Neurotraining und jetzt auch noch »Neuronachhaltigkeit«? Auf jeden Fall hat es der doch abgedroschene Begriff Nachhaltigkeit bitter nötig. Heute ist ja alles und nichts nachhaltig. **Alles**, weil Greenmarketing und Greenwashing in aller Munde sind und sich ohne Nachhaltigkeit nichts mehr so gut verkaufen lässt. Und **nichts**, weil wir – trotz aller vermeintlichen Anstrengungen – Wetterphänomene und Klimadaten sowie gesellschaftliche und geopolitische Phänomene und Lagen bewältigen müssen, die zeigen, dass wir immer noch nicht begriffen haben, dass es nicht um Nachhaltigkeit an sich geht, sondern darum, uns selbst das Überleben zu sichern. Es geht um Leben, Lebendigkeit, um Koexistenz und Kooperation. Also letztendlich um uns Menschen und die Fragen, wer wir in Zukunft sein wollen, warum, wie viele und mit wem. Es geht um Überleben, um Zusammenleben, um eine kulturelle Transformation. Und die sollte am besten in den Unternehmen anfangen, denn Unternehmen sind soziale Systeme und gesellschaftliche Akteure. Unternehmen als Mikrokosmos müssen ihren Beitrag zur Erhaltung des Makrokosmos Erde leisten. Und mehr noch: Wirtschaftlicher Erfolg wird sich anders definieren müssen als Gewinnmaximierung. Unternehmen, die sich als lebendige Wesen verstehen, werden die Zukunft gestalten. Und wie lebende Systeme funktionieren, lehrt die Biologie. Wie insbesondere wir Menschen ticken, dies zeigt die Neurowissenschaft in überraschenden neuen Erkenntnissen.

Führungskräfte und Unternehmer tragen eine besondere Verantwortung als Hoffnungsträger. Gerade sie dürfen die Zeichen der Zeit umsetzen und die Verantwortung für ihre Mitarbeitenden erkennen. Und damit brauchen gerade sie das Wissen, um für sich zu klären, welche Ziele und welche Strategien nachhaltig zukunftsfähig sind, um damit dann auch Führung übernehmen zu können.

In einer Welt, in der Nachhaltigkeit zunehmend zu einem kritischen Erfolgsfaktor wird, müssen Unternehmen und Führungskräfte ihr Verständnis von Nachhaltigkeit vertiefen, um erfolgreich zu sein. In diesem Buch wird eine neue Perspektive auf Nachhaltigkeit vorgestellt, die sich auf die Schnittstelle zwischen Neurowissenschaften und Nachhaltigkeit konzentriert und dir als Unternehmer und Führungskraft dabei helfen wird, geeignete Maßnahmen umzusetzen, um den Unternehmenserfolg zu steigern.

Das Buch richtet sich insbesondere an Führungspersönlichkeiten, die ihre Unternehmenskultur und ihr eigenes Mindset im Bereich Nachhaltigkeit verändern wollen. Anhand von Erkenntnissen aus der Neurowissenschaft und praxiserprobten Methoden zeigt das Buch auf, wie Nachhaltigkeit als Grundlage für eine erfolgreiche Unternehmensführung genutzt werden kann.

Eine der größten Herausforderungen besteht darin, das Verhalten der Menschen selbst zu ändern. Wir müssen unser Denken und Handeln anpassen, um eine nachhaltigere Welt zu schaffen. Aber wie können wir dies erreichen? Was können wir tun, um ein nachhaltigeres Verhalten zur Gewohnheit zu machen?

In diesem Buch geht es deshalb um die gewinnbringende Verbindung zwischen Nachhaltigkeit und Neurowissenschaften. Es wird untersucht, wie unser Denken und Verhalten im Bereich Nachhaltigkeit von Emotionen und kognitiven Verzerrungen beeinflusst werden. Es wird wissenschaftlich fundiert gezeigt, wie Menschen ihre eigenen Glaubenssätze und ihr Mindset ändern können, um nachhaltiges Handeln zu fördern. Und dies in allen drei Bereichen der Nachhaltigkeit: sozial, ökologisch und ökonomisch.

Das Buch beginnt mit einer Einführung in die Grundlagen der Neurowissenschaften und der Nachhaltigkeit. Es wird erläutert, wie unser Gehirn auf negative Reize reagiert und wie das unser Handeln im Bereich Nachhaltigkeit beeinflussen kann. Es wird verstehbar, was Nachhaltigkeit unternehmerisch wirklich bedeutet und welche grundlegenden ganzheitlichen Auswirkungen ein nachhaltiges Management weit über eine Berichterstattung auf den Unternehmenserfolg hat.

Im zweiten Teil des Buches wird erläutert, wie unsere Glaubenssätze und unser Mindset unsere Entscheidungen und unser Verhalten beeinflussen. Es werden kognitive Verzerrungen erläutert, die dazu führen, dass wir nachhaltiges Handeln vermeiden oder aufschieben. Hier wird auch darauf eingegangen, wie unsere Emotionen uns dazu bewegen können, auf bestimmte Reize und Stimuli zu reagieren. Und es gibt praktische Anleitungen und Methoden, wie du deiner bisherigen Denkweise und deinen Glaubenssätzen auf die Schliche kommst und sie nachhaltig ändern kannst. Es wird auch darum gehen, wie du Energie aufbaust und die Zeit, unser wichtigstes Gut, effektiv nutzt. Und vor allem, wie du gerade in Zeiten des Klimawandels mehr aus der Zeit herausholen kannst. Wichtig ist, die möglichen Hebelwirkungen zu nutzen, um die Wirkungen und Effekte zu maximieren. Ich stelle dir vor, wie du Momentum aufbaust und Leverage nutzt.

Im dritten Teil des Buches werden verschiedene Techniken und Methoden vorgestellt, die Unternehmen, Regierungen und Einzelpersonen anwenden können, um das Mindset der Nachhaltigkeit zu fördern. Dabei wird es um Strategien gehen, die auf Empathie, Zusammenarbeit und Handlungsbereitschaft basieren. Konkrete Beispiele werden aufgezeigt, wie Unternehmen und Regierungen das Mindset der Nachhaltigkeit fördern können, und wie Einzelpersonen ihren eigenen Lebensstil nachhaltiger gestalten können. Die Anwendung der Inner Development Goals (IDGs) wird vorgestellt, um die Sustainable Development Goals (SDGs) der UN zu erreichen. Denn nachhaltige neue Arbeit braucht innere nachhaltige Arbeit.

Im letzten Teil des Buches werden praktische Anleitungen und praktisch erprobte Beispiele und Organisationsmöglichkeiten vorgestellt, die dazu dienen, nachhaltige Glaubenssätze und Mindsets zu fördern. Hierbei wird es um Übungen gehen, die helfen, negative Glaubenssätze zu erkennen und durch positive zu ersetzen. Die Leserinnen und Leser werden auch lernen, wie sie ihre eigenen Ziele im Bereich Nachhaltigkeit setzen und verfolgen können. Führungspersonen lernen, wie Kooperation und Kokreation im Team funktionieren.

Nachhaltigkeit spielt eine entscheidende Rolle in der Gestaltung der Unternehmenskultur, da sie Werte und Verhaltensweisen fördert, die über rein geschäftliche Ziele hinausgehen. Besonders wichtig ist dabei die Frage nach dem Sinn: Warum tun Mitarbeiterinnen und Mitarbeiter das, was sie tun? Die Antwort liegt oft darin, dass ihre Handlungen mit ihren eigenen Werten übereinstimmen. Wie basierend auf den neuen Erkenntnissen der Neurowissenschaften eine anziehende **Unternehmenskultur** mit Sinn kreiert werden kann, wird ebenfalls im letzten Teil des Buches mit einer konkreten Strategie vorgestellt. Eine gelebte Nachhaltigkeitskultur mit der entsprechenden Organisationsstruktur wirkt sich sehr positiv auf das Employer Branding aus und bringt damit in einer Fachkräftemangelsituation enorme Vorteile.

Insgesamt habe ich ein nachhaltiges und gehirngerechtes Buffet angerichtet, das viel Wissen und zahlreiche Übungen und Methoden dazu enthält, wie du die Hirnforschung für dich selbst als Führungspersönlichkeit, für dein Team und für die Unternehmenskultur nutzen kannst.

Antworten auf diese Fragen findest du im Buch:

- Wie wir unser Unterbewusstsein auf nachhaltigen Erfolgskurs bringen.
- Wie wir unseren Barrieren für Veränderung auf die Schliche kommen.
- Wie Nachhaltigkeit und Kultur zu einem echten Vergnügen werden können.
- Wie du eine machtvolle und sinnvolle Zukunftsvision entwickelst.
- Wie du deine Führungspersönlichkeit nachhaltig entfaltest.
- Welche Tools die Hirnforschung für das Employer Branding bereithält.

- Wie du das lebendige Wissen für dein Team einsetzt.
- Wie du essenziell führst.
- Welche Skills du brauchst und wie du sie erlernen kannst.
- Wie du eine Unternehmenskultur erschaffst, die jedem Raum bietet, die Zukunft zu leben und zu gestalten.

1 Einführung: Warum Nachhaltigkeit für Führungskräfte wichtig ist

Wenn man denkt, Nachhaltigkeit ist was, was man quasi als Schleifchen oben dran bindet, kann man es lassen. […] Wenn wir, es nicht schaffen, unseren Kindern einen lebenswerten Planeten zu hinterlassen, dann brauchen wir doch gar nicht erst weiterzumachen. […] Das ist doch die relevanteste Frage. Wie ordnest du Nachhaltigkeit ein. Wie ordnest du unternehmerische Verantwortung ein. Für mich gehört es zur unternehmerischen Verantwortung dazu. Wenn ich Teil eines Problems bin, muss ich doch gucken, dass ich es wieder aufräume. Und dann ist nicht mehr die Frage ob, sondern wie mache ich es und dann kommt einfach eine saubere Managementkompetenz ins Spiel. Also ich frage ja bei Qualität auch nicht, lass ich es weg oder mache ich es oder bei Digitalisierung. Ich muss doch da auch schauen, wie schaffe ich das gegen alle Widerstände, gegen alle Kosten und Aufwand eben doch Schrittchen für Schrittchen nach vorne zu kommen.

Antje von Dewitz von VAUDE auf dem Sustainable Economy Summit, der unter anderem vom Bundesverband Nachhaltige Wirtschaft (BNW) organisiert wurde, Berlin im Dezember 2023

Kennen Sie die Geschichte vom Manager und dem Mädchen? Nein? – hier ist sie:

Ein Manager wurde im Flugzeug neben ein kleines Mädchen gesetzt. Der Manager wandte sich ihr zu und sagte: »Wollen wir uns ein wenig unterhalten? Ich habe gehört, dass Flüge dann schneller vorübergehen. Außerdem ist das ja auch Networking.« Das kleine Mädchen, das soeben sein Buch geöffnet hatte, schloss es langsam und sagte zu dem Manager: »Mmh, über was möchten Sie reden?« – »Oh, ich weiß es nicht.«, antwortete der Manager. »Wie wäre es, über die neueste Aktienmarktentwicklung zu sprechen?« »Okay.«, sagte sie: »Das wäre sicherlich eine hochinteressante Thematik. Aber bitte erlauben Sie mir zuerst eine Frage: Ein Pferd, eine Kuh und ein Reh essen alle dasselbe Zeug – Gras –, aber das Reh scheidet kleine Kügelchen aus, die Kuh einen flachen Fladen und das Pferd produziert Klumpen getrockneten Grases. Warum denken sie ist dies so?« Der Manager dachte darüber nach und gestand: »Nun, ich habe nun wirklich – auch nach reiflicher Überlegung – keine Idee.« Daraufhin antwortete das kleine Mädchen: »Fühlen Sie sich wirklich kompetent genug, mit mir über die Börse zu sprechen, wenn Sie noch nicht mal über Scheiße Bescheid wissen?«[5]

Was denkst du, wenn du diese Geschichte liest? An deinen Biologieunterricht, der lange her ist? Daran, dass du es auch nicht wüsstest? Oder an die Frage, um was es eigentlich geht? Um das lebendige Wissen, um das wirklich Wichtige und nicht um das Scheinbare? Um das, was uns als Menschen überleben lässt, und um das, was uns glücklich macht?

Genau darum soll es in diesem Buch gehen. Es ist ein Plädoyer, sich um die wirklich wichtigen Dinge zu kümmern, dann erfolgt der Rest leicht und fast von selbst – sowohl der unternehmerische als auch der menschliche Erfolg. Denn die Art, wie wir denken, bestimmt die Richtung.

Ist dir das Eisenhower-Prinzip ein Begriff? Also die Unterscheidung zwischen wichtig und dringend? Es ist ein beliebtes Zeitmanagement-Tool. Oft verschwenden wir unsere Zeit mit den vermeintlich dringenden Aufgaben und verschieben die wichtigen. Am Ende des Kapitels findest du eine Übung dazu, die dir eine erste Analyse ermöglicht. Auch die Kapitelfrage, warum Nachhaltigkeit für Führungskräfte wichtig ist, kannst du anhand dieser Übung gut für dich selbst beantworten.

Wir leben auf eine Revolution zu und sagen die in der Regel ab, weil man in den nächsten 24 Stunden noch wichtigere Dinge zu tun hat.
Peter Sloterdijk[6]

Denn Treiber gibt es genug, die eigentlich auch jeder kennt. Diese eher rationalen Argumente werden immer wieder vorgebracht. Aber ist dies wirklich zielführend? Ich habe eher das Gefühl, dass seit über 40 Jahren immer die gleichen Dinge wiederholt werden. Ich ertappe mich dabei, dass ich selbst bei Meetings der »Fridays for Future«-Generation, die ja nun wirklich engagiert ist, ein Gähnen nicht unterdrücken kann. Irgendwie ist alles gesagt und so wenig getan. Doch wie erreichen wir die Umsetzungskraft, die über bloßes Pflichtbewusstsein und das Minimum hinausgeht?

Nachhaltigkeit birgt viele Ansätze, um die eigene Führungskompetenz zu verbessern und ist der Schlüssel, um die eigene Führungspersönlichkeit zu entwickeln.

Unser Handeln wird maßgeblich von biologischen und nicht ausschließlich von logischen Faktoren beeinflusst. Daher besteht die Kunst also darin, das entsprechende Wissen zu erlangen und es anschließend auf eine gehirngerechte Weise umzusetzen. Wir müssen lernen, vom Gehirnträger zum Gehirnbenutzer zu werden. Eine dringendere Formulierung der Zusammenhänge wäre der Umsetzung jedoch nicht zuträglich, denn unter Druck setzt das Gehirn oft Blockaden und es fällt uns noch schwerer, Gewohnheiten zu ändern. Daher ist es unerlässlich, das nötige Wissen zu erlangen, um uns selbst zu erkennen und zu reflektieren, um dann das Wissen in Weisheit zu verwandeln. Weisheit befähigt uns, zu erkennen und zu bewerten, welche Aspekte des Wissens dauerhaft relevant sind und sich effektiv auf unser Leben anwenden lassen.

Der Narr hält sich nicht für Weise, aber der weise Mensch weiß, dass er ein Narr ist.
William Shakespeare

Führungskräfte-Übung: Wie wichtig ist mir Nachhaltigkeit?

Aufgabe: Bitte reflektiere die Frage, wie wichtig dir Nachhaltigkeit ist, und wende das Eisenhower-Prinzip auf das Thema und deine Rolle als Führungskraft an. Sammle und identifiziere zunächst alle Punkte und wichtigen Aspekte von Nachhaltigkeit für dein Unternehmen oder deine Organisation. Bewerte und sortiere diese Aspekte nach ihrer Dringlichkeit und Wichtigkeit und teile sie in die entsprechenden Quadranten des Eisenhower-Prinzips ein, das weiter unten noch einmal erläutert wird. Diskutiere gern mit anderen (evtl. mit deiner Mastermind-Gruppe), warum du bestimmte Aspekte als wichtig und dringend eingestuft hast und wie sich dies auf deine Rolle als Führungsperson auswirkt. Entwickle Aktionspläne, um die identifizierten wichtigen und dringenden Aspekte der Nachhaltigkeit anzugehen. Welche Rolle siehst du für dich als Führungsperson bei der Umsetzung dieser Pläne und der Förderung einer nachhaltigen Unternehmenskultur?

Das Eisenhower-Prinzip, benannt nach dem ehemaligen US-Präsidenten Dwight D. Eisenhower, ist ein Zeitmanagement-Tool, das eine klare Methode bietet, um Aufgaben nach ihrer Dringlichkeit und Wichtigkeit zu priorisieren. Es basiert auf einer Matrix, die in vier Quadranten unterteilt ist:

1. **Wichtig und dringend:** Aufgaben in diesem Quadranten sind sowohl wichtig als auch dringend und sollten sofort erledigt werden. Es sind unmittelbare Prioritäten, die sofortige Aufmerksamkeit erfordern.
2. **Wichtig, aber nicht dringend:** Aufgaben in diesem Quadranten sind wichtig, aber sie haben keine sofortige Frist. Sie sollten langfristig geplant und priorisiert werden, um Probleme in Zukunft zu vermeiden.
3. **Dringend, aber nicht wichtig:** Aufgaben in diesem Quadranten sind dringend, erfordern jedoch keine langfristige Planung. Sie sollten delegiert oder wenn möglich vermieden werden, um Zeit für wichtige Aufgaben zu sparen.
4. **Nicht wichtig und nicht dringend:** Aufgaben in diesem Quadranten sind weder wichtig noch dringend. Sie können später erledigt oder sogar ausgelassen werden, um Zeit für wichtigere Aufgaben zu gewinnen.

Das Ziel des Eisenhower-Prinzips ist es, Führungskräften und Einzelpersonen zu helfen, ihre Zeit effektiv zu nutzen, indem sie sich auf die wichtigsten Aufgaben konzentrieren und unwichtige oder unnötige Aufgaben minimieren. Es fördert eine strategische und proaktive Herangehensweise an die Arbeitsorganisation und hilft dabei, Prioritäten klar zu setzen.

Auswertung der Aufgabe: Wie viele Punkte hast du dem zweiten Quadranten zugeordnet? Meist wird der erste Quadrant als der wichtigste angesehen. Bei der nachhaltigen Entwicklung ist es jedoch der zweite Quadrant, denn Nachhaltigkeitsthemen werden oft als nicht dringend empfunden und deshalb nach hinten geschoben. Diskutiere, wie du nachhaltige Themen als dringender gestalten kannst. Was ist dafür als Führungskraft von dir gefordert? Wie begründest du dies? Wichtig ist es oft, die sinnvollen, nachhaltigen Aufgaben zuerst zu erledigen, bevor sie dringend werden. Ganz nach dem Motto: Denken kann jeder, umdenken ist schon schwieriger. Aber für Führungspersönlichkeiten kein Problem. Denn die Aufgabe von Leadern ist es, Hoffnungsträger zu sein.

Was die Zukunft betrifft, geht es nicht darum, sie vorherzusagen, sondern darum, sie möglich zu machen.
Antoine de Saint Exupéry, »Zitadelle«, 1948

1.1 Die Bedeutung von Nachhaltigkeit für die Wettbewerbsfähigkeit und das Image des Unternehmens

Wir haben die Erde nicht von unseren Eltern geerbt, sondern von unseren Kindern geliehen.

Einerseits scheint die Bedeutung von Nachhaltigkeit für die Zukunft von Unternehmen klar zu sein, andererseits muss dies angesichts der schleppenden Umsetzung in den Unternehmen jedoch angezweifelt werden. Deshalb möchte ich das Wort zunächst noch einmal von seiner tieferen Bedeutung her beleuchten. Der Begriff Nachhaltigkeit stammt aus der Forstwirtschaft und wurde im frühen 18. Jahrhundert vor dem Hintergrund einer zunehmenden überregionalen Holznot definiert. Heutzutage könnte man den Eindruck haben, Nachhaltigkeit sei lediglich ein Trendwort – ein Thema, dem viele folgen, um ihren eigenen Vorstellungen ein grünes Image zu verleihen. Die häufige oberflächliche Verwendung dieses Begriffs kann dazu führen, dass er nach und nach in die Belanglosigkeit abrutscht, wie ein Trend, der – wenn ihm alle folgen – irgendwann beginnt, langweilig zu werden. Andere wiederum fangen an, sich über diesen Begriff zu ärgern, und können ihn nicht mehr hören.

Nachhaltigkeit ist allerdings mehr als ein Schlagwort. Es hallt nach. Welches Gefühl kommt in dir auf, wenn du das Wort hörst? Welche Bilder erscheinen vor deinem inneren Auge? Es ist ein Begriff, der so oft verwendet wird, dass er schon fast abgenutzt klingt. Und doch birgt er eine immense Tiefe, die es wert ist, genauer betrachtet zu werden. Nachhaltigkeit klingt abgedroschen, man ertappt sich dabei, den Begriff nicht mehr hören zu können, vielleicht ja auch weil der Tiefgang, der dahinter steckt, unheimlich ist. Ich habe bewusst das Wort **Tiefgang** gewählt und bewusst das Wort **unheimlich**, weil beides sehr gut mit dem Thema Gehirnforschung in Einklang zu bringen ist. Denn auf der einen Seite besitzen wir tief im Inneren des Gehirns verborgen die Fähigkeit, kreative Lösungen für scheinbar unlösbare Probleme zu finden. Auf der anderen Seite treffen wir genau dort auch auf unheimliche Themen und Widerstände. Wenn wir diese auflösen, können wir einen unheimlichen Durchbruch erreichen und sehr viel Energie freisetzen. Beides wird uns bei der ganzheitlichen Bewältigung unserer Zukunft und dabei, als Führungskräfte wirklich das Thema Nachhaltigkeit nachhaltig zu bewegen, weiterhelfen. Genau darum soll es in diesem Buch gehen. Lass uns diesen Ansatz im Folgenden einmal in Bezug auf Themen wie Entwicklung von Führungspersönlichkeit, Wettbewerbsfähigkeit und das Bild von Unternehmen und ihrer Zukunft geht ausloten.

Unheimlich ist auf jeden Fall zunächst, wie lange wir schon von den uns bedrohenden Wetterphänomenen bedingt durch den Klimawandel wissen. Nicht nur das Wetter, sondern das gesamte Klima scheint in Unordnung geraten zu sein, so berichtet die **Tagesschau 1979** (!) von der ersten Klimakonferenz in Genf. Prof. Hermann Flohn aus Bonn erläuterte damals schon die Wetterphänomene, die uns aufgrund der Klimaerwärmung erwarten und heute eingetreten sind. »Die Folgen, die für Wasserversorgung und Ernte dann eintreten würden, sind in der Tat unübersehbar.«[7] Diese Tagesschau ist heute so aktuell wie nie zuvor. Wir scheinen nicht zuzuhören oder das Gehörte erreicht unseren Verstand nicht. Zumindest haben die meisten Unternehmen und politischen Organisationen nicht darauf reagiert.

Aktuell sind es vor allem die Streitereien um politische Regularien, die als wunderbare Abwehrmaßnahmen fungieren: **Regulatorik versus Transformation**. Stehen wir vor einem neuen Dilemma? »Trotz unseres wichtigen Auftrags stehen wir Nachhaltigkeitsmanager:innen immer wieder vor einem Problem: die stetig wachsende Regulatorik. Versteht mich nicht falsch, ich bin ein totaler Fan davon, klare Regeln für Unternehmen zu haben. Ohne diese Regulatorik gibt es kein Voranschreiten. [...] Aber ich beobachte, dass die Zeit für den Fortschritt von Organisationen immer weiter schwindet.« So formulierte es Alexander Kraemer von der Peer School for Sustainable Development e. V. in Berlin.[8] Hingegen wird in der Diskussion zum Beispiel über das Lieferkettengesetz oder die Corporate Sustainability Due Diligence Directive (CSDDD) sehr deutlich, dass wir gesetzliche Rahmen benötigen. Die Stiftung KlimaWirtschaft startet Ende Januar 2023 einen Appell mit über 50 führenden Unternehmen aus Deutschland. Die Unternehmen sehen die Transformation zur Klimaneutralität als Chance für Deutschland und fordern einen Schulterschluss von Bundesregierung und demokratischer Opposition, um den Wirtschaftsstandort und die Demokratie gegen die neue Rechte zu stärken.[9]

Warum ist Nachhaltigkeit, **nachhaltige Entwicklung**, wichtig für die Wettbewerbsfähigkeit und das Image von Unternehmen? Und warum können die Erkenntnisse der Neurowissenschaften – einer biologischen Wissenschaft – dabei helfen, Führungskräfte zu ermächtigen, ihre Teams und ihre Unternehmen in nachhaltige Unternehmenskultur zu transformieren? **Welche Transformationsinnovationskraft und Zukunftskraft hat eigentlich die Biologie?**

Die Werte und Ziele von Nachhaltigkeit im vollen Sinn des Wortes sind grundgelegt in den Sustainable Development Goals (SDGs), herausgegeben von den UN. Die Agenda 2030 mit ihren 17 Zielen für nachhaltige Entwicklung ist ein globaler Plan zur Förderung nachhaltigen Friedens und Wohlstands und zum Schutz unseres Planeten. Seit 2016 arbeiten alle Länder daran, diese gemeinsame Vision zur Bekämpfung der Armut und Reduzierung von Ungleichheiten in nationale Entwicklungspläne zu überführen. Diese 17 Ziele sollen bis 2030 erreicht werden. Glaubst du daran? Bist du voll engagiert dabei oder denkst du, du kannst sowieso nichts bewirken? Welche Rolle spielen diese Ziele in deinem Führungsalltag?[10]

Die SDGs sind oft veröffentlicht und doch irgendwie unbekannt.[11] Nachhaltige Entwicklung bedeutet unsere Zukunft. Sie hat zündende Kraft und bewirkt, dass sich wirklich etwas bewegt, dass wir evolutionär und revolutionär tätig werden. Das ist die **logische und biologische Konsequenz**, denn Menschen wollen leben. Es geht ums Überleben am Ende des Tages und darum, uns selbst zu retten.

Gerade diejenigen, die als Unternehmensleitung, als Entscheidungsträger, als Shareholder und als Führungsperson Verantwortung tragen, müssen begreifen, dass wir die einmalige Chance haben, reale, positive Veränderungen herbeizuführen. Ein grüner Anstrich, Green Marketing, wird uns nicht retten. Systemisch fundamentale Entscheidungen sind gefragt, für die wir eigentlich biologisch ausgestattet sind, wenn wir uns nicht immer gepflegt davon ablenken würden.

Dabei ist alles auch Gefühlssache. Das ist unsere Stärke, und wir können lernen, damit umzugehen und das Ganze spielerisch zu betrachten. Die Situation ist ernst – aber genau das ist der springende Punkt. Wenn wir das Ganze nicht so großartig ernst nehmen und ein Bild für die Zukunft entwickeln, wird uns die Umsetzung Freude bereiten und wir werden auch dazu angeregt. Denn dieses »wir müssen« und der damit verbundene Druck in Kombination mit Weltuntergangsstimmung **hilft dem Gehirn überhaupt nicht weiter**. Im Gegenteil, sie blockieren es. Insofern ist hochgradig wichtig, klare neue Führungslinien dafür zu finden, wie wir selber mit diesen Herausforderungen umgehen, zu kreativer Hochleistung kommen und uns selbst beflügeln können.

Wie ist es möglich, angesichts der Horrormeldungen, die uns immer wieder erreichen, spielerisch dynamisch, innovativ tätig zu sein? Welche Werte verbergen sich im Hintergrund? Und warum findet Greenwashing statt? Es ist auffallend, wie leicht es ist, dass Firmen bewusst täuschen und keine klaren Maßstäbe setzen. Aber was bringt diese Selbsttäuschung? Pseudoverhalten kann jeder, aber wirkliche Konsequenzen zu ziehen, scheint doch etwas schwieriger zu sein. Dabei sind Führungskräfte diejenigen, die Vordenkerfunktion haben und durch ihr Verhalten und ihre Entscheidungen ein Beispiel geben sollten. Das nennt man Führungsverantwortung.

Führen bedeutet, Hoffnung geben.
Napoleon

Hoffnung öffnet Räume für Möglichkeiten. Dies muss betont und in den Fokus gerückt werden. Doch wie können wir dies erreichen? Dieses Kapitel wird sich mit der Frage befassen, wie Änderungen besser und vor allem auch leichter und dynamischer angegangen werden können, denn natürlich sind Veränderungen nicht einfach. Transformation ist mit das Schwierigste, was es gibt. Sie fällt jedoch viel leichter, wenn wir die entsprechenden Hintergründe kennen, wenn wir uns selber besser kennen und führen können, weil wir die Biologie dahinter verstehen. Zum anderen auch, weil ihr euer Team, die Menschen und die ganze Dynamik, die damit einhergeht, besser verstehen könnt. Vor allem die wichtigen Grundlagen der Kooperation sind viel nachvollziehbarer, denn auch sie wurden uns in die Wiege gelegt. Wir sind soziale Wesen und wenn wir dies bewusst annehmen, können wir Kooperation hervorragend umsetzen.

Letztendlich dreht sich dieses Kapitel um drei Schlüsselfragen, um das »Wie«: **wie** die Unternehmen, für die wir tätig sind, wirklich wettbewerbsfähig bleiben, **wie** wir das Unternehmen und damit auch sein Ansehen positiv in die Zukunft bringen und **wie** wir die Unternehmenskultur als Basis entsprechend ändern können. Dies sind durchaus bewältigbare Aufgaben, wenn wir sie mit den beeindruckenden neuen Möglichkeiten, die uns aus der Gehirnforschung in den neuen Studien begegnen, angehen.

Für den Hinterkopf

Einige Anmerkungen müssen vorangestellt werden: Unser Gehirn ist bekannterweise ein Supertrooper-Computer und viel mehr – eben total komplex und genial. Wir wissen zwar immer mehr, aber gleichzeitig erkennen wir auch, dass wir immer noch am Anfang stehen und eigentlich nichts wissen. Erforscht wird weltweit, aber eben nur peu à peu. Das, was heute gilt, kann morgen schon wieder überholt oder widerlegt sein. Insofern findest du in diesem Buch den aktuellen Stand und vor allem dessen Anwendung. Ich nutze, damit die Inhalte verständlich und direkt anwendbar sind, das Prinzip der didaktischen Reduktion. Ich werde dir überraschende Erkenntnisse zur Inspiration und Anwendung liefern und aufzeigen, was derzeit in der Forschung erkundet wird und vor allem, wie uns diese Erkenntnisse bei unseren aktuellen Fragen weiterhelfen können.

Wir sollten stets in großen Dimensionen denken und bedenken, dass wir nicht nur rational, sondern auch emotional – und laut Quantenphysik mit unseren gesamten Körpervarianten – Wissen speichern, denken und handeln. Es ist entscheidend, dass wir das Gesamtbild verstehen und holistisch, systemisch vernetzt denken. Vor allem sollten wir dieses Verständnis auch in die Praxis umsetzen und handeln – auf allen Ebenen, wie es in der Pädagogik so schön heißt, auf den Metaebenen. Und wir dürfen uns auch irren, denn irren ist nützlich.

Insofern erhebe ich keinen Anspruch auf Vollständigkeit. Das gilt auch für die Gehirnforschung, weil selbst die Hirnforscherinnen und -forscher sich streiten. Daher biete ich als Auswahl das an, was derzeit der aktuelle Forschungsstand ist, und zwar in möglichst vereinfachter Form, damit wir es effektiv bei den nächsten Schritten nutzen können. Es handelt sich um lebendiges Wissen, dynamisch wachsend und verändernd – für euch selektiv didaktisch reduziert. Da unser Gehirn so komplex ist, wären wir ganz schön einfach gestrickt, wenn wir unser Gehirn verstehen würden. In diesem Sinne möchte ich meine nächsten Ausführungen auch verstanden wissen. Gerade aufgrund der Vereinfachung bleibt das Thema äußerst faszinierend und weckt eine noch größere Neugierde.

Nachhaltigkeit und Wettbewerbsfähigkeit

Kommen wir zu den rationalen Gründen für die Bedeutung von Nachhaltigkeit für die Wettbewerbsfähigkeit und das Image des Unternehmens. Diese sind schon oft genannt worden und durch zahlreiche Studien belegt, deshalb beschränke ich mich auf eine kurze Aufzählung der fünf eingängigsten:

1. Kundenerwartungen und Marktnachfrage: Nachhaltigkeit ist Trend. Heutzutage sind viele Kunden sensibilisiert für Umwelt- und Sozialfragen, denn es vermittelt ein gutes Gefühl, einen Beitrag zur Gestaltung einer nachhaltigeren Zukunft zu leisten. Dabei spielt auch das beruhigte Gewissen eine entscheidende Rolle. Unternehmen, die ihre Bemühungen auf Nachhaltigkeit fokussieren, erfüllen die zunehmenden **Erwartungen der Kunden** nach ethisch produzierten und umweltfreundlichen Produkten oder Dienstleistungen. Dies kann zu einer gesteigerten Kundenzufriedenheit, erhöhter Loyalität und letztendlich einem größeren Marktanteil führen.
2. Risikominderung und langfristige Stabilität: Laut dem **Global Risks Report des World Economic Forums** stehen Umwelt- und soziale Risiken an oberster Stelle.[12] Das bedeutet, dass Unternehmen, die sich nicht aktiv mit Nachhaltigkeitsfragen auseinandersetzen, einem erhöhten Risiko ausgesetzt sind, das ihre langfristige Stabilität gefährden kann. Umwelt- und soziale Risiken können verschiedene Formen annehmen, darunter Naturkatastrophen, klimatische Veränderungen, soziale Unruhen und ethische Bedenken. Unternehmen, die diese Risiken nicht berücksichtigen und keine entsprechenden Maßnahmen ergreifen, laufen Gefahr, dass ihr Geschäft beeinträchtigt wird, sei es durch Unterbrechungen in der Liefer-

kette, Reputationsverluste oder regulatorische Eingriffe. Durch eine nachhaltige Geschäftspraxis können Unternehmen diese Risiken mindern und ihre langfristige Stabilität verbessern. Es geht um vorausschauende Strategien und kontinuierlichen Verbesserungsprozess.

3. Effizienz und Kostenersparnis: Im Rahmen der nachhaltigen Entwicklung werden **neue Fragen** gestellt. Nachhaltigkeit ermutigt Unternehmen, ihre Betriebsabläufe zu optimieren und **Ressourcen effizienter zu nutzen**. Dies kann zu Kosteneinsparungen führen, sei es durch die Reduzierung des Energieverbrauchs, die Optimierung der Lieferkette oder die Minimierung von Abfall. Unternehmen, die nachhaltig handeln, können langfristig wettbewerbsfähiger sein, da sie ihre Kosten senken und ihre Rentabilität steigern können.
4. Zugang zu Kapital und Investitionen: Immer mehr Investoren und Finanzinstitute interessieren sich für Unternehmen, die Nachhaltigkeit in ihre Geschäftsmodelle integrieren. Solche Unternehmen haben oft einen erleichterten Zugang zu Kapital und werden von Investoren bevorzugt, die Umwelt-, Sozial- und Governance-Kriterien (ESG) berücksichtigen. Ein solides Nachhaltigkeitsprofil kann daher den Zugang zu Finanzierungsmöglichkeiten verbessern. Die **Global Investor Survey** 2023[13] von PwC zeigt: Investoren möchten wissen, wie Unternehmen mit Nachhaltigkeit und neuen Technologien wie KI umgehen, aber es mangelt ihnen an Vertrauen in viele der Informationen, die sie über beides haben. Es ist an der Zeit, dass Unternehmen – und ihre Führungskräfte – Maßnahmen ergreifen.[14] Nachhaltigkeit liegt den Anlegern eindeutig am Herzen und sie drängen darauf, zu verstehen, wie Unternehmen Nachhaltigkeitsaspekte in strategische Entscheidungen, Risikomanagement und ihre Finanzberichte integrieren. Investoren möchten wissen, wie die Nachhaltigkeitspläne eines Unternehmens mit seinem Geschäftsmodell und letztendlich seinen Aussichten auf langfristige Wertschöpfung übereinstimmen. Die Umfrageantworten spiegeln diese umfassenderen Bedenken wider. Beispielsweise sind sich Investoren weitgehend darin einig, dass ESG direkt in die Unternehmensstrategie eingebettet werden sollte und dass Unternehmen Ausgaben tätigen sollten, die sich mit ESG-Themen befassen, die für ihr Geschäft relevant sind – selbst in Fällen, in denen dies die kurzfristige Rentabilität beeinträchtigen würde. Wie ein Unternehmen seine nachhaltigkeitsbezogenen Risiken und Chancen verwaltet, ist für die Entscheidungsfindung der Anleger von entscheidender Bedeutung.
5. Attraktivität als Arbeitgeber: Nachhaltige Entwicklung konsequent umgesetzt zeigt sich in einer gelebten neuen Unternehmenskultur, auf die wir noch näher eingehen. Das **Employer Branding verbessert** sich quasi automatisch mit. Dadurch ziehen nachhaltige Unternehmen oft talentierte Mitarbeiter an, denn sie werden als ethisch und gesellschaftlich verantwortungsbewusst wahrgenommen. Ein starkes Engagement für Umweltschutz und soziale Verantwortung kann dazu beitragen, dass ein Unternehmen als attraktiver Arbeitgeber gilt. Dadurch können sie hoch qualifizierte Fachkräfte anziehen, was sich positiv auf die Innovationsfähig-

keit und Produktivität des Unternehmens auswirken kann. Insgesamt also eine wirksame Strategie, um dem Facharbeitermangel zu begegnen.[15] **81 % der jungen Deutschen achten bei der Jobwahl auf die Haltung des Arbeitgebers zum Klima.** Auch der **Green Skills** Report 2023 belegt diesen Trend und gleichzeitig, wie wichtig die entsprechenden grünen Fähigkeiten sind. Auch ein wichtiger Grund dafür, sich mit **den in diesem Buch erläuterten Tools, Skills und Mindset-Transformationsmöglichkeiten** auseinanderzusetzen.[16] Bewusst gebe ich viele Methoden und »Neuroculturehack«-Übungen weiter. Dies kreiert auf jeden Fall den Zukunftsjob. Denn auch die »LinkedIn Jobs im Trend 2024« zeigen: 25 Berufe wachsen in Deutschland besonders stark und dabei steht die Nachhaltigkeitsspezialist:in auf Platz 1.[17]

Diese fünf Punkte zeigen, dass Nachhaltigkeit nicht nur moralisch und ethisch wichtig ist, sondern auch eine strategische Rolle bei der Stärkung der Wettbewerbsfähigkeit und des Images eines Unternehmens spielt. Zu allen Punkten lassen sich viele praktische Beispiele geben und Erfolgsgeschichten erzählen.

Der **Realitätscheck** zeigt leider, dass viele Unternehmen nur das Allernötigste tun – wozu sie durch politische Auflagen gezwungen sind – oder sehr viel **Greenwashing** betreiben, also Marketing ohne viel Substanz. Ein Beispiel hierfür ist die **Sneakerjagd** von flip. Die Reporter Christian Salewski und Felix Rohrbeck gingen dabei der Frage nach: Was wird eigentlich aus den Millionen Schuhen, die wir jedes Jahr aussortieren? Um das herauszufinden, verwanzten sie für die Sneakerjagd alte Sneaker von elf Prominenten mit GPS-Trackern und entsorgten sie auf unterschiedliche Weise. Sie verfolgten die getrackten Schuhe über verschlungene Wege nach Osteuropa und sogar bis an den Äquator. Kenia ist eines der Hauptabnehmerländer für Altkleidung. Das Ergebnis: Greenwashing at it's best. Es gibt dazu sowohl eine Website als auch eine Fernsehdokumentation.[18]

»**Jedes dritte Unternehmen** war bereits mit Greenwashing-Vorwürfen konfrontiert. Die damit verbundenen Risiken wiegen schwer: 7 von 10 Konsumenten wenden sich von solchen Unternehmen beziehungsweise Marken ab«, schreibt das Nürnberg Institut für Marktentscheidungen (NIM) in seiner aktuellen Studie »Greenwashing versus Greenacting«.[19]

Unternehmenskultur als Schutzschild für Greenwashing

Da wir uns hier vor allem mit der **Unternehmenskultur** beschäftigen, möchte ich an dieser Stelle auf die sinnvolle und vor allem vorbeugende Kraft einer nachhaltigen Unternehmenskultur hinweisen. Es gibt wirklich lohnenswerte Benefits für die langfristige Wettbewerbsfähigkeit des Unternehmens. Denn an der Unternehmenskultur offenbart sich das Maß, in dem ein Unternehmen den Ansprüchen der Unternehmensidentität entspricht – also inwieweit wirklich nachhaltige Entwicklung gelebt wird und die Führungspersönlichkeiten den Raum dafür schaffen. Bei einer gelebten nachhaltigen Unternehmenskultur ist jeder in der Verantwortung. Sie ist dadurch der beste Schutzschild gegen Greenwashing. Es lohnt sich, auch hier nachhaltig zu investieren.

Denn Nachhaltigkeit beinhaltet und fördert Werte und Verhaltensweisen, die über die reinen Geschäftsziele hinausgehen, und hat dadurch einen starken Einfluss auf die Unternehmenskultur. Im Folgenden möchte ich einige Aspekte nennen, wie Nachhaltigkeit die Unternehmenskultur beeinflusst:

1. **Werterichtlinien und Ethik:** Oft stehen die Werte eines Unternehmens zwar auf dem Papier bzw. online, sie werden aber nicht gelebt. Nachhaltigkeit fördert ethisches Handeln und Verantwortungsbewusstsein gegenüber der Umwelt und der Gesellschaft. Unternehmen, die Nachhaltigkeit in ihre Kultur integrieren, setzen sich für ethische Grundsätze ein, die sich positiv auf das Verhalten ihrer Mitarbeitenden auswirken. Dies kann die Identifikation der Mitarbeiterinnen und Mitarbeiter mit den Werten des Unternehmens stärken. Ob dies gelingt, hängt sehr vom Verhalten der Führungspersönlichkeiten ab.
2. **Verantwortungsbewusstsein und Engagement der Mitarbeitenden:** Eine nachhaltige Unternehmenskultur ermutigt Mitarbeiterinnen und Mitarbeiter, sich stärker einzubringen und sich für umweltfreundliche und sozial verantwortliche Initiativen einzusetzen. Purpose und Sinnstiftung sind hier die entsprechenden aktuellen Schlagworte. Dies kann zu einem stärkeren Engagement und einer höheren Motivation der Mitarbeiter führen, da sie sich mit den Zielen und Werten des Unternehmens identifizieren.
3. **Innovation und Kreativität:** Nachhaltigkeit erfordert oft innovative Lösungen, sei es in Bezug auf umweltfreundliche Produkte, nachhaltige Prozesse oder soziale Verantwortung. Unternehmen, die eine Kultur der Nachhaltigkeit fördern, ermutigen ihre Mitarbeiter, kreativere und innovative Lösungen zu finden, um ökologische und gesellschaftliche Herausforderungen anzugehen.
4. **Transparenz und Kommunikation:** Eine nachhaltige Unternehmenskultur legt Wert auf Transparenz und offene Kommunikation, sei es über umweltbezogene Ziele, soziale Auswirkungen oder ethische Praktiken. Diese offene Kommunikation fördert das Vertrauen sowohl innerhalb des Unternehmens als auch bei externen Interessengruppen wie Kunden, Investoren und der Öffentlichkeit.
5. **Langfristiges Denken und Unternehmensführung:** Unternehmen, die Nachhaltigkeit als Teil ihrer Kultur etablieren, nehmen langfristige Perspektiven an und integrieren nachhaltige Praktiken in ihre strategische Unternehmensführung. Das langfristige Denken ist ein zentraler Bestandteil einer nachhaltigen Kultur und hilft, die Resilienz des Unternehmens gegenüber sich ändernden Umwelt- und Marktfaktoren zu stärken.

Letztendlich kann eine Unternehmenskultur, die auf Nachhaltigkeit basiert, dazu beitragen, die Identität und das Selbstverständnis des Unternehmens zu formen, die

Mitarbeiterbindung zu stärken und einen positiven Einfluss auf die Beziehungen zu Kunden, Investoren und der Gesellschaft insgesamt zu haben.

Auch hier zeigt der **Realitätscheck**, dass alle diese Möglichkeiten nur selten genutzt werden. Es gibt jedoch empirische Belege dafür, dass Organisationen, die diese Dinge wirklich leben, um einiges erfolgreicher sind.

Neurowissenschaftliche Ansätze für Nachhaltigkeit
Wie könnte hierbei die Verbindung zwischen Nachhaltigkeit und Neurowissenschaften konkret helfen? Gerne möchte ich ein paar erste Punkte anstoßen – quasi als Teaser –, bevor ich in Kapitel 2 wesentlich konkreter darauf eingehe.

Die Verbindung zwischen Nachhaltigkeit und Neurowissenschaften mag auf den ersten Blick nicht offensichtlich erscheinen, aber es gibt einige interessante Zusammenhänge:

- **Verhaltensänderung und Gewohnheiten:** Neurowissenschaftliche Studien haben gezeigt, dass unser Gehirn stark auf Gewohnheiten und Routinen reagiert. Wenn Unternehmen nachhaltige Praktiken fördern, tragen sie dazu bei, dass diese Verhaltensweisen zur Gewohnheit werden. Indem sie Mitarbeitende und Kunden dazu ermutigen, nachhaltige Entscheidungen zu treffen, können sie langfristig das Verhalten und die Einstellungen beeinflussen. Wenn Nachhaltigkeit als innere Überzeugung oder als Haltung bei den Menschen im Unternehmen verankert ist, sind andere Entscheidungen und Handlungen möglich.
- **Emotionen und Motivation:** Neurowissenschaftliche Erkenntnisse zeigen, dass Emotionen und intrinsische Motivation eine wichtige Rolle bei der Entscheidungsfindung spielen. Nachhaltige Unternehmen können durch ihre ethischen Werte und den Fokus auf Umwelt- und Sozialverantwortung positive Emotionen wie Stolz, Zugehörigkeit und Motivation bei ihren Mitarbeitenden und Kunden auslösen. Diese emotionalen Reaktionen können das Engagement für nachhaltige Praktiken verstärken.
- **Belohnungssysteme im Gehirn:** Das menschliche Gehirn reagiert auf Belohnungen. Unternehmen können Belohnungssysteme implementieren, die nachhaltiges Verhalten fördern. Zum Beispiel könnten Anreize oder Belohnungen für Mitarbeitende geschaffen werden, die sich für Umweltschutzmaßnahmen oder soziale Projekte engagieren. Dies kann dazu beitragen, dass nachhaltiges Handeln im Unternehmen zur Norm wird.
- **Entscheidungsprozesse und Information:** Psychologen und Neurowissenschaftler wie Daniel Kahneman[20] haben aufgezeigt, dass die Art und Weise, wie Informationen präsentiert werden, einen Einfluss darauf hat, wie Menschen sie verarbeiten. Unternehmen, die nachhaltige Praktiken einführen, können dies nutzen, um Informationen über Umwelt- und soziale Auswirkungen in einer Weise zu darzustellen, die leicht verständlich und überzeugend ist. Durch gezielte Kommu-

nikation können sie die Entscheidungsprozesse beeinflussen und Veränderungen in Richtung Nachhaltigkeit fördern.

- **Stressbewältigung und Wohlbefinden:** Nachhaltigkeit kann auch einen indirekten Einfluss auf das Wohlbefinden haben. Studien zeigen, dass ein Gefühl von Sinnhaftigkeit und Purpose positive Auswirkungen auf das Wohlbefinden hat. Unternehmen, die sich für Nachhaltigkeit engagieren, können dazu beitragen, das Wohlbefinden ihrer Mitarbeitenden zu verbessern, indem sie ihnen das Gefühl vermitteln, Teil eines größeren Ziels zu sein, das über wirtschaftliche Ziele hinausgeht.

Die Neurowissenschaften liefern wichtige Erkenntnisse darüber, wie Menschen Entscheidungen treffen, Verhaltensänderungen bewirken und auf Anreize reagieren. Unternehmen können dieses Wissen nutzen, um nachhaltige Praktiken zu fördern und die Akzeptanz für ein nachhaltiges Verhalten innerhalb ihrer Organisation und bei Kunden zu erhöhen. Bevor ich auf die Neurobiologie von Nachhaltigkeit und damit auf das Wissen über die menschlichen Gehirne eingehe, möchte ich die Rolle von Führungskräften konkreter beschreiben. Denn es wird sich zeigen, wie wichtig besondere gestaltende Führungsqualitäten für die Zukunft sind.

Wir können die Zukunft nicht voraussagen, aber wir können sie gestalten.
Peter Drucker

1.2 Die Rolle von Führungskräften bei der Veränderung der Unternehmenskultur

Wir werden nicht durch die Erinnerung an unsere Vergangenheit weise, sondern durch die Verantwortung für unsere Zukunft.
George Bernard Shaw

Der Schlüssel zum nachhaltigen Erfolg liegt in einem auf allen Unternehmensebenen definierten und gelebten Wertewandel in Richtung ökologischer, sozialer und wirtschaftlicher Nachhaltigkeit.

Führungskräfte sind in verschiedener Hinsicht die entscheidenden Personen bei der Implementierung von Nachhaltigkeit und deren Verankerung in der Unternehmenskultur. Sie sind Vorbilder, das heißt, die eigene persönliche Entwicklung ist das Fundament, um überhaupt nachhaltig führen zu können. Eine aktuelle Studie von Deloite »CxO Sustainability Survey 2023« zeigte, dass der Klimawandel weiterhin weit oben auf der Agenda der Führungskräfte steht. Zugleich besteht in vielen Organisationen immer noch eine Lücke zwischen der Einsicht in die Dringlichkeit des Themas und der konkreten Einbettung von Nachhaltigkeit in Strategie, operativen Betrieb und Unternehmenskultur. Für die Studie wurden Ende 2022 mehr als 2.000 C-Level-Führungskräfte aus 24 Ländern befragt wurden, darunter 105 aus Deutschland.[21]

Führungskräfte spielen eine entscheidende Rolle bei der Förderung von Nachhaltigkeit und der Veränderung der Unternehmenskultur hin zu nachhaltigen Praktiken. Ihre Rolle erstreckt sich auf verschiedene Bereiche:

Vision und Strategie: Eine Zukunftsvision zu formulieren, die eine nachhaltige Entwicklung strategisch festlegt, ist ein wichtiges Fundament. Die Vision und strategischen Ziele des Unternehmens festzulegen, ist eine Hauptaufgabe der Führungspersonen. Indem sie Nachhaltigkeit als einen zentralen Bestandteil dieser Vision positionieren und klare Ziele sowie Strategien zur Umsetzung entwickeln, schaffen sie einen Rahmen für die Integration von Nachhaltigkeit in die Unternehmenskultur.

Vorbildliches Verhalten: Führungskräfte fungieren als Vorbilder für ihr Team und ihre Mitarbeitenden. Indem sie selbst nachhaltige Praktiken vorleben und sich aktiv für umweltfreundliche und sozial verantwortliche Maßnahmen einsetzen, beeinflussen sie das Verhalten und das Klima, das wiederum Grundlage für eine gelebte Unternehmenskultur ist.

Kommunikation und Überzeugungskraft: Klarheit und Kommunikation sind die wichtigsten Steuerungsinstrumente. Führungskräfte müssen die Bedeutung von Nachhaltigkeit klar kommunizieren und die Mitarbeitenden davon überzeugen, warum es wichtig ist, sich für umweltfreundliche und sozial verantwortliche Maßnahmen einzusetzen. Eine klare und überzeugende Kommunikation über die langfristigen Vorteile und den Mehrwert für das Unternehmen und die Gesellschaft ist entscheidend. Erst dies schafft den Raum für die Eigenverantwortung aller im Team.

Schulung und Entwicklung: Wissen und Information sind fundamental als Grundlage für eine nachhaltige Unternehmenskultur. Führungspersonen spielen eine wichtige Rolle bei der Schulung und Entwicklung der Mitarbeitenden in Bezug auf Nachhaltigkeit. Sie können Schulungsprogramme initiieren, die das Bewusstsein für nachhaltige Praktiken schärfen und die erforderlichen Fähigkeiten und Kenntnisse vermitteln, um diese Praktiken umzusetzen.

Schaffung eines unterstützenden Umfelds: Führungspersonen müssen ein unterstützendes Umfeld schaffen, das Innovationen und Experimente im Bereich der Nachhaltigkeit fördert. Indem sie ein Klima schaffen, in dem neue Ideen und Initiativen willkommen sind und Fehler als Lernmöglichkeiten betrachtet werden, ermutigen sie ihre Mitarbeitenden, neue nachhaltige Lösungen zu erforschen.

Anpassung der Anreizsysteme: Führungspersonen können Anreizsysteme schaffen oder anpassen, um nachhaltiges Verhalten zu belohnen und zu fördern. Das kann von finanziellen Anreizen bis hin zu Anerkennung und Entwicklungsmöglichkeiten reichen.

Letztendlich ist die Rolle der **Führungspersonen entscheidend**, um eine **Kultur der Nachhaltigkeit zu schaffen, die über bloße Richtlinien hinausgeht.** Sie müssen aktiv daran arbeiten, Nachhaltigkeit in den Werten, Verhaltensweisen und Entscheidungen des Unternehmens zu verankern und sie als grundlegenden Teil der Unternehmensidentität zu etablieren.

Indem Führungskräfte sich aktiv für eine nachhaltige Unternehmenskultur einsetzen, können sie maßgeblich dazu beitragen, dass Nachhaltigkeit nicht nur als isoliertes Thema betrachtet wird, sondern als integraler Bestandteil der Unternehmenswerte, Verhaltensweisen und Entscheidungen verankert wird.

Dieser Prozess ist vor allem durch viele **menschliche Faktoren** geprägt. Deshalb können die neuesten Erkenntnisse der Neurowissenschaften und die daraus sich ergebenen Methoden äußerst hilfreich sein, die **geeigneten Strategien** zu finden. Sie helfen auch den Führungspersonen selbst, das **richtige Mindset** zu finden, das die Voraussetzung für den Wandel ist. Die Neurowissenschaften bieten wertvolle Erkenntnisse über die Funktionsweise des Gehirns und des Verhaltens, die Führungspersonen dabei unterstützen können, die Integration von Nachhaltigkeit in die Unternehmenskultur effektiver zu gestalten. Diese Erkenntnisse können unter anderem dazu genutzt werden, die Kommunikation über Nachhaltigkeit gezielter anzupassen. Indem die Art und Weise der Informationspräsentation an neurologische Reaktionen angepasst wird, kann die Wirksamkeit der Botschaft gesteigert und das Verständnis verbessert werden.

Des Weiteren helfen die Neurowissenschaften dabei, die **psychologischen Mechanismen hinter Verhaltensänderungen** zu verstehen. Auf dieser Grundlage können Führungskräfte Programme entwickeln, die auf psychologischen Faktoren aufbauen und nachhaltiges Verhalten fördern. Einige Möglichkeiten werde ich in den weiteren Kapiteln aufzeigen.

Zudem ermöglichen Erkenntnisse über das Belohnungssystem des Gehirns die Entwicklung von adäquaten Anreizsystemen, die nachhaltiges Verhalten belohnen. Durch die Ausrichtung von Belohnungen und Anreizen auf **neurologische Belohnungsmechanismen** können Führungskräfte die Motivation zur Umsetzung von Nachhaltigkeit steigern.

Darüber hinaus zeigen **neurowissenschaftliche Forschungen, dass Emotionen einen starken Einfluss auf die Entscheidungsfindung** haben. Führungskräfte können dieses Wissen nutzen, um Emotionen zu aktivieren, die mit Nachhaltigkeit verbunden sind, und dadurch das Engagement der Mitarbeitenden für nachhaltige Praktiken zu fördern.

Schließlich können Erkenntnisse über die Veränderungen von Glaubenssätzen und Denkweisen dazu genutzt werden, um Schulungs- und Entwicklungsprogramme für Führungskräfte zu gestalten. Auf diese Weise können Führungspersonen besser darauf vorbereitet werden, eine nachhaltige Unternehmenskultur zu fördern und Mitarbeitende und ihr Team in Richtung Nachhaltigkeit zu motivieren.

Die Neurowissenschaften können also als Grundlage dienen, um Programme und Initiativen zu entwickeln, die auf die menschliche Gehirnfunktion und Verhaltensweisen zugeschnitten sind. Indem Führungskräfte dieses Wissen in ihre Strategien zur Förderung von Nachhaltigkeit einbeziehen, können sie die Effektivität ihrer Bemühungen erhöhen und eine nachhaltige Unternehmenskultur besser etablieren.

2 Die Neurobiologie von Nachhaltigkeit

In diesem Kapitel tauchen wir in die spannenden und überraschenden neuen Erkenntnisse der Neurowissenschaften ein. Ich werde euch unsere von keinem Computer und von keiner künstlichen Intelligenz erreichte biologische Intelligenz vorstellen – unsere drei Gehirne, die hervorragend zusammenspielen, wenn wir denn spielen können. Wir haben bei der Geburt ein wunderbares Instrumentarium mitbekommen, nur in der Regel ohne Gebrauchsanleitung. Die wenigsten Menschen kennen ihre Biologie, wie sie wirklich ticken und wie sie das für sie passend ändern und weiterentwickeln können. In diesem Kapitel gebe ich dir eine Einführung, die – wie du merken wirst – fundamentale Konsequenzen und Möglichkeiten eröffnet. Deshalb gibt es auch viel praktische Anwendungen und Übungen. Wissen und Erkennen sind die Voraussetzung, aber Erfahren und Umsetzen eindeutig der Königsweg, um wirklich etwas für sich und andere zu bewirken.

Die Grundlage von Freiheit und Nachhaltigkeit ist in unserem Kopf bzw. in unserem Nervensystem verankert. Wir können nur mit ihnen zusammenarbeiten, nicht dagegen. Bisher haben wir oft versucht, im Bereich der Nachhaltigkeit gegen unsere natürlichen Veranlagungen anzukämpfen, was zu Widerständen und Blockaden führt, die unnötig viel Energie kosten. Die besten Resultate entstehen erst dann, wir uns auf einer tieferen Ebene verstehen und gegenseitig stärken.

Starten wir mit der aktuellen Realität. **Drei Phänomene** des Stillstandes sind aktuell zu beobachten:

1. Ignoranz – Nicht-Wissen-Wollen
Wir wissen es seit über 30 Jahren und spätesten seit 1994 offiziell durch den Abschlussbericht »Vorsorge zum Schutz der Erdatmosphäre« der vom Bundestag 1987 eingesetzten Enquete-Kommission. Das Fazit und die Empfehlung waren klar. Es sollten dringend Maßnahmen ergriffen werden. »Das Problem, vor dem wir stehen, ist, wenn wir so lange warten wollen, bis der menschliche Einfluss ganz eindeutig über den natürlichen Klimaschwankungspegel steht, dann ist es um die Änderungen so gravierend, dass es zu spät ist, korrigierend einzuwirken.«, so Klaus Hasselmann, Physik-Nobelpreisträger und Gründungsdirektor des Max-Planck-Instituts für Meteorologie, bereits 1987 im Bayerischen Rundfunk.[22] Im Jahr 1979 fand die erste Klimakonferenz in Genf statt. Seit 1995 gibt es jährlich eine Weltklimakonferenz COP (Conference of the Parties). Und 2023 fand bereits die COP 28 statt. 2023 ist ebenfalls das Jahr, in dem der Einsatz fossiler Energie einen weiteren Höhepunkt erreicht hat. Außerdem gibt der im Jahr 1988 gegründete Weltklimarat IPCC (Intergovernmental Panel on Climate Change) einen aktuellen Bericht mit alarmierenden, zum schnellen Handeln aufrufenden Zahlen bekannt. Bereits 2007 hatte der IPCC den Klimawandel als eindeutig

anthropogen, menschgemacht bezeichnet. Trotzdem sind die Klimaleugner in regelmäßigem Zyklus immer wieder da.

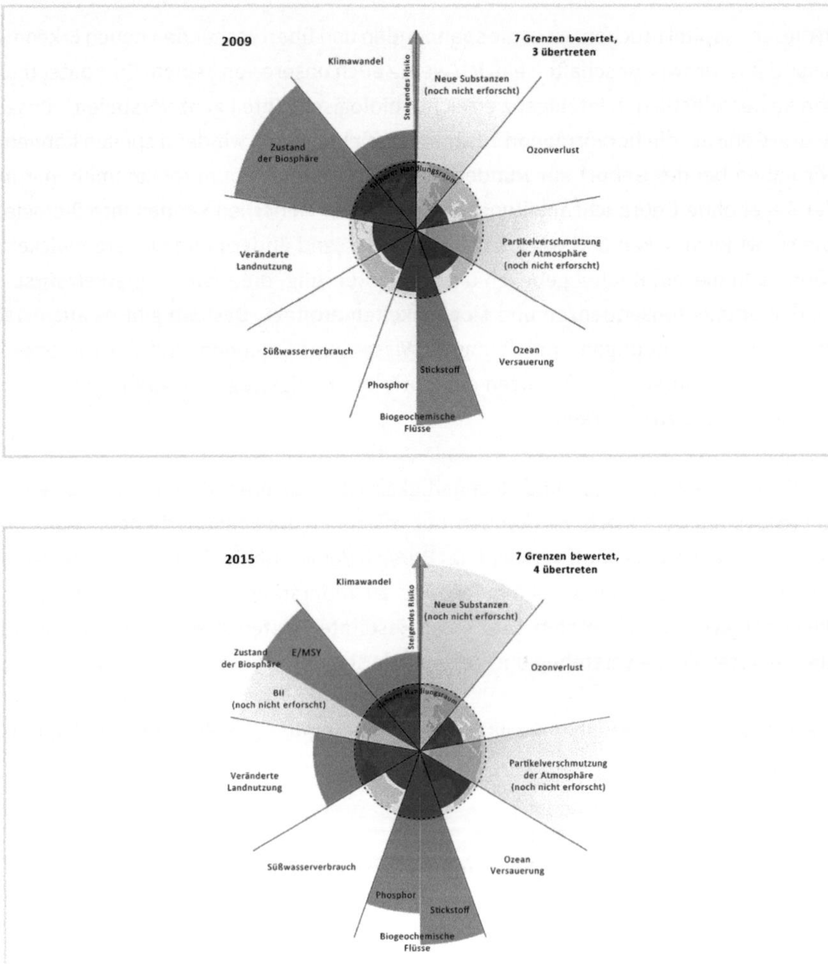

Abb. 1: Die Entwicklung der planetaren Grenzen 2009 und 2015 (eigene Darstellung in Anlehnung an Quelle: https://stockholmuniversity.app.box.com/s/sr0nfknm95oydnnsm1zj0c526qzjn1vsPIK-Potsdam)

Auf dem Greentech-Festival 2023 in Berlin erläuterte John Rockström, Direktor des Potsdam-Instituts für Klimafolgenforschung (PIK), dass die Belastungsgrenzen unseres Planeten in vielen Bereichen erreicht sind. Sechs der neun Bereiche stehen auf Rot. »Unsere Kinder schauen mit Unglauben auf unsere Unfähigkeit, potentiell katastrophale Risiken abzuwehren.« – »Zum ersten Mal sind wir gezwungen, die reale Gefahr einer Destabilisierung des gesamten Planeten in Betracht zu ziehen.« Er stellte klar: »Wir brauchen eine neue wirtschaftliche Logik«.[23]

Also: Das Wissen um den Klimawandel, seine Ursachen und seine Folgen ist längst vorhanden. Seit Jahrzehnten sammeln wir die Hinweise. Dennoch scheinen wir es nicht wirklich anzuerkennen. Wir ignorieren es gepflegt. Rational und logisch ist das nicht. Immerhin geht es um unser eigenes Überleben. Warum ist das so? Die menschliche Erstreaktion auf eine Bedrohung wäre die Fight-or-Flight-Reaktion (Kampf-oder-Flucht-Reaktion). Doch die Realität ist diese: Flucht ist nicht möglich – unseren Heimatplaneten können wir nicht wirklich verlassen – und kämpfen tun die meisten nicht. Stattdessen scheint die Reaktionsvariante »Freeze« – totstellen – aktuell die gängigste zu sein. Bitte bloß weitermachen wie bisher – bitte keine Einschränkungen.

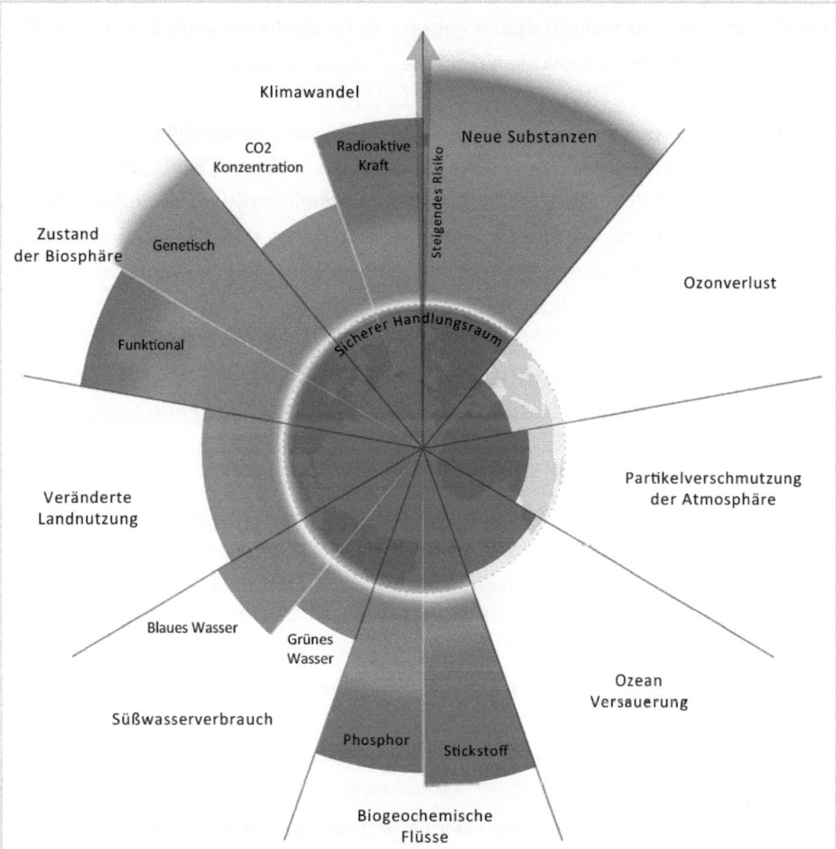

Abb. 2: Die aktuelle Situation: Sechs der neun Bereiche stehen auf Rot (Stand 2023) (eigene Darstellung in Anlehnung an Quelle: https://stockholmuniversity.app.box.com/s/sr0nfknm95oydnnsm1zj0c526qzjn1vsPIK-Potsdam)

Wenn wir einen Blick auf unsere Biologie werfen, könnten wir hierfür schrittweise Lösungen finden. Reine Logik ist auf jeden Fall nicht alles. Gemäß den aktuellen überraschenden Erkenntnissen aus der Gehirnforschung liegen hier noch ungenutzte Potenziale offen und wir können hier noch einiges weiterentwickeln.

2. Abwehr – Pseudoverhalten
Ja, einige handeln durchaus und setzen positive Vorbilder. Wenn wir allerdings genauer hinsehen, ist es bei vielen Unternehmen eher ein Ablass- bzw. Pseudoverhalten. Nur wenige Unternehmen, CEOs und Führungspersonen handeln tiefgreifend aus Überzeugung und verändern ihren Unternehmensansatz grundlegend. Bei den anderen gilt immer noch Profit über Impact und es wird nur das getan, was die Regularien vorsehen. Und auch immer erst dann. Das heißt, es wird so lange abgewehrt, bis es nicht mehr geht, und dann wird versucht, über ein grünes Image kombiniert mit Intransparenz, die Lage und Sachverhalte zu kaschieren. Greenwashing, also Werbung und Marketingmaßnahmen ohne konkrete Belege, ist weit verbreitet. So wurde der Begriff »klimaneutral« fast inflationär gebraucht, bis politische Maßnahmen ergriffen wurden und solche Werbepraktiken nicht mehr erlaubt waren.

Nehmen wir zum Beispiel den Apple-Spot zum Thema Nachhaltigkeit »Mother Nature«: Ist er ein Masterpiece oder Greenwashing, also eher reine Werbung ohne Substanz? – Auf jeden Fall ist der Film äußerst professionell realisiert, im Stil von Apple, und sehr unterhaltsam. Nur die Zahlen – stimmen sie wirklich? Es gibt mittlerweile einige Parodien im Internet, die diese Frage aufwerfen. Und ja es wimmelt von Prozentzahlen, was ja immer schon auffällig ist.[24]

Damit wäre Apple nicht allein. Es gibt genügend Berichte und Recherchen darüber, dass Unternehmen grüne Behauptungen aufstellen, die sich am Ende als nicht wahr herausstellen. Ein jüngstes Beispiel ist das »grüne« Kleid von Lidl. Nach der Panorama-Dokumentation, die belegte, dass die Kategorien des »Grünen Knopf«-Siegels nicht erfüllt wurden, zog sich Lidl aus dem Produktionsland Myanmar zurück.[25] Weitere Beispiele finden sich in der ZDF-Dokumentation »Das Märchen von der Klimarettung« – Greenwashing bei Shell, Mercedes und Co. Ambitionierte Klimaversprechen sind häufig wenig mehr als heiße Luft.[26]

Verantwortlich ist man nicht nur für das, was man tut, sondern auch für das, was man nicht tut.
Laotse

Aber eigentlich interessiert das auch keinen, wie eine Studie von Appinio und VAUDE belegt. Ihr zufolge wissen nur etwas über die Hälfte der befragten Verbraucher, was der Begriff Greenwashing bedeutet. 75% der Kunden und Kundinnen vertrauen den Aussagen der Unternehmen. Am häufigsten informieren sich die Menschen über die Produktbeschreibungen. »Diese Umfrage zeigt, dass Verbraucher*innen klare Informationen zur nachhaltigen Ausrichtung eines Unternehmens erwarten und diesen auch Glauben schenken. Dieser Vertrauensvorschuss ist an sich ein positives Signal und sollte von den Unternehmen wertgeschätzt werden. Die Gefahr ist hierbei, dass Firmen ihren Kunden auch das Blaue vom Himmel erzählen können. Es ist an der Zeit, verbindliche Vorgaben einzuführen, um alle Unternehmen dazu zu bringen, ehrliche und transparente Nachhaltigkeitsaussagen zu machen, so dass sich die Kund*innen weiterhin auf die Aussagen der Unternehmen verlassen können«, erklärt Manfred Meindl, Marketingleitung bei VAUDE.[27] Verbraucher sollten deshalb besser vor irreführender Werbung geschützt werden. Derzeit fehlt es an Transparenz und klaren gesetzlichen Richtlinien. Daher begrüßt VAUDE das Ziel der EU-Kommission, mit der Green Claims Directive (GCD) irreführende umweltbezogene Werbeaussagen zu verhindern und unklaren Aussagen entgegenzutreten. Unverbindliche Selbstverpflichtungen reichen nicht aus. Das zeigt die Realität. »Ich würde mir wünschen, dass mehr Firmen zeigen, dass nachhaltige Geschäftsmodelle zukunftsträchtig und umsatzfördernd sind. Nicht zuletzt auch, um das Vertrauen, das die Verbraucher*innen bereits jetzt in die Unternehmen haben, tatsächlich zu verdienen«, so Manfred Meindl.[28]

Dies unterstreicht erneut die Notwendigkeit politischer Rahmenparameter, um dieser Abwehr, diesem aus einer kurzfristigen Denke entstandenen Pseudoverhalten Einhalt zu bieten. Nur wie ist dies zu erklären? In diesen Unternehmen sitzen ja eigentlich auch menschliche Entscheider mit Verantwortung. Die sozialen Neurowissenschaften können hier Einblicke gewähren und Lösungsvorschläge anbieten. Wirklich verstandene und umgesetzte Nachhaltigkeit bedingt eine kulturelle und soziale Transformation, die uns Menschen richtig gut tut. Führungspersonen müssen Gestalter des Wandels sein.

Die Ökologie ist ein neuer Humanismus.
Anne Hidalgo, Pariser Bürgermeisterin[29]

3. Druck – Gelernte Hilflosigkeit
Das dritte Phänomen ist Abwehrverhalten auf Druck und die gespielte Inkompetenz – ganz nach dem Motto, das ist ja alles viel zu kompliziert, viel zu komplex. Dazu gesellen sich der typische bürokratische Abkürzungswirrwarr und das spezielle Verordnungsdeutsch. Was bedeuten die Begriffe ESG, CSR, NFRD, SFDR, CSRD, EU-Taxonomie, ...? In der Tat dürfen sich heutige COOs mit diversen Regeln und Verordnungen auseinandersetzen, wie eine Deloitte-Studie zeigt.[30] Wenn man jedoch einen ganzheitlichen Ansatz von Nachhaltigkeit realisiert, der eine konkrete Vision und Strategie beinhaltet, dann erfüllt man in der Regel die Verordnungen sowieso bzw. geht natürlicherweise darüber hinaus. Trotzdem lohnen sich die Auseinandersetzungen mit den verborgenen Inhalten der Abkürzungen, da sie wertvolle Methoden und Instrumentarien beinhalten. Ganz nach dem Motto: »Prüfe alles und nutze das wertvolle.« Nicht umsonst bieten sie gerade für die Berichterstattung hervorragende und den Regularien entsprechende Tools.

Wenn man ehrlich ist, wurden die meisten Regularien und Verordnungen erst erforderlich, nachdem sich die Wirtschaft nicht freiwillig bewegte oder in die falsche Ausweichrichtung abdriftete. Der ehemalige Bundesumweltminister Klaus Töpfer erläuterte seine von ihm als »Damoklesschwert-Politik« bezeichnete Vorgehensweise folgendermaßen: Er kündigte eine Verordnung zu einem bestimmten Thema an, damals war es die Altpapierverordnung, und wartete dann auf eine Selbstverpflichtung der adressierten Wirtschaftsunternehmen, sodass die angekündigte Verordnung überflüssig wird. Wenn es zu keiner Selbstverpflichtung kommt, kommt dann eben die Verordnung. Also wer nicht hören will, muss fühlen. Beim Thema Altpapier kam es zu einem Aufschrei und zu einer Selbstverpflichtung.

Psychologisch bezeichnete Manfred Seligmann das Ausbleiben einer Reaktion und das Todstellen als »erlernte Hilfslosigkeit« und versteht darunter die entwickelte Überzeugung, die Fähigkeit zur Veränderung der eigenen Lebenssituation verloren zu haben. Dies sollte für Unternehmer, CEOs und Führungspersonen in Verantwortung eigentlich nicht zutreffen. Deshalb würde ich hier die Begriffe »vorgeschobene Inkompetenz« oder »Abwehr von Zuständigkeiten« für die richtigere Einschätzung halten. Unbewusst ist diese Inkompetenz in der Tat nicht.

Was vermitteln uns diese Phänomene? Zunächst einmal müssen wir akzeptieren, dass sie uns die Realität aufzeigen, was für Idealisten oft eine harte Enttäuschung ist. Sie sind real, obwohl sie eigentlich wider besseres Wissen sind. Denn wir wissen ja, dass wir mit unserer Zukunft und vor allem mit der Zukunft unserer Kinder spielen. Es treten jetzt schön ökologische und soziale Phänomene auf, denen wir adäquat begegnen sollten, was jedoch oft genug nicht geschieht, weil wir die Beständigkeit lieben und wollen, dass alles so bleibt, wie es ist – wie es immer schon war. Doch das ist eine Illusion, aus der wir immer stärker bitter erwachen. Rückwärtsgewendete sind ein Stock am Bein und haben leider oft erst zu spät wirtschaftliche Konsequenzen erkannt. Insofern ist Nachhaltigkeit hochgradig ökonomisch und radikal humanistisch. Sie führt uns an den Kern der Naturgesetze zurück, denn Veränderung ist das grundlegende Gesetz des Universums, wie bereits Heraklit von Ephesus schon sagte. Es gibt nichts Dauerhaftes außer der Veränderung. Oder anders ausgedrückt: **Kein Mensch steigt zweimal in denselben Fluss, denn es ist nicht derselbe Fluss und auch nicht derselbe Mensch.**

Nur diesen Wandel, diese Veränderung bei uns selbst strategisch zu gestalten, scheint sehr schwer zu sein. Nichts fällt dem Menschen so schwer wie Transformation – vor allem die bewusst gesteuerte mit klarer Vision.

Es liegt besonders an Führungspersönlichkeiten, CEOs und Entrepreneuren, den Wandel voranzutreiben und ihn aktiv zu gestalten. Dazu ist es wichtig, dass sie ihre eigenen inneren Phänomene durchleuchten und zunächst ihr eigenes menschliches

Potenzial entfalten. Hier ist das Wissen um die eigenen menschlichen Möglichkeiten fundamental. Deshalb werde ich im nächsten Kapital auf die biologische Basis unserer Entscheidungen eingehen. Das Wissen um unser beeindruckendes biologisches Potenzial und die Fähigkeit, dieses gezielt einzusetzen, kann Berge versetzen. Sowohl die aktuellen neurowissenschaftlichen Erkenntnisse als auch tradiertes Menschheitswissen sind bereichernd und erhellend für die bewusste und strategische Gestaltung des kulturellen Wandels.

Dabei wollen wir die folgenden Fragen in den Blickpunkt stellen.

Fragen zur Transformation

- Warum verändern sich Menschen so schwer?
- Welchen Einfluss üben vergangene Erfahrungen auf die Veränderungsbereitschaft aus?
- Was brauchen Menschen, damit sie Veränderungen starten?
- Was brauchen Menschen, damit sie Veränderungen durchhalten?
- Was sind die neuesten Erkenntnisse aus der Verhaltenswissenschaft?
- Welche Werkzeuge kann ich nutzen, um andere Menschen zu begleiten?
- Wie kann ich meine persönliche Entwicklung erleichtern?

»Was in aller Welt ist mit euch los?«, fragte Pippi gereizt. »Ich will euch nur sagen, dass es gefährlich ist, zu lange zu schweigen. Die Zunge verwelkt, wenn man sie nicht gebraucht.«

Astrid Lindgren, »Pippi geht an Bord«

2.1 Die Dreifaltigkeit unserer Gehirne

Wenn wir von unserem Gehirn sprechen, meinen wir in der Regel das Gehirn in unserem Kopf, unseren rationalen Entscheider. Das Kopfgehirn bildet zusammen mit dem Rückenmark unser zentrales Nervensystem, das bewusst und zum größten Teil unbewusst unseren Körper und unsere Gedanken, Gefühle und Entscheidungen steuert. Sehr eng damit verbunden sind unser Herzgehirn sowie unser Darmgehirn. Viele neue Forschungsergebnisse zeigen die enge Verbundenheit und polaren Abhängigkeiten. Daher werden wir im weiteren Verlauf die Biologie der drei Gehirne genauer betrachten und erkunden, welche beeindruckenden Möglichkeiten sich durch die Nutzung dieser verschiedenen Gehirnregionen ergeben können. Die Integration und Zusammenarbeit der Gehirne sind entscheidend. Du darfst bestimmen, was da alles perlt und prickelt und wie du das Gehirn erschaffst, das deinen Bedürfnissen und Fähigkeiten optimal gerecht wird. Dies erfordert natürlich Training, worauf wir jedoch später eingehen werden.

2.1.1 Unser Kopf – der rationale Verstand?

Die Gedanken, die wir die letzten zehn Jahre gedacht haben, sind hauptsächlich dafür verantwortlich, wo wir heute stehen.

Fangen wir mit unserem Kopf an, mit dem Supercomputer zwischen unseren Ohren. Betrachten wir zunächst einige Fakten und Zahlen zu diesem unglaublichen Werkzeug, das wir geschenkt bekommen haben. Ich denke, wir sollten es immer wieder wertschätzen.

UNSER GEHIRN

- 86 Milliarden Nervenzellen
- 100 Billionen Synapsen
- Gewicht 1250–1400 Gramm
- Bewusst/Unbewusst
- Evolutiv hoch entwickelter Supercomputer
- Richtige Bedienung der Software sorgt dafür, dass die gewünschte Hardware entsteht

Das sind die biologischen Rahmenparameter. Wie funktioniert nun dieser Supercomputer, den noch kein anderer Computer der Welt erreicht hat? Was wissen wir heute darüber und was können wir lernen? Wie managen wir unseren »alten wässrigen Wackelpudding« im Kopf? Ich kann bereits verraten, dass er zu viel mehr fähig ist, als du bisher nutzt. Es lohnt sich, in die biologischen Tiefen abzutauchen und sich das Wissen anzueignen, um das Potenzial dieses evolutiv hoch entwickelten Supercomputers wirklich auszureizen.

Neuroplastizität

Insgesamt haben sich geraden in den letzten Jahren einige frühere Annahmen als nicht haltbar erwiesen. Was hältst du von dem Sprichwort »Was Hänschen nicht lernt, lernt Hans nimmermehr.«? Ist die Aussage dahinter wahr oder nicht? Lange Zeit wurde sie für richtig gehalten, bis Nobelpreisträger Eric Kandel sie durch seine Versuche widerlegte. Er zeigte durch seine Experimente mit Aplysia, dem kalifornischen Seehasen, wie das Gehirn lernt. Aplysia ist eine Meeresschnecke, die man z.B. beim Schnorcheln vor den Kanarischen Inseln beobachten kann. Abgesehen davon, dass sie optisch sehr bunt und reizvoll wie ein Schmetterling aussieht, hat sie sehr große Neuronen – also Nervenzellen, deren Aktivitäten gut messbar sind. Eric Kandel sagte, dass Aplysia alles lernen kann, außer vielleicht französische Vokabeln. Aber der Prozess des Lernens selbst ist auch in diesem Fall sehr ähnlich. Er beruht darauf, dass sich Nervenzellen immer wieder neu und anders vernetzen. Das Lernen ist jederzeit, bis zum letzten Atemzug, möglich. Für seine beeindruckenden Forschungsergebnisse erhielt der österreichisch-US-amerikanische Neurowissenschaftler 2020 den Nobelpreis für Physiologie oder Medizin. Eric Kandel ist inzwischen 94 Jahre alt (Stand 29.12.2023) und beweist mit seinem eigenen Leben, dass seine Erkenntnisse aktiv umgesetzt werden können. Er behauptet, heute mehr zu arbeiten als noch mit 70.[31] Er sei produktiver, sein Gehirn arbeite immer besser. Er ist quasi das lebende Beispiel, dass Lernen im Alter sogar besser wird. **Neuroplastizität** ist der wissenschaftliche Begriff für die Fähigkeit des Gehirns, immer weiter **neu** zu lernen, **um** zu lernen und vor allem auch zu **ver**lernen. Es ist bis zum Ende des Lebens plastisch neu formbar, kann sich neuen Gegebenheiten anpassen und kreativ neue Antworten und Lösungen entwickeln – wenn wir es denn wollen und zulassen und vor allem aktiv angehen. Denn nur, wenn wir Energie aufwenden, dann sprüht das volle Potenzial unseres Gehirns zu unserer vollen Lebensfreude.

Gerade Führungspersönlichkeiten dürfen hier Vorbilder sein und sich die Methoden hierfür, auf die ich in den folgenden Kapiteln konkreter eingehe, aneignen. Aber nicht nur sie – alle Menschen können es. Wir können unser Gehirn re-programmieren, das ist nicht Science Fiction, sondern Science Fact. Das, was wir unserem Gehirn übermitteln, das was es hört und fühlt, wird es tun. Darum wähle weise, was deinen Fokus bekommt! Wir können die Software erschaffen, die die Hardware hervorbringt, die wir brauchen. Wie das genau funktioniert, darauf gehen wir später ein. An dieser Stelle ist es jedoch wichtig, erneut zu betonen, dass Veränderung jederzeit für jeden Menschen möglich ist. Neuroplastizität ist universell.

Neuroneogenese

Ein weiterer Mythos lautete bis noch vor einigen Jahren, dass wir mit allen Nervenzellen geboren werden und im Lauf unseres Lebens diese verlieren – z. B. nach einem Vollrausch –, aber keine neuen Nervenzellen gebildet werden. Auch dies hat sich als falsch erwiesen. Es gibt zwei Orte im Gehirn, an denen aktiv neue Nervenzellen gebildet werden. Wissenschaftlich bezeichnet man diesen Vorgang als **Neuroneogenese**. Der eine ist der Riechkolben, der Bulbus olfactorius. Die Bedeutung des Geruchssinns wurde beim Menschen schon immer unterschätzt. Hunde haben sicherlich feine Spürnasen, aber wir Menschen? Dennoch können unsere Nasen viel mehr riechen, als uns bewusst ist. Nicht umsonst gibt es die Redewendungen »Ich kann dich nicht riechen.«, »Sie hatte den richtigen Riecher.«, »Das stinkt zum Himmel.«, »Den Braten habe ich gerochen.« oder »Die Chemie stimmt zwischen uns.« Unsere Nase bewirkt mehr im Gehirn, als uns bewusst ist, und Düfte lösen interessante Emotionen aus.

Und können Kaufanreiz sein: In Hamburg gab es einen Bäcker an der U-Bahn Station Rödingsmarkt, der immer die frischen Franzbrötchen oben auf den Ofen legte. Auf diese Weise wurde die ganze Halle mit dem Duft dieses typischen Hamburger Zimtgebäcks erfüllt. Untersuchungen zeigten, dass dieser Bäcker die meisten Franzbrötchen in Hamburg verkaufte. Auch ich musste mich immer schwer beherrschen. Bestimmt habt ihr auch entsprechende Erinnerungsgerüche an eure Lieblingsgerichte oder an

Weihnachten. Auch der Duft einer Blumenwiese oder bestimmter Gewürze oder, wie bei mir, der Duft des Meeres können uns sofort in bestimmte meist entspannte Stimmungen versetzen. Auch die Parfumindustrie lebt ja ganz gut davon. Auch wenn unser Geruchssinn noch nicht wirklich gut erforscht ist, zeigt doch die Tatsache, dass ausgerechnet dort immer wieder neue Nervenzellen gebildet werden, wie wichtig er anscheinend ist. Also »Immer der Nase nach«!

Das gilt übrigens auch für menschliche Beziehungen, denn Gefühle kann man buchstäblich riechen. **Menschen mit einer feinen Nase** haben mehr Freunde. Das dies kein Zufall ist, beweisen inzwischen einige Studien: Wer nicht gut riechen kann, verpasst unbewusste und unverfälschbare Signale.[32] Menschen, die ihren Geruchssinn verloren haben, sprechen davon, dass sie einen Teil ihrer Identität verloren haben. Studien zeigen, dass wir die Ängste und Sorgen anderer Menschen riechen und uns davon anstecken lassen. Der Körpergeruch ist sehr wichtig. So können Mütter ihr Neugeborenes schon nach zehn Minuten am Geruch erkennen und nicht zuletzt prüfen wir unbewusst mit der Nase, mit wem wir uns anfreunden wollen. In einer Studie aus dem Jahr 2022 konnte eine deutsche Forschergruppe vorhersagen, welche Menschen sich freiwillig zusammenschließen würden, indem sie einfach deren Körpergeruch verglichen.[33] Menschen suchen demnach ihre Freunde und auch die Personen, mit denen sie gern zusammenarbeiten wollen, unbewusst nach dem Geruch aus. Insofern eigentlich kein Wunder, dass im Riechkolben, also an der sensiblen Stelle im Gehirn, die für die Geruchswahrnehmung zuständig ist, immer wieder neue Nervenzellen gebildet werden.

Der zweite Ort, an dem in unserem Gehirn neue Nervenzellen gebildet werden können, ist praktischerweise der Ort, wo unser Gedächtnis sitzt – nämlich der Hippocampus. Der **Hippocampus**, zu Deutsch Seepferdchen, kommt in jeder Gehirnhälfte einmal vor und ist für das Abspeichern der Dinge, die wir behalten wollen, zuständig. Auch hier in unserem Gedächtnis findet Neuroneogenese, die Bildung neuer frischer Nervenzellen, statt. Allerdings nicht immer, nur unter »guten« Bedingungen, die wir aber selbst kreieren und bestimmen können. Zwei der Bedingungen möchte ich dir schon einmal verraten, bevor du in unserem Aktionskapital weitere konkrete Methoden kennenlernen wirst.

Die erste Möglichkeit heißt »**Bewegung**«: Wenn wir uns bewegen – körperlich und geistig, entstehen neue Gehirnzellen. Die Verlinkung der tätigen Muskelzellen zum Gehirn vor allem auf hormoneller Seite ist noch nicht wirklich erforscht, scheint aber gewaltig zu sein. Nicht umsonst wird Sitzen auch als das neue Rauchen bezeichnet. Wer rastet, der rostet. Also wieder ein Grund, sich zu bewegen: ein Gehirnspaziergang, eine Tanzrunde für den Kopf oder etwas anderes Vergnügliches. Das Ausbilden neuer Nervenzellen kann und soll durchaus Spaß machen.

Die zweite wunderbare Möglichkeit ist das Zusammensein mit anderen Menschen, also die **soziale Begegnung**. Der soziale Kontakt ist wichtig und zugleich manchmal auch anstrengend aber unabdingbar, genauso wie die Neugierde und Offenheit, die erst neue Inspirationen ermöglicht. Im sozialen Kontakt und in Bewegung bilden sich neue Gehirnzellen. Beides ist somit auch die beste Alzheimer-Prophylaxe, denn es werden neue Gehirnzellen am Ort unseres Gedächtnisses im Hippocampus gebildet. Unser Gedächtnis ist ein wichtiger Teil unserer Persönlichkeit. Wir bilden unsere Persönlichkeit, indem wir unser Gedächtnis formen, u. a. auch mit den Dingen, die wir bewusst wieder vergessen. Dies geschieht durch Bewegung und sozialen Kontakt, indem wir aktiv unsere Meinungen und Ansichten infrage stellen und uns neuen Erfahrungen öffnen – körperlich und geistig. Einsamkeit und Bewegungsmangel sind umgekehrt zwei Faktoren, die Menschen früher sterben lassen.

Die Berliner Psychologin Ulrike Scheuermann hat für ihr Buch »**Freunde machen gesund**« über 200 aktuelle Studien ausgewertet und untersucht, wie wichtig soziale Kontakte für unsere Gesundheit sind.[34] Was sind deiner Meinung nach die wichtigsten Faktoren für Gesundheit und ein langes Leben? Gesunde Ernährung, Nichtrauchen oder Sport treiben? Klar, auch diese Faktoren haben einen großen Einfluss auf unsere Gesundheit. Sie haben jedoch nicht den größten Anteil. Entgegen allen Annahmen kommt Ulrike Scheuermann zu dem eindeutigen Ergebnis, dass unsere Sozialkontakte an erster Stelle für ein langes Leben stehen. Sichere, stabile Beziehungen und die Integration in eine Gemeinschaft sorgen für psychisches und körperliches Wohlbefinden. Es ist also wichtiger als alles andere, gute Beziehungen zu pflegen. Dieses Ergebnis ist auch für die Teamentwicklung und für Führungspersonen fundamental. Aus den neuesten Erkenntnissen der Neurowissenschaften lassen sich die Regeln für gesunde menschliche Beziehungen und Kontakte und vor allem deren erfolgreiche Umsetzung definieren. Es geht also darum, den Raum zu schaffen, dass Menschen sich wohlfühlen und eine Atmosphäre entsteht, in dem neue Nervenzellen wachsen und gedeihen können. Es lässt sich zusammenfassen, dass der Aufbau einer solchen gehirngerechten Unternehmenskultur Neuroneogenese ermöglicht und damit nicht nur das Wachstum der Nervenzellen, sondern auch das kreative Potenzial und das unternehmerische Wachstum grundlegend fördert. Eine solche Unternehmenskultur wäre sehr erfolgreich und fördert zudem die vom Weltwirtschaftsforum ausgewiesenen Zukunftsfähigkeiten des Menschen.

Ein Impuls noch ergänzend: Das eigentliche Wachstum der Nervenzellen erfolgt übrigens wie bei einem Muskel in der Ruhephase. Deshalb ist Schlaf auch wirklich nicht überbewertet. **Schlaf** macht im wahrsten Sinn des Wortes Gehirn. Ich habe dazu eine **Podcastfolge** aufgenommen, wenn dich das näher interessiert. Du findest sie als Folge 112 in meinem Podcast **MAGIC BRAIN KICKS**. Den Podcast kannst du auf meiner Website und überall da, wo es Podcasts gibt, anhören.

Hörtipp: Podcast MAGIC BRAIN KICKS #112 – Schlaf

Und vor allem unsere Arbeit sollte uns stärken, herausfordern für mehr Hirn, also uns zu mehr Bewegung und mehr sozialer Interaktion anspornen, denn das macht uns stark. Das macht uns auch stark für Führung. Sie sollte uns fordern und gesünder werden lassen. Denn nur so sind wir kreativ und innovativ – und somit auch fähig für transformative Zukunftsgestaltung. Die Entwicklung »New Work« versucht, dies umzusetzen. Wir werden in Kapitel 4 einige Methoden und Best-Practice-Beispiele dazu kennenlernen.

Nun noch zu einem weiteren wichtigen allgemeinen Faktor in Bezug auf unser Gehirn, und zwar zu den **Nervenwachstumsfaktoren**. Es wurden spezielle Wachstumsfaktoren entdeckt, die die Verknüpfung von Nervenzellen und somit das Lernen unterstützen. Eine der Entdeckerinnen war die italienische Medizinerin Rita Levi-Montalcini. Sie fand bei ihren Versuchen am Hühnerei ein Polypeptid, das das Wachstum der Nerven im Gehirn förderte und der Auftakt für die weitere Erforschung der sogenannten Neurotropine war. Sie erhielt 1986 den Nobelpreis und war außerdem die erste Nobelpreisträgerin, die über hundert Jahre alt wurde. Sie starb 2012 im hohen Alter von 103 Jahren. Wieder ein Beweis dafür, dass das Wissen über das Gehirn und die praktische Anwendung dieses Wissens lebensverlängernd ist und sich vor allem sehr positiv auf die Qualität des Lebens auswirkt.[35] Denn auch das Wachstum der Wachstumsfaktoren lässt sich unterstützen.

Ein wichtiger **Trigger** sind Emotionen, vor allem Freude und Dankbarkeit. Sie sind wie **Dünger fürs Gehirn**. Wenn wir das, was uns Freude macht, als Navigationsgerät nutzen, sind wir auf jedem Fall auch in Bezug auf die Wachstumsfaktoren auf dem richtigen Weg. Dabei kann Freude als persönliches GPS dir den Weg zu deinem Ziel, zu deinen Lieblingsorten oder auch zu mehr Energie zeigen.[36] Da, wo du Freude empfindest, wo dein Herz aufgeht, da sprüht die Energie und die Gehirnzellen wachsen.

Auch Simon Sinek weist in »The Optimism Company« darauf hin, wie wichtig im Unternehmen die Freude durch die **Förderung von Beziehungen** ist. Er sagt: »Wir dürfen nicht vergessen, dass wir als menschliche Lebewesen soziale Tiere sind. Wir brauchen einander. Wir sehen, dass beim Fortschreiten der Technisierung, der Digitalisierung, die menschlichen Fähigkeiten zum Umgang damit zurückgehen. Wir brauchen es, dass unsere Mitmenschen unsere Kolleginnen und Kollegen, unsere Chefs uns als Menschliche Wesen sehen und behandeln. Je mehr du sicher sein kannst, dass jemand für dich da ist, desto mehr wird Optimismus gestärkt. Es ist die Qualität von Beziehungen. Bei allen Vorteilen von Technologie und ich liebe Technologie, dürfen wir nicht vergessen, dass wir die Arbeit tun müssen, um Beziehungen zu fördern. Gute Unternehmen wissen das.«[37]

Sehen wir uns nun die **Anatomie** des Gehirns zwischen unseren Ohren genauer an. Denn die Anatomie verrät uns längst nicht alles, aber doch einiges. In der Humanmedizin befasst sich die Anatomie (von griech. *zerschneiden*) mit dem Aufbau des menschlichen Körpers, seiner Organe und Gewebe. Sehr gern wird das Gehirn insbesondere von Pathologen in einzelne Scheibchen zerschnitten. So zum Beispiel auch im »Human Brain Project«, einem internationalen Forschungsprojekt, um die Grundlage für eine 3-D-Animation unseres Gehirns zu schaffen.[38] Ziel ist es, eine genaue Landkarte des Gehirns zu erstellen und möglichst genau simulieren zu können, welche Gehirnareale wann aktiv sind.[39] Mithilfe von KI-gestützten Computersimulationen will man dem Gehirn quasi beim Denken zuschauen können. Wenn wir dies jedoch am lebenden Menschen überprüfen, was sich mit der funktionellen Magnetresonanztomografie (fMRT) gut machen lässt, kommen wir zu wieder anderen Ergebnissen. Das MRT, die Röhre, kennen sicher einige von euch aus eigener Erfahrung. Es wird beim Radiologen eingesetzt. Mit diesem Verfahren ist es möglich, das Gehirn zu scannen und beispielsweise festzustellen, welches Gehirnareal aktiv ist, wenn wir den kleinen Finger bewegen. Ähnliche Untersuchungen wurden auch mit Gerüchen durchgeführt.

Es zeigte sich, dass die **Tätigkeiten des Gehirns sehr individuell und zudem in Ort und Zeit immer wieder anders** sind. Wenn wir zum Beispiel an etwas riechen, werden je nach Art des Geruchs (z.B. Lavendel oder Zitrone) unterschiedliche Bereiche des Gehirns aktiviert. Wiederholt man den Vorgang mit den gleichen Menschen an einem anderen Tag, zeigen sich wieder andere aktive Areale. Ein Phänomen, das an die Quantenphysik erinnert. Das Experiment kann man sich in der Ausstellung »Das Gehirn in Wissenschaft und Kunst« des Berliner Medizinhistorischen Museums der Charité in Berlin ansehen.[40] (Die Ausstellung ist gerade bis September 2024 verlängert worden.) Ich hatte im Dezember 2023 die Gelegenheit, an einer Kuratoriumsführung durch die Ausstellung teilzunehmen. Der deutsch-britische Neurowissenschaftler John-Dylan Haynes, der die Ausstellung mitkonzipierte und das Experiment selbst durchführte, erläuterte, wie spannend auch für ihn als Direktor des Berlin Centers für Advanced Neuroimaging diese Ergebnisse sind. Es lässt sich also nicht wirklich vorhersagen, wie das Gehirn reagiert. Können wir wirklich Gedanken lesen? In seinem Buch »Fenster ins Gehirn – Wie unsere Gedanken entstehen und wie man sie lesen kann« beschreibt er den aktuellen Stand seiner Forschungen, die er in Berlin und London durchführt und diskutiert auch die Frage nach der Entscheidungsfindung im Gehirn.[41] Wirklich spannend, denn letztendlich geht es ja um unseren freien Willen und die Vorhersagbarkeit unserer Handlungen. Er erläutert: »Es scheint nicht nur geboten, in ethischer Hinsicht auf mögliche Gefahren des Brain-Reading hinzuweisen, sondern ebenso, realistisch einzuschätzen, was genau in Zukunft technisch möglich sein wird und was nicht. Neben den Chancen sollten immer auch die Grenzen des neurowissenschaftlichen Gedankenlesens kommuniziert werden.«

Kommen wir nun zurück zur Anatomie des Gehirns, die man mit bloßem Auge sehen kann. Unser Gehirn ist ganz offensichtlich sehr gefurcht und besteht aus zwei Teilen (zwei Hemisphären, Gehirnhälften) und drei Bereichen. Also eins – zwei – drei: ein Gehirn, zwei Hälften und drei Anteile. Kommen wir zunächst zu den beiden Gehirnhälften. Es gibt eine rechte und eine linke, die durch einen Balken, dem sogenannten Corpus callosum, verbunden sind. Der Hirnbalken ist ein aus etwa 250 Millionen Nervenfasern bestehendes Netzwerk, das beide **Gehirnhälften** miteinander verbindet und die Signale **zwischen** diesen vermittelt.

Albert Einstein soll einen besonders ausgeprägten **Hirnbalken** besessen haben. Dies ist bekannt, da sich an **Einsteins Gehirn** verbotenerweise ein Pathologe ausgetobt hat. Denn natürlich war die Neugierde groß, wie das Gehirn einer so intelligenten Person aufgebaut ist. Ist es besonders groß, besonders schwer oder besonders aufgebaut? Albert Einstein starb am 18. April 1955 in Princeton. Eine Grabstätte gibt es nicht. Wie Einstein es wollte, wurde sein Leichnam verbrannt und die Asche verstreut. Das Gehirn des Genies jedoch hatte zuvor ein Arzt gestohlen. Was danach geschah, ist spannend wie ein Krimi und bis heute nicht geklärt. Auf jeden Fall sind Gehirneinzelteile auf der ganzen Welt verstreut und teilweise verschollen.[42] Ich hatte das Vergnügen, die Fernsehdokumentation »Einsteins Gehirn« für GEO Television zu prüfen, die die weltweite Suche nach den vielen Schnipseln in den diversesten Kühltruhen unterschiedlichster Personen verfolgte. Das Buch des amerikanischen Journalisten Michael Paterniti, »Unterwegs mit Mr. Einstein«,[43] beschreibt diese Reise – eine sehr kurzweilige Reise auch durch gekrümmten Raum und relative Zeit, die beweist, dass keine Fantasie so verrückt sein kann wie die Wirklichkeit. Als es noch gedacht hat, hätte das dem Hirn von Mr. Einstein sicherlich gefallen.

Die wenigen bekannten Details sind nur schwer nachprüfbar, aber Einsteins Gehirn soll nicht besonders groß oder schwer gewesen sein. Es sei sogar eher leicht gewesen. Besonders auffallend war wohl die sehr ausgeprägte Verbindung zwischen den beiden Gehirnteilen. Der Balken zwischen den beiden Hemisphären soll besonders dick gewesen sein. Dies ermöglichte ihm offenbar, verschiedene Ideen schnell miteinander zu verknüpfen. Es geht ja immer noch der Gedanke um, dass linke und rechte Gehirnhälften sich sehr unterscheiden. Die linke Hälfte gilt als rational und für strukturiertes, logisch-analytisches Denken verantwortlich, während die rechte als kreativ, intuitiv und emotional betrachtet wird. Im Kopf der Rationalen würden Zahlen und Buchstaben, in dem der Kreativen die Bilder überwiegen. Nach derzeitigem neurowissenschaftlichen Stand lässt sich das jedoch so nicht belegen. Es gibt keine klare funktionale Trennung der beiden Gehirnhälften in rational und kreativ. Was allerdings stimmt, ist, dass verschiedene Areale im Gehirn für unterschiedliche Themen zuständig sind und dass diese durchaus entweder in der linken oder in der rechten Gehirnhälfte liegen können. So gibt es einen motorischen Teil der Gehirnrinde und auch verschiedene Areale, die für die Sprache zuständig sind. Das Gehirn muss also quasi bei bestimmten Aufgabenstellungen verschiedene Teile abrufen und in unterschiedlichen Gebieten nach den Antworten suchen, was sich durchaus auf die Geschwindigkeit auswirken kann, abhängig von der Vernetzung und der Lokalisation der gespeicherten Informationen.

Homeplay: Eine kleine Selbsteinschätzung

Schreibe doch einmal auf:

- Wie intelligent denkst du, bist du konkret?
- Und wie kreativ bist du im Vergleich dazu?

Ein Beispiel dafür, dass Inhalte im Gehirn anders abgespeichert werden und es durchaus Unterschiede gibt zwischen bekannten trainierten und damit automatisch abrufbaren Inhalten und solchen, bei denen wir nachdenken müssen, zeigt ein einfacher Test. Die Aufgabe ist, die Farben von Wörtern möglichst schnell auszusprechen. Wenn es sich dabei um Farbwörter handelt, deren Schriftfarbe nicht mit ihrer Bedeutung übereinstimmt, zeigen sich eine längere Reaktionszeit und eine erhöhte Fehleranzahl. Probiert es gern einmal aus! Im Internet gibt es verschiedene Videos dazu. Der längere Zeitaufwand deutet auf einen Verarbeitungskonflikt hin. Es scheint so, als ob das Gehirn erst einmal in verschiedenen Arealen nach der richtigen Antwort suchen muss. Vor allem, da sich in diesem Fall die geschriebene Information und die Farbinformation widersprechen. Der **Stroop-Effekt**, benannt nach dem Psychologen J. Ridley Stroop, offenbart ein interessantes Phänomen in der experimentellen Psychologie, das früher oft auch für den Hinweis auf die rechte und linke Gehirnhälfte genutzt wurde.[44]

Ein weiterer sehr interessanter Test, der beweist, wie funktional das Gehirn viele Informationen auch aus den hintersten Winkeln hervorholen kann, ist der Buchstabensalat aus Cambridge.[45]

Test: Bitte lies folgenden Text

Gmäeß eneir Sutide eneir elgnihcesn Uvinisterät, ist es nchit witihcg in wlecehr Rneflogheie die Bstachuebn in eneim Wrot snid, das ezniige was wcthiig ist, ist daß der estre und der leztte Bstabchue an der ritihcegn Pstoiion snid. Der Rset knan ein ttoaelr Bsinöldn sien, tedztorm knan man ihn onhe Pemoblre lseen. Das ist so, wiel wir nciht jeedn Bstachuebn enzelin leesn, snderon das Wrot als gseatems.

Ehct ksras! Das ghet wicklirh! ;-)

Konntest du den Text ohne Probleme lesen? Unser Gehirn ist wirklich ein Meister in Mustererkennung. Der Test zeigt, wie viel in unserem Köpfchen gespeichert ist, von dem wir gar nichts wissen. Er zeigt aber auch, wie viel automatisch abläuft, wenn wir nicht ganz bewusst gegensteuern. Viele Muster und Glaubenssätze sind so automatisiert, dass wir uns auf jeden Fall sicher sein sollten, dass sie uns auch dienlich sind. Gerade beim Thema Nachhaltigkeit dürfen wir uns fragen, welche Paradigmen in unserem Leben als »normal« abgespeichert wurden. Für eine nachhaltige Veränderung dürfen wir diese Dinge hinterfragen.

Um unsere mentale Fitness zu fördern und das Netzwerk unseres Gehirns gut ausnutzen zu können, ist es wichtig, zu trainieren, die linke und rechte Gehirnhälfte gut zu vernetzen. Wir dürfen – genauso wie Einstein – den verbindenden Balken zwischen unseren beiden Hemisphären verstärken. Als Neurohack hierfür möchte ich dir drei Tipps mitgeben, wie du deine beiden Gehirnhälften besser vernetzen kannst. Zwei beziehen sich auf die konkrete Arbeitsebene, also wie du schneller und effektiver aber auch kreativer arbeiten kannst. Der dritte Tipp ist eine relaxende Zwischenübung, die du nutzen kannst, um dein Gehirn kurz zu resetten – also einmal kurz runterfahren und den Überblick wieder gewinnen. Sie ist auch gut dafür geeignet, kurzfristig mehr Energie zu bekommen.

Tipp: Die linke und rechte Gehirnhälfte vernetzen

- **Mindmapping**: Die Mindmap – auch als Denklandkarte bekannt –ist eine kraftvolle visuelle Methode, um komplexe Gedanken, Ideen und Assoziationen zu einem zentralen Thema zu organisieren.[46] Im Vergleich zu herkömmlichen Fließtexten oder aufgelisteten Stichpunkten ermöglicht diese Methode eine effektivere Visualisierung der komplexen Denkweise. Durch die Nutzung von Mindmaps werden Verbindungen und Zusammenhänge deutlich herausgearbeitet, was einen tieferen Einblick in das Thema ermöglicht. Diese beliebte Methode hat sich mittlerweile etabliert und findet Anwendung, um vermeintlich »chaotische« kreative Gedanken zu strukturieren und zu visualisieren. Sie fungiert gewissermaßen als Spiegel der Struktur und Funktionsweise unseres Denkprozesses, sei es auf Papier oder online auf Plattformen wie dem Miro-Board. Es entsteht quasi ein Abbild der Verknüpfung der verschiedenen Areale unseres Gehirns. So können wir das volle Potenzial unseres Gehirns in kurzer Zeit nutzen und es gleichzeitig trainieren. Außerdem behalten wir das Bild, das entsteht, als visuelle Wesen viel besser. Es ist somit auch eine tolle Gedächtnisübung.
- **Beide Gehirnhälften gleichzeitig ansprechen**: Obwohl diese Wortwahl zwar etwas dem Klischee mathematischer und kreativer Gehirnhälften entspricht, ist damit eigentlich die Kombination von Dingen gemeint, die nicht so wirklich zusammenpassen – wie für Mathe pauken und gleichzeitig Musik hören. Oder das Verknüpfen von Wörtern, die eigentlich nicht zusammenpassen: Also nicht assoziieren und die passenden Wörter finden (Was fällt dir alles zu dem Wort Auto ein?), sondern genau das Gegenteil: Welche Wörter haben gar nichts und gemeint ist wirklich gar nichts miteinander zu tun? Dissoziationen muntern das Gehirn so richtig auf. Da fliegen die Daten nur so durch den Balken. Dies ist übrigens gleichzeitig eine wunderbare Kreativitätsmethode. Man

kann sich dazu auch eine Liste von A bis Z wie für das Spiel Stadt-Land-Fluss anlegen. Also alle Städte, alle Tiere, alle Werkzeuge von A bis Z. Und dann kombiniert man die Wörter aus diesen Listen rein zufällig nach Buchstabe und erfindet Geschichten dazu. »Eine Ente geht in Burma mit einem Hammer über die Straße.« – Was wäre das für eine Geschichte? Auf jeden Fall entstehen tolle neue Bilder im Gehirn. Dies lässt sich auch wunderbar im Business-Kontext anwenden. Dissoziationen sind sehr wirkungsvoll.

- **Kinesiologische Übungen (Gehirn-Yoga)** – Diese Übungen sind schnell und wunderbar einfach zu durchzuführen. Es gilt alles, was über die Körpermitte hinausgeht. Am leichtesten ist es, wenn du deinen rechten Ellenbogen zum linken Knie und dann deinen linken Ellenbogen zum rechten Knie führst, ein paar Mal abwechselnd. Oder du fasst gleichzeitig mit der rechten Hand an dein linkes Ohrläppchen und mit der linken Hand an dein rechtes Ohrläppchen. Dann massierst du beide gleichzeitig ein bisschen und gehst dann noch etwas in die Hocke auf und nieder. Nach spätestens fünf Wiederholungen ist dein Gehirn wieder fit. Es gibt vielfältige Gehirn-Yoga-Übungen. Sehr gut wirken auch gegenläufige Bewegungen, die man normalerweise nicht synchronisiert, wie z. B. mit einer Hand am Bauch kreisen und mit der anderen auf den Scheitel klopfen. Viel Spaß beim Ausprobieren und Üben!

Die Übungen sind gerade bei dem komplexen Thema Nachhaltigkeit, das wir hier im Fokus haben, sehr hilfreich und praktisch. Mit der Denkkarte lassen sich auch die komplexesten Wechselwirkungen gut erfassen. Auch einen Nachhaltigkeitsbericht kann man mit dieser Methode gut vorstrukturieren. Neue Lösungsideen und **kreative Narrative** können durch Dissoziationen wunderbar gefunden werden und letztendlich sind **kinesiologische Übungen** sehr gute Zwischenmotivatoren. Sie verbinden uns wieder mit unserer Natur und zeigen auch deutlich, was wir alles vielleicht (noch) nicht können und lernen dürfen.

Also auf jeden Fall spannend die **beiden Hemisphären** unseres Gehirns! Dazu gesellen sich nun in jedem Gehirn **drei Hauptanteile**, die wir nach ihrem Alter und (natürlich nur wieder ganz grob) nach ihren Zuständigkeiten unterscheiden können. Und die in unserer Gesellschaft auch einen sehr unterschiedlichen Ruf genießen. Denn wir sind ja schon sehr stolz auf unser neues Großhirn und würden am liebsten die älteren, sogenannten primitiven Teile negieren. Ich würde gern eine Lanze dafür brechen, diese aus ihrem Dornröschenschlaf zu wecken und ihre wichtigen Funktionen anzuerkennen und vor allem richtig nutzen zu können. Denn gerade diese schaffen uns gegenüber der künstlichen Intelligenz einen riesigen Vorteil. Natürlich nur unter der Voraussetzung, dass wir diese auch gut ausbilden.

Wie Abbildung 3 zeigt, unterscheiden wir drei Hauptteile des Gehirns: Zuallererst unsere Denkerstirn, das **Großhirn, auch Neokortex** genannt. Wie der Name schon suggeriert, ist der Teil evolutiv neu im Vergleich zu dem **mittleren Gehirn, dem limbischen System**, in dem unsere Emotionen verortet werden, und dem alten Gehirn, dem **Stammhirn oder Reptilienhirn**. Gerade das Letztere ist für unser Überleben sehr wichtig, denn dort werden alle Körperfunktionen, wie z. B. die Atmung, die Körpertemperatur oder die Verdauung geregelt.

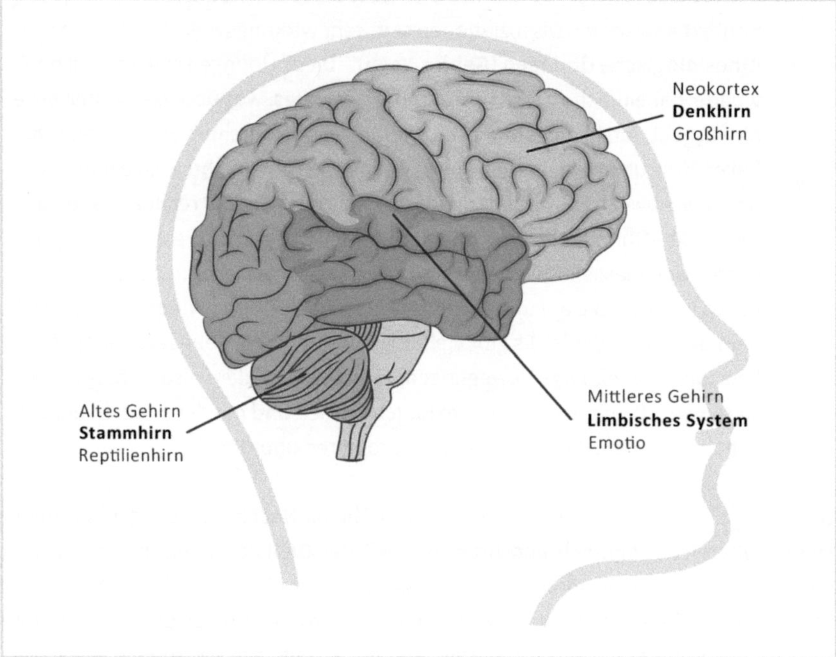

Abb. 3: Das Gehirn des Menschen (eigene Darstellung unter Verwendung Depositphoto 237266214)

Und auch unsere **Emotionen** werden mehr als unterschätzt. Wir werden noch sehen, wie wichtig sie für unser Verhalten und unsere Entscheidungen sind. Die untenstehende Tabelle zeigt die Altersunterschiede der Gehirnteile noch einmal im Überblick. Das sogenannte Althirn, zu dem wir das Reptiliengehirn und das limbische System zählen, ist sage und schreibe 45 Millionen Jahre alt, während das Neuhirn, also die Großhirnrinde, »nur« 1,5 Millionen Jahre alt ist. Wenn wir uns dies einmal auf einem Zeitstrahl vorstellen, hat das Althirn einen riesigen Bereich und das Großhirn im Vergleich einen winzigen Abschnitt vorzuweisen.

Natürlich haben sich im Laufe der Evolution alle Gehirnteile weiterentwickelt, sodass man nicht von absoluten Zahlen sprechen kann. Dennoch ist es ein nützlicher Anhaltspunkt, um eine erste Wertschätzung für die älteren Hirnregionen auszudrücken, die sich evolutionär offensichtlich bewährt haben. Wenn wir uns die Funktionen der Teile ansehen, wird es noch deutlicher: Das Althirn ist für das Überleben, Fühlen und Sein zuständig. Das Neuhirn für Denken, Reflektieren und Kontrollieren. Glücklich wird man nur in der Kombination. Klar ist aber auch, dass wir in der Nachhaltigkeitsdiskussion das Althirn, wenn es ums Überleben geht, viel mehr brauchen. Aktuell schätzen wir diese Region nicht genügend. Um uns dies ins Bewusstsein zu rufen und um diese Teile angemessen zu trainieren, brauchen wir wiederum den Neokortex. Man könnte auch sagen: **Das Denkhirn denkt – das Reptil in uns lenkt.** Wir leben allerdings immer noch im Zeitalter des rationalen Gehirns. Emotionen sind eindeutig immer noch untergeordnet, obwohl sich inzwischen herumgesprochen hat, dass die emotionale Intelligenz fast wichtiger ist als die rationale Intelligenz.

Althirn	Neuhirn
45 Millionen Jahre alt	1,5 Millionen Jahre alt
Überleben, Fühlen, Sein	Denken, Reflektieren, Kontrollieren

Das Denkhirn denkt – das Reptil in uns lenkt

Unsere Ratio sitzt vorne im Neokortex. Die Großhirnrinde hat sich in den vergangenen Jahrtausenden stark entwickelt und überschattet nun mit ihrer Größe den älteren, instinktiveren Teil, das alte und oft als primitiv bezeichnete Gehirn. Das Althirn kann weder Ideen aus dem Hut zaubern noch kann es lesen. Aber es besitzt die Fähigkeit, zu fühlen und vor allem zu sein. Das Althirn ist auf jeden Fall viel enger mit der Natur verbunden. Allerdings läuft darin alles unbewusst ab, sodass wir erst wieder fähig werden dürfen, dies zu sehen und zu nutzen. Dazu ist auch eine andere Sichtweise erforderlich, die nicht nur logisch, sondern auch biologisch ist.

Eine kleine Geschichte dazu:

Die Verwandlung des Herrn K.

Herr K. war ein geselliger und lebendiger Mensch. Glaubt man seinen Zeitgenossen, war er der »galanteste Mann von der Welt«. Aber das war lange vor Herrn K.s kühnem Selbstversuch.

Als Herr K. 40 wurde, geriet er nämlich in eine Midlife-Crisis und fasste den Entschluss, sein Ich neu zu entwerfen. Und zwar so, wie es ein Architekt am Reißbrett mit einem Stadtteil tut oder wie ein Informatiker am Computer eine Software umprogrammiert. Herr K. Version 2.0. Die Operation, ein Putsch der Vernunft gegen den Rest der Person, sollte Jahre dauern, doch schließlich gelang sie und aus dem ehemaligen Hauslehrer und Bibliothekar wurde der vernünftigste Mensch auf Erden.

Herr K fasste den Entschluss, sein zukünftiges Leben Maximen unterzuordnen. Wahre Tugend beruht auf Regeln, sagt er sich, nicht auf Gefühlen.

K. schrieb sein Ich mithilfe seines Verstandes und seiner Vernunft neu. Launen wurden durch Regeln ersetzt und Neigungen durch Maximen.

Herr K. wurde Professor für Logik und Metaphysik. In jüngeren Jahren hatte Herr K. schon mal verschlafen. Nun sollte ihn sein Diener, der ehemalige Soldat Martin Lampe, jeden Morgen – egal wie müde Herr K. noch sein mochte – um fünf Uhr mit den Worten wecken: »Es ist Zeit.«

Herr K. liebte Kaffee. Da er aber seiner Neigung nicht nachgeben wollte, trank er nach dem Aufstehen schnell zwei Tassen dünnen Tee und rauchte eine Pfeife. Aber nur eine, nur wurden die Pfeifenköpfe mit der Zeit etwas größer.

Herr K. liebte eigentlich das Reisen, aber auch das verbot er sich und las dafür Reisebücher.

Früher war Herr K. gern ins Theater oder Konzert gegangen, hatte die Musik gemocht – nun verachtet er sie, weil sie ja etwas war, wobei man nur empfinden konnte.

Herr K. ließ auch das Kartenspielen sein und verwandelte sich allmählich zum Menschen der reinen Theorie.

Sich die Welt mit der Vernunft aneignen, das ist alles. Die Welt geistig erobern, sie geistig bezwingen – auch die Welt des Körpers.

Herr K. ging nicht schlafen, wenn er müde war, sondern um zehn. Er aß nicht, wenn er Hunger hatte, sondern um eins. Er ging nicht spazieren, wenn er gerade Lust dazu verspürte, sondern abends um sieben.

Die eiserne Disziplin zahlte sich aus. Zehn Jahre dachte Herr K. nach. Dann brachte er seine Gedanken zu Papier. Er schrieb »Die Kritik der reinen Vernunft«.[47]

Gestattet mir einen kurzen Ausflug in die Philosophie, der die verschiedenen Blickwinkel streift: Die berühmte Aussage von **René Descartes**, »Cogito, ergo sum« – **»Ich denke, also bin ich**«, wird oft als die Aussage, wie der Mensch sich als Mensch wahrnimmt, betrachtet. Doch hinter dieser scheinbar unerschütterlichen Überzeugung verbergen sich aus heutiger Sicht **grundlegende Denkfehler**.

Der französische Philosoph Descartes prägt die Vorstellung einer klaren Trennung von Geist und Körper. Er behauptet, dass sie unterschiedliche Substanzen seien, die unabhängig voneinander existieren. Die Betonung der Gewissheit des Denkens suggeriert eine unanfechtbare Wahrheit, selbst inmitten von Zweifeln. Dass der Körper zeigen könnte, was im Geist vorgeht, und vielleicht eine andere Wahrheit spricht, wird nicht in Erwägung gezogen. Und natürlich sind Geist und Körper biologisch eins. Die Körperfeindlichkeit hält sich gesellschaftlich heute noch.

Immanuel Kant kritisiert Descartes' Ansatz und betont, dass bestimmte Erkenntnisse a priori, also unabhängig von Erfahrung, erlangt werden können. Dies markiert einen Paradigmenwechsel in der Denkweise. Ein zentraler Aspekt in Kants Philosophie ist die Ethik. Er entwickelte den kategorischen Imperativ, der besagt, dass Handlungen so gestaltet sein sollten, dass ihre Maxime als allgemeines Gesetz gelten kann, ohne Widerspruch. Damit rückt Kant die Moral in den Fokus.

Antonio Damasio, ein zeitgenössischer Neurowissenschaftler, wirft einen weiteren Blick auf Descartes' Erbe. Im Gegensatz zu Descartes' Betonung des Denkens als unabhängiges Merkmal der Existenz argumentiert Damasio, dass Emotionen und Körperempfindungen untrennbar mit dem Denken verbunden sind. Seine Forschung im Bereich der Neurowissenschaften legt nahe, dass rationale Entscheidungen ohne emotionale Einflüsse unvollständig sind.[48]

Damasio betont die **Rolle des Körpers in der kognitiven Verarbeitung** und hebt hervor, dass unser Denken von unseren körperlichen Empfindungen beeinflusst wird. Diese Perspektive fordert Descartes' Dualismus heraus und weist darauf hin, dass die scheinbare Trennung von Geist und Körper nicht so klar ist, wie Descartes es postulierte.

Zusammen bieten Kant und Damasio eine differenzierte Sichtweise auf Descartes' Erbe. Während Kant die Bedeutung von Ethik und Erkenntnistheorie betont, weist Damasio auf die **untrennbare Verbindung von Denken und Fühlen** hin. Diese Ansätze eröffnen einen reichhaltigeren Blick auf die Natur der menschlichen Existenz und werfen Licht auf die **vielschichtige Beziehung zwischen Geist, Körper und Emotionen**. Die Implikationen zur Gestaltung der Unternehmenskultur sind offensichtlich.

Wir dürfen nach den neuesten neurowissenschaftlichen Erkenntnissen den Wert der Emotionen eher überschätzen als unterschätzen. Zeitgleich zu Antonio Damasio weist der Harvard-Psychologe Daniel Goleman darauf hin, wie wichtig der EQ im Vergleich zum IQ sei. In seinem Standardwerk »Emotionale Intelligenz« betont er, wie bedeutsam es sei, klug mit seinen Gefühlen umzugehen und das emotionale Alphabet zu beherrschen. »Was nützt ein hoher IQ, wenn man ein emotionaler Trottel ist?«[49] – Es geht um nichts Geringeres als um die Wiedervereinigung von Herz und Verstand. Deshalb werde ich beim Herzgehirn darauf noch näher eingehen.[50]

Wie funktioniert nun die Verbindung von Verstand und Emotionen?
Der Neurowissenschaftler Joseph LeDoux von der New York University hat die zugrunde liegenden Mechanismen am Beispiel der Emotion Angst gezeigt. Er hat durch seine Untersuchungen maßgeblich zur Erforschung der Angst beigetragen. Er unterscheidet zwei Hauptwege, auf denen Angst im Gehirn verarbeitet wird: den **schnellen Weg und den langsamen Weg**. Beide führen über die Amygdala, den sogenannten Mandelkern im limbischen System. Unser Emotionszentrum, das limbisches System, liegt unter dem Balken in der Mitte des Gehirns. Wir unterscheiden den Thalamus, auch Tor zum Bewusstsein genannt, die Amygdala und den oben schon erwähnten Hippocampus, der zentral für unser Gedächtnis ist. LeDoux beschreibt einen Schaltkreis der Angst, der über zwei Wege Informationen an die Amygdala sendet: **einmal schnell, grob und fehleranfällig,** und **einmal langsam, aber durch genaue Analyse überprüft**. Abbildung 4 zeigt diese beiden Wege am Beispiel des Anblicks einer Spinne. Wir sehen die Spinne, die evolutiv ein Warnsignal und in jedem Fall einen Stressfaktor darstellt. Diesem angstauslösenden Reiz folgen nach LeDoux zwei eigenständige Prozesse im Zentralnervensystem.

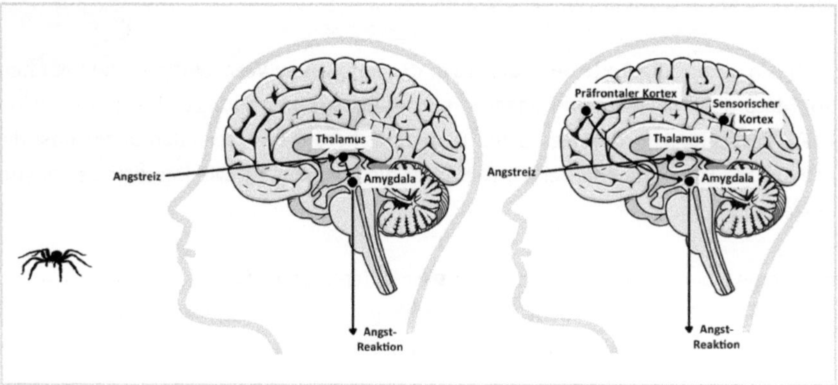

Abb. 4: Zwei Wege der Angst nach LeDoux (eigene Darstellung unter Verwendung Depositphotos 169518718 und 92595086)

Beide nehmen ihren Ursprung im Thalamus und folgen dann individuellen Routen. Der erste Prozess, von LeDoux als »emotionale Verarbeitung« beschrieben, bedeutet einen schnellen Abgleich des Reizes mit groben Mustern zur raschen Kategorisierung als gefährlich oder ungefährlich. Dieser Weg, den LeDoux als »**quick and dirty**« bezeichnet, dient der Vorbereitung für blitzschnelle Reaktionen, wie beispielsweise das Fliehen in Gefahrensituationen. Der Anblick der Spinne löst auf diesem Weg eine spontane Angstreaktion aus: Bloß weg hier – auch wenn es sich vielleicht »nur« um eine Gummispinne handelt. Denn aufgrund seiner Schnelligkeit ist dieser Prozess fehleranfällig und führt direkt vom Thalamus zur Amygdala, ohne den Umweg über die Großhirnrinde zu nehmen. Die Amygdala wird als emotionales oder implizites Gedächtnis betrachtet, da sie auf Erfahrungen basiert. Ich weiß, wie eine Spinne aussieht und ich habe entsprechende Erfahrungen gemacht, sodass ich einfach reflexartig Angst vor Spinnen habe und das gelernte Verhalten dazu dann auch ohne Überlegen sofort umsetze. Das ist bei Gefahrensituationen immer noch sehr hilfreich und macht blitzartiges Reagieren möglich.

Dem gegenüber steht der zweite Prozess, den LeDoux als »**kognitives Verarbeiten**« bezeichnet. Dieser dient dazu, die während der emotionalen Verarbeitung gewonnenen Informationen zu kontrollieren und ist zeitaufwendiger. Der Prozess startet ebenfalls am Thalamus, dem Tor zum Bewusstsein, und verläuft über den präfrontalen Kortex sowie über eine Nebenroute, die den Hippocampus einschließt. Der Hippocampus fungiert dabei als Auswahl- und Koordinationsinstanz. Der Sinnesreiz wird viel spezifischer und genauer bewertet. Über unsere Erfahrungen wird so das Wissensgedächtnis, das sogenannte deklarative Gedächtnis geformt. Auf dieses wird bei diesem langen reflektierten Weg über die Großhirnrinde zurückgegriffen. Wir überlegen also noch einmal, ob die Spinne wirklich so gefährlich ist und was eine adäquate Reaktion wäre. Interessanterweise bilden sich die Verbindungen zwischen Hippocampus und Kortex erst vollständig im Alter von vier Jahren aus. Dies erklärt, warum vor diesem Alter Inhalte zwar »emotional« gespeichert werden können, jedoch der deklarative Zusammenhang fehlt, was als infantile Amnesie bekannt ist.

Diese beiden Prozesse, die LeDoux für die grundlegende Emotion Angst dargestellt, zeigen, dass die erste natürliche emotionale Reaktion sehr schnell erfolgt und in der Regel ein Abwehrverhalten auslöst. Alles, was Angst macht – und jedwede Art von Veränderung fällt darunter –, wird in der Regel spontan erst einmal negativ bewertet. Ganz im Sinne der Redewendung: Was der Bauer nicht kennt, das frisst er nicht. Die Amygdala spielt dabei eine entscheidende Rolle bei der Verarbeitung und Gedächtnisbildung von Emotionen. Eine Änderung und Reflexion ist nur über den langen Weg über die Großhirnrinde und den Hippocampus möglich. Wenn wir also andere Verhaltensweisen z. B. als **Antwort auf den Klimawandel** erreichen wollen, brauchen wir entweder **grundlegende positive Emotionen oder ermöglichen neue reflektierte kognitive Handlungen**. Der zweite Weg ist wie gesagt länger. Der längere Weg darf so aufgebaut werden, dass positive Erfahrungen sich in unserem Gedächtnis verankern, sodass unser Erfahrungsschatz als Referenz für eine weniger von Angst geprägte Reaktion dienen kann. Eine andere Möglichkeit führt über die Sprache, wenn wir Dinge anders ausdrücken, werden diese im Hippocampus anders abgelegt. Deshalb ist eine positive Formulierung wichtig, weil unser Gehirn negative Beschreibungen nicht wirklich versteht. Die kann an folgendem Beispiel illustriert werden: Denke nicht an einen blauen Elefanten mit einem rosafarbenen Rüssel und einem gelben Hut.

Sprache formt das Gehirn, unser Gedächtnis und am Ende auch unsere Stimmung, unsere Emotionen durch unsere Gedanken. Wir sehen auch an den Forschungen von LeDoux, dass die emotionelle Reaktion die erste ist und dann erst die rationale folgt.

Manchmal wird kognitiv auch einfach nur die Emotion erklärt. Was bedeutet dies für das eher negativ besetzte Thema Nachhaltigkeit?

Daniel Kahneman – Schnelles Denken, langsames Denken:[51]

1. **Zwei Denksysteme:** Schnelles Denken (automatisch) vs. langsames Denken (reflektiert).
2. **Heuristiken und Verzerrungen:** Schnelles Denken verwendet Heuristiken (eingeübte Gedankengänge) für schnelle Entscheidungen, aber sie können zu Fehlern und Verzerrungen führen.
3. **Übervertrauen und Verlustaversion:** Menschen neigen dazu, ihre Fähigkeiten zu überschätzen und Verluste stärker zu fürchten als Gewinne.
4. **Framing-Effekt:** Auf den Rahmen kommt es an. Die Darstellung von Informationen beeinflusst Entscheidungen, je nachdem, wie ein Problem präsentiert wird.

Der Nobelpreisträger Daniel Kahneman hat in seinem Buch »Schnelles Denken und langsames Denken« die beiden Denksysteme dargestellt und gezeigt, wie die Denkweise die Entscheidungen von Menschen beeinflusst. Der Psychologe interpretiert die daraus resultierenden Verhaltensweisen anhand zahlreicher Studien. Beim Fahren eines Autos in einer vertrauten Umgebung verwenden wir schnelles Denken, um automatisch auf Straßenschilder und andere Fahrzeuge zu reagieren. Experimente zeigen, dass Menschen bei komplexen mathematischen Problemen eher langsam und bewusst darüber nachdenken. Mit seinen Modellen darüber, wie Menschen urteilen und entscheiden, holte Kahneman das Bauchgefühl in die Wirtschaftswissenschaften. Erstmals fand in der Ökonomie auch die Unvernunft ihren Platz. So zeigen Untersuchungen, dass Menschen bei der gleichen Entscheidung unterschiedliche Präferenzen haben, je nachdem, wie die Optionen präsentiert werden. Eine Person ist eher bereit, 50 Euro auf ein Spiel zu setzen, das eine 50%ige Chance hat, 100 Euro zu gewinnen, als 50 Euro auf ein Spiel zu setzen, das eine 50%ige Chance hat, nichts zu gewinnen. Oder die Werbung für Lebensmittel kann den Schwerpunkt auf »fettarm« oder »weniger Kalorien« legen, um verschiedene Reaktionen bei Verbrauchern hervorzurufen.

Neuroculturehack #1

1. **Denksysteme optimieren:** Ändere deine Automatismen beim schnellen Denken durch Training. Bewusste Wandlung der Reflexionsparameter beim langsamen Denken.
2. **Schau dir deine Glaubensmuster und eingeübten Gedankengänge an**: Korrigiere Heuristiken und Verzerrungen, um schnelle nachhaltige Entscheidungen zu ermöglichen.
3. **Übervertrauen und Verlustaversion nutzen:** Rücke den Verlust in den Blick und erlerne neue Fähigkeiten. Weise auf die unbewusste Inkompetenz bei dir und anderen hin, mache sie bewusst und ändere sie in kompetente Zukunftsskills.

4. **Framing-Effekt anpassen:** Die Darstellung von nachhaltigen Informationen darf neu gedacht werden. Wie lassen sich die Effekte für nachhaltige Entscheidungen nutzen? Erlene neue Methoden u.a. aus dem Neuromarketing (siehe Kap. 2.2.1).

Alle derzeitigen neurowissenschaftlichen Erkenntnisse zeigen den bisher verkannten Wert der Emotionen. Wir dürfen lernen, sie zu spüren und zu interpretieren. Natürlich dürfen und müssen wir mit unserem Verstand dann navigieren. Der lange Weg hat einen großen Wert. Voraussetzung ist, dass wir lernen, unsere Emotionen bewusst zu registrieren und gut für uns nutzen, denn Emotionen haben große Auswirkungen auf unsere Kognitionen. Unsere Emotionen beeinflussen, welche Informationen wir verarbeiten. Sie beeinflussen, was wir denken und wie wir es denken. Sie entscheiden, was in unserem Gedächtnis landet und wie wir Informationen und Reize verarbeiten. Insgesamt entscheiden sie, wie wir uns verhalten.

In Bezug auf unser Gedächtnis lassen sich folgende Punkte nennen:
- Emotionale Ereignisse werden besser erinnert als neutrale.
- Eine wichtige Funktion hat die Aktivität der Amygdala während der Verarbeitung.
- Milder Stress fördert das Erinnern.
- Starker Stress mit hohem Cortisolspiegel führt zu funktionellen Ausfällen im Hippocampus und zu Gedächtniseinbußen.

Einige Punkte wie Emotionen auf die Informationsverarbeitung einwirken:
- Positive Emotionen führen zu gesteigerter Kreativität.
- Allerdings führen positive Emotionen auch zu verstärkter Ablenkbarkeit.
- Mehrfache Rückmeldung von Fehlern kann aber auch die Kreativität steigern (Not macht erfinderisch).

Und so beeinflussen Emotionen unser Verhalten:
- Emotionen haben eine handlungsleitende Funktion (hin zu positiven und weg von negativen Emotionen).
- Emotionen helfen dabei, die Folgen von Entscheidungen besser abschätzen zu können.
- Besonders beim Umgang mit Risiken sind sie wichtig.

Hinter unseren Emotionen liegen in der Regel Bedürfnisse. Emotionen signalisieren, wenn ein Bedürfnis nicht erfüllt ist. Grundlegende Bedürfnisse haben dabei immer Vorrang. Dies zeigt die Maslow'sche Bedürfnispyramide. Ihr zufolge stehen ganz unten die physiologischen Bedürfnisse. Hier zeigen sich die Evolution und unser Stammhirn. Der Körper will am Leben gehalten werden. Wir müssen trinken, essen, ausreichend schlafen und wollen uns vermehren. Sehr wichtig auf der unteren Ebene noch zu ergänzen ist der soziale Faktor. Die sozialen Bedürfnisse kommen bei Maslow eigentlich auf der dritten Stufe. Alle aktuellen Studien zeigen jedoch, dass diese ein essenzielles Bedürfnis darstellen. Wir brauchen andere Menschen. Je nach Persönlichkeit mehr oder weniger, aber der Faktor ist unabdingbar. Der Aufbau von zwischenmenschlichen Beziehungen ist fundamental. Leider wird das in Unternehmen oft vergessen. Wenn diese fundamentale Ebene nicht beachtet wird, kommen nicht wirklich fördernde Emotionen auf. **Der Wohlfühlfaktor ist grundlegend für Leistung**. Der Mensch braucht seine Streicheleinheiten. Wenn sie fehlen, wird dies auf den weiteren Ebenen durch Status, Macht, Geltung als Ersatzanerkennung kompensiert. Als zweite Stufe nach Maslow folgt das Sicherheitsbedürfnis. Dies wurde durch zahlreiche Studien, insbesondere in Unternehmen, bestätigt, darunter die Aristoteles-Teamstudie von Google, die die Bedeutung von Sicherheit für Menschen hervorhebt. Es ist unerlässlich, dass neue Führungspersönlichkeiten dies verstehen und lernen, **Sicherheit in unsicheren Zeiten zu vermitteln**. Dann folgen in der Pyramide auf der dritten und vierten Ebene die sozialen und individuellen Bedürfnisse und schließlich ganz oben die Selbstverwirklichung. Wie es Berthold Brecht schon in der Dreigroschenoper ausdrückte: »Erst kommt das Fressen, dann kommt die Moral.« **Wenn wir über die Sustainable Development Goals der UN sprechen, dürfen wir diese Pyramide erklimmen. Der Gleichklang von Bedürfnissen und Werten ist die Herausforderung.**

Wir dürfen uns vom bloßen Überleben auf der unteren Stufe zum »*Mensch sein*«, zum »*besser sein*«, bis hin zum »*ein guter Mensch sein*« entwickeln. Aktuell fehlt uns das Bild des weisen Menschen in der Zukunft auf der oberen Stufe. Ohne Vision haben wir kein Bild, worauf wir uns zubewegen können, kein Motiv, auf die die Emotion hingeht. Menschen brauchen eine Motivation, ein Warum, um die Energie für Veränderung und Transformation aufzubringen. Dazu müssen wir die Bedürfnisse auf allen Stufen sehr ernst nehmen. Führungspersönlichkeiten haben da einiges zu tun. Aber genau da liegt die Change für die reale Umsetzung der nachhaltigen Entwicklung.

Ein weiteres Tool liegt in den Forschungen der amerikanischen Psychologin und Neurowissenschaftlerin Lisa Feldman Barrett verborgen.[52] Barrett argumentiert, dass unser Gehirn ständig Vorhersagen darüber trifft, was im Körper und in der Umgebung passieren wird. Diese Vorhersagen basieren auf vergangenen Erfahrungen und werden verwendet, um unsere Wahrnehmungen und Empfindungen zu formen. Diese **prädiktive Codierung ermöglicht es dem Gehirn, Emotionen zu konstruieren,** indem es interpretiert, was diese körperlichen Empfindungen bedeuten und wie sie mit den aktuellen Kontexten zusammenpassen. Diese Konstruktion von Emotionen **hängt stark von sozialen und kulturellen Einflüssen sowie von individuellen Lebenserfahrungen** ab. Unsere kulturellen Normen, sozialen Interaktionen und persönlichen Erlebnisse formen unsere Vorstellungen davon, wie wir Emotionen erleben und ausdrücken. Dementsprechend können Emotionen in verschiedenen kulturellen und sozialen Kontexten unterschiedlich konstruiert werden. Emotionen sollten also nicht als diskrete, festgelegte Zustände betrachtet werden, sondern als **dynamische**

und flexible Konstruktionen. Emotionen können je nach Kontext und individueller Interpretation variieren. Diese Flexibilität bedeutet, dass Emotionen nicht vorherbestimmt sind, sondern durch eine Vielzahl von Faktoren beeinflusst werden können, was zu einer großen Vielfalt von emotionalen Erfahrungen führt. Dies bedeutet auch, dass wir sensibel sein dürfen für die vielfältigen Faktoren, die unsere emotionalen Erfahrungen formen. Damit sind andere Interventionsmöglichkeiten und Veränderungsmethoden möglich und erforderlich. Dies kann dazu beitragen, Vorurteile abzubauen, Empathie zu fördern und das Verständnis zwischen Menschen verschiedener Hintergründe zu vertiefen. Gefühle sind nicht als vordefinierte Reaktionen auf bestimmte Stimuli zu betrachten, sondern als dynamische Konstruktionen, die aus einer Vielzahl von kognitiven, körperlichen und sozialen Prozessen entstehen. Das bedeutet, dass wir sie **bewusst reflektieren und die Konstruktionen ändern** können. Hier kommt dann wieder das schnelle und langsame Denken zum Einsatz.

Wir haben gesehen, dass unser Kopf mit seinem Supercomputer-Gehirn so einiges draufhat. Die beiden Hemisphären mit den drei Gehirnteilen können uns am Leben halten, brauchen vergleichsweise wenig Energie und sie können alle Emotionen kreieren und sämtliche Gedanken denken – auch kreative und neue, wenn wir denn wollen. Dieser wässrige Wackelpudding in unserem Kopf ist auf jeden Fall allen Computer überlegen. Wir müssen ihn dazu nur richtig kennenlernen, gut trainieren und nutzen. Um ihn trainieren zu können, müssen wir wissen, wie er im Einzelnen funktioniert. Wie lassen sich bestimmte Leitungsbahnen stärken und ausbauen? Wie funktioniert genau die Reizübertragung und wie können wir sie beschleunigen? Dazu eine kleine Gedächtnisübung: Weißt du zufällig noch aus dem Biologieunterricht, wie eine Nervenzelle aussieht? Also die Zelle, auch Neuron genannt, von denen es alleine im Gehirn 86 Milliarden gibt? Dazu kommen noch die Nervenzellen im Rückenmark und im ganzen peripheren Nervensystem, also die Körpernerven, die z. B. deine Muskeln steuern oder den Darm oder das Herz. Na, ist es dir eingefallen?

Kurze Gedächtnisübung

Wie sieht eigentlich eine Nervenzelle aus? Du kannst sie gerne einmal zeichnen!

Am Ende des Kapitels kannst du eine Abbildung der Nervenzelle finden, um deine Kenntnisse aufzufrischen.

Eine Nervenzelle ist eine **spezialisierte tierische Zelle**. Sie hat einen Zellkern und alle anderen Zellorganellen schwimmend im Soma. Besonders ist ihre Form: Im Bereich des Somas gibt es viele Verästelungen, die sogenannten Dendriten (von griech. *dendros* – der Baum), die sich gut vernetzen und so viele Reize aufnehmen können. Unten am Soma befinden sich der Axonhügel und das Axon, das die Reizweiterleitung übernimmt. Das Axon kann unterschiedlich lang sein. Der längste Nerv ist der Ischias, da kann das Axon auch schon mal über einen Meter lang werden. Am Ende des Axons befinden sich die Endknöpfchen und die Synapsen, an denen der Reiz weitergeleitet wird.

Wir unterscheiden drei Arten, wie das Gehirn und die vielen Neurone sich selbstständig organisieren. Während du das liest, wird sich auch dein Gehirn verändern, und zwar in einer ganz speziellen auf dich abgestimmten Weise. Die erste und grundlegende Art, wie Nervenzellen kommunizieren und die Reize weiterleiten, ist **elektrisch**. Die Natur hat dazu eine spezielle semipermeable Membran geschaffen, die ihr Potenzial schnell ändern kann und den elektrischen Impuls dann entsprechend weitergibt. Alle Signale, die über unsere Sinnesorgane (Augen, Ohren, Mund, Nase, Haut) eingehen, werden in elektrische Impulse umgewandelt. Elektrische Bahnen können wir ausbauen, wenn wir z. B. Dinge lernen. Dazu müssen wir »nur« ein paar Wiederholungen machen und die entsprechenden Handlungen – wie beispielsweise Klavierspielen – üben. Dann werden die Verbindungen zwischen den Nervenzellen stärker und sie werden ausgebaut. Wie Muskelfasern wachsen auch hier die Verbindungen und die Anzahl der Nervenfasern, die für einen bestimmten Zweck feuern. Spannend ist, dass man dazu noch nicht einmal richtig Klavier spielen muss, es reicht, sich vorzustellen, wie man die Finger über die entsprechenden Tasten bewegt, auch dann ändern sich die Nervenverbindungen, wie Untersuchungen gezeigt haben.[53] Das menschliche Gehirn denkt in Bildern, seine Vorstellungskraft ist immens und wirkt im wahrsten Sinn des Wortes elektrisierend.

Die zweite Kommunikationsebene ist **chemisch**. An den Synapsen zwischen den Nervenzellen werden chemische Botenstoffe – sogenannte Neurotransmitter – ausgeschüttet, die die Nachrichten noch einmal spezifizieren und dafür sorgen, dass die entsprechenden Körperreaktionen erfolgen. Der Körper spricht quasi und drückt das aus, was im Gehirn passiert. Du empfindest etwas, die entsprechenden Gefühle kommen hoch, der Körper wird zum Ärgern vorbereitet oder zum Freuen, oder einfach darauf den Arm zu heben oder die Körpertemperatur hochzufahren. Die bekanntesten Neurotransmitter sind Dopamin, Serotonin, Adrenalin, Noradrenalin, Glutamat oder GABA (Gamma-Aminobuttersäure). Sie aktivieren, beruhigen oder sorgen für Glücksgefühle. Spannend ist auch Oxytocin, das sogenannte Kuschel- oder Bindungshormon. In der Regel liegt eine bunte Zusammensetzung der Neurotransmitter im Gehirn vor. Die Ausschüttung lässt sich aktiv steuern. Wir können unser eigener Chefchemiker sein. Dazu dürfen wir unsere individuellen Körperreaktionen lernen und unseren Körper und damit unsere Gefühle regulieren, denn beides ist eng miteinander verknüpft. Hast du schon einmal versucht, dich mit herunterhängenden Schultern und grimmigem Gesicht zu freuen? Funktioniert nicht wirklich. Die Nerven gehorchen dem Körper und den Gedanken, beides kannst du aktiv ändern. Voraussetzung ist, zu beobachten, zu lernen und vor allem zu trainieren. Dein Verstand ist Geist und Körper, du kannst nur klar denken, wenn dein Körper nicht Panik schiebt. Ein Körper im Überlebensmodus kann keine guten Entscheidungen treffen. Also trainiere Geist und Körper und lerne, auch unter Schmerz ruhig zu sein. Unter Sportlern gibt es die Redewendung, wenn alle Muskeln wehtun: »Pain is just weakness leaving the body.« (Schmerz ist nur Schwäche, die den Körper verlässt.) Es lohnt sich, zu trainieren, du kennt ja sicher den Spruch »Leader werden gemacht, nicht geboren«. Und ja – es ist Training, körperlich und mental. Ich werde in den weiteren Kapiteln zeigen, wie du die biologischen Grundlagen effektiv nutzen kannst und einige Methoden und Praxisbeispiele dazu vorstellen.

Ich habe jede Minute des Trainings gehasst, aber ich habe mir gesagt: »Gib nicht auf. Quäle Dich jetzt und lebe den Rest Deines Lebens als Champion.«
Muhammad Ali

Es funkelt und sprüht also die ganze Zeit im Gehirn. Kurzfristige Änderungen sind jederzeit möglich. Um länger andauernde Veränderungen zu erreichen, darfst du etwas länger trainieren bzw. lernen. Denn dann baut sich das Gehirn auch **strukturell** um. Diese Trainingseffekte lassen sich im MRT erkennen. So haben Londoner Taxifahrer, die wirklich alle Straßen kennen (und nicht nur nach Google Maps fahren) einen vergrößerten Hippocampus. Der Hippocampus im limbischen System ist der Sitz des Gedächtnisses.

Das renommierte University College London (UCL) hat dazu eine innovative Initiative gestartet, um im Kampf gegen Demenz neue Erkenntnisse zu gewinnen. Dabei werden Londons Black-Cab-Driver, bekannt für ihre eindrucksvollen Navigationsfähigkeiten, einem weiteren Gehirntest unterzogen. Das Taxi Brains Project, geleitet von der Spatial Cognition Group am UCL, analysiert die Gehirne der Taxifahrer, während sie komplexe Routen durch die Millionenmetropole planen. Die einzigartigen Fähigkeiten der lizenzierten Taxifahrer, Routen aus dem Gedächtnis abzurufen und mit einem vergrößerten Hippocampus ausgestattet zu sein, machen sie zu einer herausragenden Probandengruppe für die Demenzforschung.

Täglich setzen sich die Taxifahrer mit unterschiedlichsten Routen und sich ändernden Bedingungen auseinander, was eine einzigartige Belastung für ihr Gedächtnis darstellt. Das Taxi Brains Project betont, dass das Verständnis, welcher Teil des Hippocampus in Bezug auf die Navigationsfähigkeit wächst, entscheidende Erkenntnisse für die Früherkennung der Alzheimer-Krankheit liefern kann. Die Krankheit, die weltweit eine enorme Belastung darstellt, könnte durch eine frühere Diagnose besser behandelt werden, was zu einer Verbesserung der Lebensqualität für Betroffene führen könnte.[54]

Auch andere Teile des Gehirns, beispielsweise der motorische Bereich in der Großhirnrinde, können strukturell verändert sein. Genauso, wie sich ein Sixpack erst nach einer bestimmten Zeit zeigt, sind auch im Gehirn die Änderungen erst mit Zeitverzögerung sichtbar. Und genauso, wie es eine Muskelmemory gibt – d. h., wenn ein Muskel einmal trainiert war, ist es leichter, ihn erneut zu trainieren, da er sich quasi erinnert –, gibt es auch im Gehirn eine Memory-Funktion. Ganz nach dem Motto: Fahrradfahren verlernt man nie, auch wenn man es gefühlt ewig nicht mehr gemacht hat. Die Fähigkeit, Fahrrad zu fahren, ist im Gehirn und im Körper abgespeichert. Genauso ist es mit anderen Fähigkeiten und eben auch Erfahrungen. Manche passen vielleicht heute nicht mehr, dann dürfen wir umlernen oder verlernen und das ist manchmal ungleich schwieriger, als Neues zu lernen.

Der größte Faktor für die Änderung unseres Gehirns ist das eigene Verhalten. Alles, was wir tun und was wir nicht tun, prägt unser Gehirn. Lernen ist individuell – es gibt schnelle und langsame Lerner. Die Art, wie Neurotransmitter ausgeschieden werden und wie viel Training notwendig ist, kann sehr unterschiedlich sein. Die Versuche der kanadischen Neurowissenschaftlerin Lara Boyd mit Schlaganfallpatienten haben gezeigt, wie auch medizinisch sehr personalisiert vorgegangen werden muss, damit Therapien anschlagen. Die Neuroplastizität nach einem Schlaganfall ist insgesamt aber beeindruckend. Das Gehirn zeigt sich sehr flexibel, wenn Teile beschädigt sind. Andere Teile können dann teilweise die Funktionen der nicht mehr funktionierenden Teile übernehmen.[55]

Sie belegt durch ihre Studien, dass jeder wirklich sein Gehirn bauen kann, das er will und das für ihn passt. »Go out and build the brain you want«, sagt sie in ihrem TED Talk.[56] Dass bereits den Römern zumindest die Wirkung dieses Vorgangs bewusst war, erkennt man am Sprichwort »**Repetitio est mater studiorum**« (»**Wiederholung ist die Mutter der Studien**«), dessen Ursprung dem römischen Dichter Horaz zugeschrieben wird. Meine Mutter – sie war Grundschullehrerin – pflegte das auch immer zu sagen, wenn wir etwas müde wurden. Und recht hatte sie und auch die Römer, denn durch die Wiederholung und vor allem auch durch Bewegung wird ein **neuronaler Wachstumsfaktor** BDNF (Brain Derived Neurotrophic Factor) gebildet, der eine wichtige Rolle bei der Ausbildung funktioneller Synapsen und damit bei der Etablierung von Signalleitungen im Nervensystem spielt. Zusammenfassend lassen sich sechs Schlüsselfaktoren identifizieren, die für das Zusammenspiel zwischen Gehirn, Gedanken und Körper wichtig sind.

SECHS SCHLÜSSELFAKTOREN

1. **Jeder Gedanke löst eine Erregung im Gehirn aus.**
2. **Jede Emotion verstärkt diese Erregung.**
3. **Es werden elektrische und chemische Impulse abgegeben.**
4. **Vieles verläuft unbewusst.**
5. **Alles manifestiert sich im Körper.**
6. **Änderungen erfolgen nur über die bewusste Wahrnehmung.**

Der menschliche Körper ist die am höchsten entwickelte Maschine auf diesem Planeten. **Unsere Nervenzellen im Gehirn würden aneinandergelegt die Erde 145-mal umwickeln. Wir sind Milliardäre mit Amnesie.** Dies bestätigen weitere Studien, die sich daran wagen, die unglaublichen Verknüpfungen in unserem Gehirn zu entschlüsseln.

Wissenschaftler versuchen aktuell auch den Aufbau des menschlichen Kortex näher zu erforschen, indem sie die Verbindungen der einzelnen Nervenzellen näher untersuchen. Dies ist sehr aufwendig. Eine erste Rekonstruktion gab es 2019: 500.000 Kubikmikrometer aus dem primären somatosensorischen Kortex der Maus wurden rekonstruiert, das sind 0,0005 Kubikmillimeter. Monatelang wurden Tag und Nacht am Max-Planck-Institut in Frankfurt 30.780 Bilder von 3.420 Schnitten gemacht. Die Analyse erfolgte mit KI und mit menschlicher Intelligenz für die besonders kniffligen Stellen. Dann hatte man ein erstes **Connectome,** also ein Bild über die Verbindungen zwischen den einzelnen Nervenzellen für diesen Miniausschnitt.[57] Sie fanden nur in diesem mit bloßem Auge nicht erkennbaren Ausschnitt, 89 Neurone mit Zellkörper, 34.200 Axone davon 6.979 mit mehr als 10 Synapsen=1,79 m Länge und 11.400 Dendriten davon 3.719 mit mehr als 10 Synapsen=0,28 m lang. Insgesamt nicht wirklich vorstellbar, aber einfach gewaltig.

Ein weiterer Vergleich zeigt, wie viel wir im Oberstübchen an Potenzial haben. Nur ein Bruchteil der Informationen, die in unser Gehirn dringen, schafft es bis ins Bewusstsein. Mit anderen Worten: Wir erleben nur einen winzigen Ausschnitt der Informationen, die unser Gehirn verarbeitet. Hirnforscher schätzen, dass uns weniger als 0,1% dessen, was das Gehirn tut, aktuell bewusst wird.

Der dänische Wissenschaftsautor Tor Nørretranders gibt in seinem Buch »Spüre die Welt«[58] eine Zusammenfassung davon wieder, wie viel Kapazität das Gehirn hat. Seine Schätzung erfolgt darüber, wie viele Signale die Sinneszellen an das Gehirn geben. Die Zahlen, die sich dabei ergeben, sind astronomisch.

Demnach senden die Augen pro Sekunde mindestens 10 Millionen Bits[59] an das Gehirn, die Haut etwa eine Million, die Ohren 100.000, der Geruchssinn weitere 100.000 und der Geschmack zusätzliche 100 Bits – alles in allem mehr als **11 Millionen Bits,** die Sekunde für Sekunde in unserem Hirn eintreffen. Und das ist noch eine vorsichtige Schätzung.

Man hat auch versucht, den Arbeitsspeicher des bewussten Verstandes in Bits zu erfassen. Er erwies sich als erschreckend klein: beim Lesen eines Satzes 45 Bits pro Sekunde, beim Rechnen 12 Bits. Insgesamt bewältigt unser Verstand maximal 50 Bits pro Sekunde. Zum Vergleich: **Die unbewusste Wahrnehmung erfolgt mit 15.000.000 Bits pro Sekunde!** Es gibt verschiedene Methoden in der Psychologie, bei denen man einen Hauch von Ahnung verspürt, was das Gehirn so alles leistet. Die Kunst ist, den unbewussten Teil, unsere Black Box, in unserem Sinne für uns arbeiten zu lassen. Das Unbewusste spricht in der Regel kein Deutsch, insofern sind andere Methoden erforderlich, um ihm etwas auf die Schliche zu kommen. Dies sind vor allem Bilder, zu denen wir Geschichten erzählen oder die wir selber zeichnen, aber auch andere Techniken, von denen ich einige im Kap. 3 vorstelle.

Es gibt gewaltige Kapazitätsunterschiede zwischen dem unbewussten und dem bewussten Verstand. Freud und andere haben unseren Geist auch mit einem Eisberg verglichen, dessen Großteil sich unter der Wasseroberfläche befindet, im Unbewussten, während nur die Spitze, das Bewusstsein, herausragt. Das Bild scheint wohl eher noch eine Untertreibung zu sein. Obwohl der bewusste Verstand sich gern für etwas Besseres hält, kommt er im Vergleich zum Unbewussten nur mit geringen Datenmengen klar. Das ist seine Achillesferse.

Selbstverständlich hat der Verstand auch seine Vorzüge. Einer davon ist Präzision. Der Verstand ähnelt einem Scheinwerferlicht, das einen Punkt im Raum klar beleuchten kann. Wir sehen einen Schauspieler auf der Bühne, der Rest des Theaters bleibt im Dunkeln. Unser bewusstes Denken ist zwar fokussiert, verliert aber durch seine Fixierung aufs Detail schnell das große Ganze aus dem Auge.

Es ist wie mit dem Mann, der seinen Schlüssel unter Laterne sucht, weil da Licht ist und nicht, weil er ihn dort verloren hat. Das Unbewusste dagegen, aus dem sich unsere intuitiven Urteile speisen, ähnelte eher einem Flutlicht. Wir haben den Überblick, auch wenn wir nicht jedes Detail sehen können. Eine Rechenaufgabe 349 mal 262 ist nicht intuitiv lösbar, da brauchen wir schon unseren präzisen Verstand. Aber z. B. bei der Wahl eines Posters, das uns auch morgen noch gefällt, da hören wir dann doch lieber auf unsere Intuition. Und meist ist hier auch die spontane Vorliebe die richtige Wahl.[60]

Viele Forscher und Autoren haben versucht, das Unbewusste und das Bewusste zu beschreiben. Dabei kommen auch Methoden aus der Quantenphysik zum Einsatz. Der britische Biologe Rupert Sheldrake[61] beschrieb die morphologischen Felder, C. G. Jung das Kollektive Unbewusstsein, Antonio Damasio benannte die somatischen Marker, der ehemalige Direktor des Max-Planck-Instituts für Bildungsforschung Gerd Gigerenzer[62] nannte das Unbewusste nützliches Halbwissen und die Erfinderin der themenzentrierten Interaktion, Ruth Cohn, sprach von der trainierbaren Intuition. Aktuell darf man sagen: Wir wissen, dass wir nichts wissen. Aber das Potenzial ist riesig. Aus den beschriebenen Ansätzen lassen sich einige Rückschlüsse für die Praxis ziehen, die es Wert sind, zumindest einmal ausprobiert zu werden. Auf jeden Fall kommt man den Prinzipien der Natur dabei näher.

> **Neurodiversität und Hormondiversität**
> **Jedes Gehirn ist einzigartig … wie ein Fingerabdruck.**
> **Jedes Gehirn ist einzigartig … und jederzeit veränderbar.**

Autopilot und Gehirnwellen

Zwei weitere Modi des Gehirns sind noch eine Erwähnung wert: zum einen der **Autopilot** und zum anderen die **Gehirnwellen**. Wenn wir die Durchblutung unseres Gehirns messen, stellen wir fest, dass es im Ruhezustand fast aktiver ist, als wenn wir wirklich etwas tun, also z. B. rechnen oder lesen. Unser Gehirn hat im Ruhezustand ein Netzwerk von konnektierten Hirnregionen angeschaltet. Dieses Netzwerk bezeichnet man als **Default Mode Network** oder Ruhezustandsnetzwerk. Dieses Netzwerk wird unter anderem dann aktiv(er), wenn ein Mensch tagträumt, Zukunftspläne schmiedet usw. Es ermöglicht das sogenannte reizunabhängige Denken. Ich finde es hochgradig spannend, den eigenen Autopiloten zu erforschen: Was denkst du denn, wenn du angeblich gar nichts denkst, wenn du so vor dich hinträumst? Das Netzwerk scheint uns die Selbstwahrnehmung als Mensch zu ermöglichen. Es ist involviert in Gedanken, die wir uns über uns selbst machen. Einige der Gehirnregionen sind im Ruhezustand auch noch wesentlich aktiver als bei voller Konzentration. Da läuft spannende Hintergrundaktivität ab. Die Frage ist, wie du eigentlich eingestellt bist, wenn du an die Zukunft denkst. Auch hier dürfen wir nachspüren und dieses Netzwerk für ein nachhaltiges Zukunftsträumen nutzen.[63]

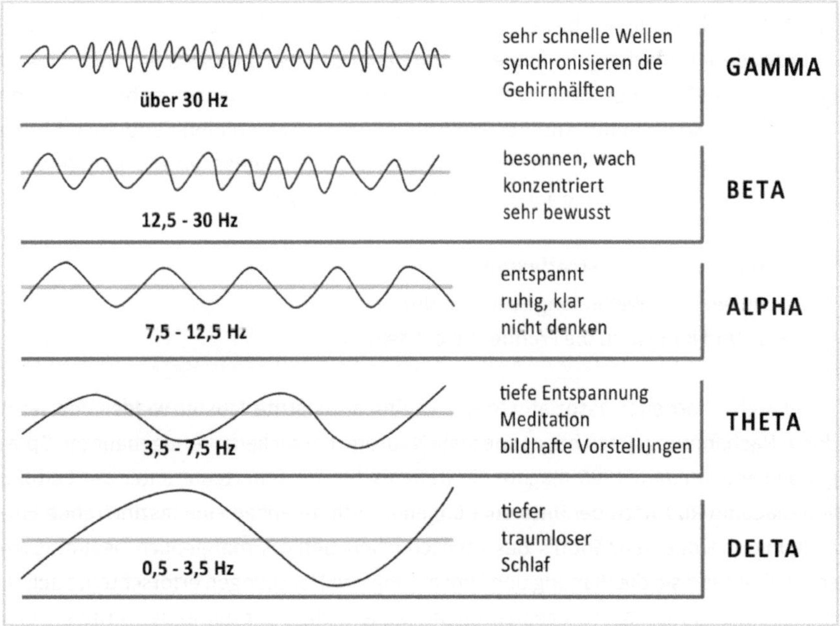

Abb. 5: Die Gehirnwellenfrequenzen (eigene Darstellung in Anlehnung an Quelle https://sleeping-buddha.de/2020/12/delta-und-theta-wellen/

Kommen wir nun zu dem anderen Phänomen: Den verschiedene Frequenzen, auf denen das Gehirn sendet und die vor allem im Schlaf erforscht wurden. Der Neurologe und Psychiater Hans Berger entdeckte vor etwa 100 Jahren die Hirnwellen. Damit war das Elektroenzephalogramm, das EEG, erfunden. Heute weiß man, dass die unterschiedlichen Typen von Wellen jeweils mit bestimmten Bewusstseinszuständen in Verbindung stehen. Doch ihre Erforschung steckt noch in den Kinderschuhen.

Hirnwellen entstehen, wenn Nervenzellen sich zusammenschalten und dann gemeinsam anfangen, elektrische Impulse auszusenden. So können auch weit entfernt liegende Hirnareale miteinander kommunizieren.

Die Gehirnwellen sind die Summe der elektrischen Aktivitäten der Großhirnrinde, die mittels Elektroden an der Kopfhaut gemessen werden können. Das menschliche Gehirn besteht aus Milliarden von Gehirnzellen, den oben beschriebenen Neuronen, welche über elektrische Impulse miteinander kommunizieren.

Für den Mid-Beta-Bereich (15–18 Hz) ist eine gerichtete Aufmerksamkeit nach außen hin charakteristisch. Im High-Beta-Bereich (18–35 Hz) dominieren Angst und Stress. Personen im Gamma-Wellen-Bereich (35–100 Hz) laufen zu Höchstleistungen auf. Bei Alpha beginnt die Entspannung, während im Theta-Zustand Meditation und Visualisierung am besten gelingt. Delta wird dem tiefen Schlaf zugeordnet. Einen Überblick über die Frequenzen zeigt Abbildung 5.

Es gibt Menschen, die sich bewusst von einer Frequenz in die andere begeben können. Insbesondere Menschen, die in Meditation geübt sind, sind dazu fähig. Auch dies ist eine Frage des Trainings. Die Fähigkeit, sich auf andere Wellenlängen zu beamen, kann im Beziehungsaufbau mit anderen Menschen, für die Teambildung und auch für die interkulturelle Kommunikation sehr hilfreich sein. Denn Menschen arbeiten definitiv besser zusammen, wenn sie auf der gleichen Wellenlänge sind.

> **Homeplay: Selbstreflexion**
> Auf welcher Wellenlänge sendest du?
> ... Und kannst du die Frequenz wechseln?

Unser Gehirn arbeitet assoziativ, erkennt einmal gelernte Muster wieder und lernt durch Nachahmung. Dazu hat es spezielle Neurone entwickelt: die sogenannten **Spiegelneurone**. Im Jahr 1996 machte ein italienisches Forscherteam unter der Leitung von Giacomo Rizzolatti bei Untersuchungen an Schimpansen eine faszinierende Entdeckung, die das Verständnis des menschlichen Gehirns maßgeblich beeinflussen sollte. Während sie die Planung und Umsetzung von Handlungen erforschten, stießen die Wissenschaftler auf Spiegelneuronen – Zellen, die nicht nur aktiv wurden, wenn der Affe selbst eine Nuss griff, sondern auch, wenn er beobachtete, wie ein Forscher dasselbe tat.

In den Jahren darauf bestätigte der italienische Neurologe Marco Iacoboni mit seinem Team ähnliche Vorgänge bei Menschen mittels funktioneller Magnetresonanz (fMRT). Die Spekulationen über diese »Wunderzellen« nahmen zu, und es wurde klar, dass Spiegelneuronen nicht nur bei einfachen Handlungen, sondern auch bei der Beobachtung von Emotionen aktiv sind. Es schien, als hätten sie eine Schlüsselrolle dabei, wie Menschen sich in andere hineinversetzen.

Inzwischen spricht man nicht mehr nur von einzelnen Spiegelneuronen, sondern von einem Spiegelneuronen-Netzwerk – einem Zusammenspiel von Gehirnregionen, die gleichermaßen aktiv sind, wenn Menschen handeln oder beobachten. Es gilt mittlerweile als bestätigt, dass dieses Netzwerk eine zentrale Rolle bei der Steuerung verschiedener psychologischer Prozesse spielt. Das Spiegelneuronen-Netzwerk beeinflusst Imitation, Empathie und sogar mentales Training. So trägt es dazu bei, zu verstehen, wie wir Menschen voneinander lernen und einander begreifen.

Wir können uns also wirklich im wahrsten Sinne des Wortes den Spiegel vorhalten. Jemand anderen zu spiegeln oder sich spiegeln zu lassen, kann sehr erkenntnisreich sein.

> BBR = Brain Behavior Relationship
> **VERHALTEN MACHT GEHIRN**
> Der größte Faktor für die Änderung unseres Gehirns ist das eigene Verhalten. Alles, was wir tun und was wir nicht tun, prägt unser Gehirn.

Auch hier sind einige Denkanstöße Richtung **Sustainable Development Goals** angebracht, vor allem wenn es um Diversität und Inklusion geht. Der Mensch scheint eher dafür geschaffen, sich mit Menschen zu verbinden, die ihm ähnlich sind: »Gleich und gleich, gesellt sich gern.« Hier dürfen wir kognitiv reflektieren, dazulernen und alle Spiegelneuronen zum Einsatz bringen. Denn der Grundsatz BBR (Brain Behavior Relationship) gilt: Verhalten macht Gehirn. Das menschliche Gehirn ist dafür ausgelegt, sich weiterzuentwickeln. Es strebt genau danach. Deshalb sollten wir ihm erstens auch die Möglichkeit dazu geben, und zweitens uns auch mehr Wissen darüber aneignen, was alles biologisch möglich und entwickelbar ist. Gerade im Zeitalter der künstlichen Intelligenz ist es entscheidend, dass wir die Entwicklung unserer biologischen Intelligenz nicht vernachlässigen und mindestens genauso viel Energie in diese investieren. Denn nur, wenn diese sich mindestens genauso so gut und schnell entwickelt, sind ein verantwortbarer Umgang und eine integrierte Intelligenz möglich.

GEHIRNTRAINING

- Vorbilder – Modelllernen
- Körper-Geist-Connection nutzen
- Änderung des Körpergefühls verändert Emotionen und umgekehrt
- Schocker lassen das Gehirn wachsen (kalte Dusche, Eisbaden)
- Raus aus der Komfortzone – Umgebung und Verhalten zählen
- Mit anderen – Spiegelneuronen nutzen
- Lachen – Spielen – Bewegen

2.1.1.1 Gehirngerechte Veränderung

Man muss sich immerfort verändern, erneuern, verjüngen, um nicht zu verstocken.
Johann Wolfgang von Goethe

Noch ein Nachtrag dazu, warum ich von Training spreche: Wir müssen aktiv etwas unternehmen, von alleine passiert nichts. **Unser Gehirn ist konservativ** und genau deshalb brauchen wir Energie für Veränderung. Wenn wir ehrlich sind, empfinden wir Veränderungen im ersten Moment meist als unangenehm. Das Gehirn hat sich gerade so schön gemütlich mit der aktuellen Situation eingerichtet und ist auch ziemlich gut darin geworden, alles zu managen. Es läuft alles. Doch plötzlich sollen wir uns umstellen? Das löst zunächst eine Art Blockade aus. Unser Gehirn ist darauf ausgerichtet, auf Vergangenes zu reagieren, und betrachtet Veränderungen daher zunächst skeptisch.

Trotzdem hast du bestimmt, wie wir alle, schon ganz viel in deinem Leben verändert. Du bist umgezogen, hast eine neue Sprache gelernt, dir ein neues Handy gekauft und auch ein neues Betriebssystem darauf geladen. Und das alles wahrscheinlich ganz problemlos. Was war der Unterschied? In der Regel hattest du **Lust** dazu, oder? Es gab einen **Anreiz**.

Homeplay: Reflexion Veränderungen

- Welche konkreten Veränderungen hast du in den letzten Jahren schon erfolgreich gemeistert?
- Welche guten Gründe hattest du dafür?
- Bei welchen Veränderungsvorhaben fehlt dir dieser Grund, um ins Handeln zu kommen? Woran liegt das?

Veränderung ist zentral, Veränderung ist »das Neue Normal«. Absichtsgesteuerte Veränderungen scheinen aber schwierig für das Gehirn zu sein. Wir brauchen mehr als eine Einsicht oder eine rationale Absicht. Wie können wir es also schaffen, auch bei Themen, die uns weniger begeistern, Veränderungen erfolgreich umzusetzen?

Grundsätzlich sind **Denk- und Verhaltensmuster veränderbar**. Das Gehirn ist bis zum Ende unseres Lebens modellierbar – Neuroplastizität ist das Stichwort. Oft begehen wir aber den Denkfehler, zu glauben, dass dies ohne Anstrengung erfolgt. Wir schnipsen mit dem Finger und schon ist die Veränderung da. Nein – unser Gehirn braucht Zeit und ganz viele Wiederholungen, damit sich strukturell etwas verändert. In Veränderungsprozessen werden Anstrengungen oft unterbewertet und Ergebnisse überbewertet. Ein richtiges Managen der Erwartungen verhindert Frust, Überforderungen und Widerstände. Wichtig ist, dass die Vision trägt und klar ist, was die Veränderung bewirken soll. Auf dem Weg dahin müssen Motivation und Realismus Hand in Hand gehen. Erwartungsmanagement ist das Fundament für den Erfolg. Danach kann wirklich das Startmomentum ausgenutzt werden (»Jedem Anfang wohnt ein Zauber inne, der uns beschützt und der uns hilft, zu leben.« – wie Hermann Hesse schon sagte).

Wie beginnen und wie durchhalten – das sind die wichtigsten Fragen, die wir uns für die gute Verankerung von Veränderung in unserem Gehirn stellen sollten. Danach dürfen wir auf jeden Fall keinen Stress aufkommen zu lassen, der blockiert. Auch das Ausloten der Motivation spornt an – das Verstehen der Gründe hilft sehr dabei, die Stressreaktionen zu verringern. Zwischenziele und Handlungspakete können helfen, Veränderungen in kleine verdaubare Häppchen zu gliedern. Klarheit hilft, auch komplexe Themen machbar zu machen. Führungspersonen sollten hierfür an den richtigen Stellen Impulse setzen und Wertschätzung für den Entwicklungsprozess geben. Die emotionale Begleitung für Veränderung und ein Miteinander kann sehr viel Positives in Bewegung bringen.

Durch Learnings und Trainings ist das Gehirn also veränderbar. Wir brauchen allerdings einen verlockenden Grund, ein sehr anziehendes Ziel, um den Weg der Veränderung erfolgreich zu beschreiten, um alle Hindernisse zu bewältigen und am Ende unser Gehirn so zu kreieren, wie wir es wollen. Denn einem Gehirn, das schon viele Veränderungen gemeistert hat, fallen die nächsten leichter. Es wird resilienter und flexibler. Also verblüffe deine Gedanken immer wieder mit Neuem und entwickele einen BBB (**Better Brain Blueprint**), einen Bauplan für ein neues und dynamisches Gehirn – ein Gehirn, das zukunftsorientiert und nachhaltig denkt, das sowohl langsames als auch schnelles Denken beherrscht, und das kognitive Verzerrungen sofort erkennt und gegensteuern kann. Also ein Gehirn, das dem weisen Menschen der Zukunft entspricht.

Eine Übung möchte ich dir noch mitgeben, die schon Goethe praktizierte, und die vor allem bei der aktuellen Reizüberflutung sehr hilfreich ist. Sie heißt »Kläranlage des Geistes« und kann zu sehr wertvollen Einsichten und Erkenntnissen führen.

Homeplay: Kläranlage des Geistes

Stelle dir einen Timer und schreibe auf ein Papier alles auf, was gerade in deinem Gehirn an Gedanken, Ideen oder Wörtern herumgeistert. Entleere quasi dein Gehirn auf das Papier. Höre dabei nicht auf, zu schreiben, setze den Stift nicht ab. Für den Anfang reichen fünf Minuten. Du kannst nach entsprechendem Training die Zeit auf 15 Minuten ausdehnen. Das Papier oder die Kladde kannst du danach wegpacken. Lesen brauchst du zunächst deine Ergüsse nicht.

Spannend ist es, diese Übung täglich durchzuführen – so wie es Goethe tat – und dann später einmal zu prüfen, was sich da alles so wiederholt. So kannst du feststellen, wie dein Autopilot im Gehirn aktuell eingestellt ist und welche Gedanken dich umtreiben.

Eine Erweiterung dieser Übung ist, sich zu seinen Notizen weitere Gedanken zu machen. Goethe erweiterte bestimmte Abschnitte seiner Niederschriften mit Anmerkungen und fügte weitere Gedankengänge hinzu. Oder er verschickte Teile auch als Briefe an Freunde mit der Bitte um Feedback. Auf diese Weise kommt ein schriftlicher Diskurs zustande, der mehr aussagt als reine »Luftgedanken«. Du lernst dich auf jeden Fall sehr viel besser kennen. Gleichzeitig hat man alles auf Papier und kann nichts mehr vergessen. Das wirkt sehr beruhigend und ist ein gutes Anti-Stress-Mittel.

Wissenschaft ohne Religion ist lahm. Religion ohne Wissenschaft ist blind.
Albert Einstein

2.1.1.2 Mr. Spock und Pippi Langstrumpf – Reflexives und Impulsives Denksystem

Selbstregulation – mit Leichtigkeit das tun, was du willst. Darum geht es letztendlich bei der persönlichen Entwicklung genauso wie bei der nachhaltigen. Dazu dürfen wir lernen, alle unsere Denksysteme gut zu managen und zu reflektieren. Denn vieles geht leichter, wenn wir nicht nur unseren (begrenzten) rationalen Verstand für uns arbeiten lassen, sondern unser gesamtes Gehirn nutzen und damit auch unseren impulsiven, leichten und spontanen Anteil.

Ich möchte deshalb noch einmal etwas intensiver auf unsere beiden Denksysteme – das **reflexive** und das **impulsive** – eingehen, die der Nobelpreisträger Daniel Kahneman als **langsames bzw. schnelles Denken** bezeichnet hat. Es ist nicht unwichtig, beide Systeme gut handhaben zu können. Einfach ist das nicht, da die Interessen manchmal auch weit auseinandergehen. Das erste System ist uns weitgehend bewusst und im präfrontalen Kortex vorne in unserer Denkerstirn angesiedelt. Es ist analytisch, sehr genau und rational denkend. Rechenaufgaben werden wir in der Regel genau mit diesem Gehirnanteil lösen. Das zweite System nutzt eigentlich unser ganzes Gehirn, wo alle unsere Erfahrungen abgespeichert sind, es reagiert sehr schnell, spontan und umfassend.

Die beiden Denksysteme lassen sich gut mit den Persönlichkeiten von Mr. Spock und Pippi Langstrumpf illustrieren. **Mr. Spock** ist der rein rational denkende Wissenschaftsoffizier in Star Trek, befreit von jeder Emotion, der jede Situation und Gegenstände klar nach der Faktenlage analysiert, während **Pippi Langstrumpf** alles mit allen Sinnen wahrnimmt, sehr schnell emotional und wertebasiert entscheidet und einfach nur Spaß haben möchte. Mr. Spock würde fragen: »Lachen? Was ist das? Verkleidung an Karneval? Wozu soll das gut sein?« Oder seine wunderbare Feststellung: »Lieutenant Uhura ihre Augen sind defekt – da kommt Wasser raus!«

Also wirklich das Gegenteil von Pippi Langstrumpf, ein Vorbild an Disziplin und Standhaftigkeit. Dies lässt sich jedoch biologisch gesehen beim Menschen nicht so umsetzen. Wer kennt es nicht. Nach dem Aufstehen besteht noch der feste Wille, heute nichts Süßes zu essen. Abends ist die Energie aufgebraucht und man findet sich doch vor dem Kühlschrank oder der Schublade mit den Süßigkeiten wieder. Hier zeigt sich ein weiterer Unterschied zwischen den beiden Systemen. Unsere Denkerstirn ist mit einer sehr begrenzten Energie ausgestattet, während das unbewusste System scheinbar über grenzenlose Energie verfügt.

Beide Systeme arbeiten parallel, aber mit unterschiedlichen Geschwindigkeiten. Das impulsive System ist eindeutig das schnellere und auch dasjenige, das sich im Zweifel durchsetzt, wie am Beispiel mit dem Kühlschrank zu beobachten. Es beherbergt unseren inneren Schweinhund, der sehr gut aufpasst, dass unsere essenziellen Bedürfnisse nicht zu kurz kommen.

Dies ist logischerweise wichtig, denn gerade in Veränderungsprozessen gibt die Ratio aufgrund ihrer begrenzten Kapazität schnell auf bzw. ist erschöpft. Wir müssen unsere innere Pippi Langstrumpf mitnehmen und sie zu Wort kommen lassen, damit die Änderungen leicht, mit Freude und ganz viel Spaß von der Hand gehen.

Ein Beispiel ist die **Fokus-Mapping-Methode** zur Zielerreichung und Veränderung aus Stanford.[64] Hier werden auf einer vertikalen Skala ganz im Stil von Mr. Spock die Prioritäten der zu erledigenden Aufgaben eingetragen. Oben stehen die wichtigen, wirkungsvollen und unten die unwichtigen oder nicht so wirkungsvollen Dinge. Dann folgt die vertikale Pippi-Langstrumpf-Skala: Wie viel Spaß würden die jeweiligen Aktivitäten bereiten und mit welcher Wahrscheinlichkeit hätte ich Lust dazu? Sehr schnell wirst du sehen, dass die Umsetzung der wirklich wichtigen Dinge meist nicht mit den Interessen deines unbewussten Anteils übereinstimmt. Eine solche Skala auszufüllen, kann sehr aufschlussreich sein. Im Folgenden ein Beispiel, wie du das Werkzeug nutzen kannst.

Ein schnelles Werkzeug für Veränderungen: Fokus Mapping

Nehmen wir dein Vorhaben, dich mehr zu bewegen, da dein Aktivitätstracker manchmal fragt, ob du noch am Leben bist. Es ist dir bisher trotz aller Vorsätze nicht gelungen. Dann kannst du diese kreative Methode ausprobieren, um deine Ziele zu erreichen, denn diese Methode wird deinen inneren Schweinhund mitbefragen.

Nimm dein Whiteboard oder ein Blatt Papier und teile es in zwei Bereiche: »Am effektivsten« oben und »Am wenigsten effektiv« unten. Auf der linken Seite markiere »Weniger wahrscheinlich« und auf der rechten Seite »Höchstwahrscheinlich«.

Jetzt kommt der spannende Teil: Brainstorming von Ideen, die dir helfen könnten, deine Ziele zu erreichen. Beurteile diese Ideen nicht, sondern sammle einfach so viele kreative Vorschläge wie möglich. Schreibe jede Idee auf eine Haftnotiz.

Sobald du eine Vielzahl von Ideen gesammelt hast, bewerte jede auf der Achse deines Whiteboards und klebe sie entsprechend auf. Zum Beispiel, wenn die Idee lautet: »Morgens vor der Arbeit trainieren«, überlege, wie effektiv das wäre und wie wahrscheinlich du es umsetzen würdest. Sei ehrlich zu dir selbst, auch wenn eine Idee fantastisch klingt, aber unwahrscheinlich umzusetzen ist.

Nachdem du alle Ideen bewertet hast, identifiziere diejenigen, die sowohl effektiv als auch wahrscheinlich umzusetzen sind. Diese landen im Quadranten »wahrscheinlicher und effektiver« und bilden gute Ausgangspunkte, um deine Ziele zu erreichen.

Fokus Mapping ist nicht nur ein Werkzeug, um deine Ziele zu definieren, sondern auch um herauszufinden, warum du möglicherweise feststeckst. Indem du ehrlich zu dir selbst bist, kannst du deinen Plan anpassen oder in kleinere Schritte aufteilen, um erfolgreich zu sein.

Dieses Tool kann für alle Arten von Veränderungen genutzt werden, von gesünderem Trinkverhalten bis zur beruflichen Neuorientierung. Der Schlüssel liegt darin, ehrlich zu sein und kleine, umsetzbare Schritte zu identifizieren. Kleine Schritte können langfristig zu großen Ergebnissen führen.

Es geht vor allem darum, die rational **langweilige Spock-Skala mit Pippi-Spaß anzureichern**. Gerade beim Thema Zeitmanagement und beim Klimawandel ist es wichtig in den Flow zu kommen, denn das fühlt sich einfach besser an und geht auch viel leichter. Die To-dos dürfen also gehirngerecht anders angeordnet und bewertet werden. Es geht nicht nur um wichtig und dringlich, sondern auch zusätzlich darum, was uns leicht fällt und was Spaß macht. Freude und Flow müssen dominieren, damit Veränderung und Aktion in die richtige Richtung gelingen. Gesundes und umsetzungsstarkes Leben spielt sich in Gemeinschaft, in einer vertrauensvollen Atmosphäre mit viel Lachen und auf möglichst einfache Art und Weise ab. Es darf leicht sein, auch wenn es nicht einfach ist.

Grundsätzlich kann man sagen: Pippi mag es **easy, mit viel Fun und social.** Dabei macht sie sich Dinge manchmal etwas einfach. Es kommt aus Mr. Spocks Sicht zu kognitiven Verzerrungen, sogenannten »Cognitive Bias«, auf die ich im nächsten Abschnitt näher eingehe. Es ist wichtig, sie zu kennen und sie bei sich und anderen zu durchschauen. Auch das gehört zu einer guten Selbstregulation und ist Basis für eine nachhaltige Veränderung.

Wichtig ist wirklich, den **Spaßfaktor** bei der nachhaltigen Entwicklung nicht zu vergessen. Ich lasse in meinen Ausbildungen und Seminaren immer nach Ökowitzen suchen. Leider gibt es wirklich nicht viele. Aber die Witzstunde macht trotzdem einfach Spaß. Etwas zum Lachen ist dann doch meistens dabei. Es ist nicht nur von Bedeutung, weil es unsere Pippi Langstrumpf ansprich, sondern es ist auch hochgradig erfolgreich. Denn wenn man ein Muss mit Spiel und Freude verbindet, funktioniert es direkt mindestens doppelt so gut. Ein Beispiel ist die Verschmutzung der Urinale in Amsterdam. Um dem entgegenzuwirken, haben sich die Holländer einen Sticker, einen Aufkleber, der eine Fliege zeigt, einfallen lassen. Und tatsächlich: Die Herausforderung, das Ziel »Fliege« im Urinal zu treffen, verringerte die Verschmutzung um 80% (!). Inzwischen gibt es Urinale auch mit Fußballtoren oder anderen treffsicheren Alternativen.

Ein weiteres Beispiel ist die Piano-Treppe in Stockholm. Das dazu gehörige Video belegt den Erfolg:[65] »Wir glauben, dass der einfachste Weg, das Verhalten von Menschen zum Besseren zu verändern, darin besteht, dafür zu sorgen, dass es Spaß macht. Wir nennen es die Spaßtheorie.« Es ging darum, die Menschen zu bewegen, öfter die Treppe zu benutzen. Deshalb wurde die Treppe neben einer Rolltreppe als Klavier umgestaltet. Und tatsächlich nutzten 66% mehr Menschen nun die Treppe.

Ein weiterer Punkt ist der soziale Aspekt. Spannende Studien zeigen: Wenn du beobachtet wirst, holst du oft mehr aus dir heraus. Wenn wir uns beobachtet fühlen, sind wir produktiver. Das Gefühl, beobachtet zu werden, führt auch dazu, dass wir uns sozialer verhalten. Gemeinsam zum Sport gehen, wirkt. Mitstreiter suchen und Aufgaben im Team zu lösen, sind also wichtige Komponenten um Veränderungen effektiver und produktiver zu machen.

Fange klein an: Baby-Starter-Steps können wunderbare erste Schritte sein. Es gilt, Aufgaben immer in so kleine Schritte zu teilen, dass du diesen ersten kleinen Schritt sofort machen kannst. Denn dann neigen wir dazu, mit dem ganzen Vorhaben weiterzumachen. Wo wir bereits Energie in einen ersten Schritt investiert haben, fällt uns der nächste leichter. Also lautet die Frage: Welches ist der erste kleine Schritt, den du unternehmen kannst, um überhaupt anzufangen? Wenn du einmal losgelegt hast, ist die Wahrscheinlichkeit, dass du weitermachst, unglaublich gewachsen.

2.1.1.3 Kognitive Verzerrungen – wie unser Gehirn mit der Flut von Information umgeht und wie du es steuern kannst

Wir haben einen Einblick in die Fähigkeiten und das unglaubliche Potenzial unseres Gehirns erhalten. Vieles davon gelingt wirklich erfolgreich nur mit Training, und wenn wir ehrlich sind: Wie viel Aufmerksamkeit widmen wir tatsächlich dem Training unseres Gehirns? Eigentlich betrachten wir es als selbstverständlich, oder? Nur dies ist alles andere als nachhaltig. Denn angesichts der Herausforderungen, die aktuell auf uns einströmen – sei es nun das Thema Klimawandel mit allen globalen und gesundheitlichen Folgen oder die Digitalisierung und die künstliche Intelligenz – gibt viel Entwicklungsbedarf, um unsere biologische Intelligenz vollständig auszuschöpfen. Denn Mr. Spock würde sich wahrscheinlich sogar besser als KI machen aber eine Pippi Langstrumpf ist irgendwie schwerer künstlich vorstellbar in ihrer Unberechenbarkeit.

Deshalb lohnt sich ein Blick auf die Eigenschaften unseres impulsiven Systems, auch wenn unser Wissen darüber relativ begrenzt ist. Aber zumindest wissen wir aus der Verhaltensforschung (Behavioral Science), was wir aus unserem Verhalten ableiten können. Dabei zeigt sich, dass unser Gehirn der täglichen Informationsflut und -vielfalt mit einfachen Prinzipien Herr wird, die allerdings aufgrund der Vereinfachungen zu Denkfehlern führen können. Diese Denkfehler werden auch als kognitive Verzerrungen und die entsprechenden verkürzten Entscheidungen als Heuristiken bezeichnet. Eine **kognitive Verzerrung** (Cognitive Bias) ist ein systematischer Denk- und Wahrnehmungsfehler. Diese fehlerbehaftete Neigung führt dazu, dass du täglich ganz unbewusst eine Vielzahl irrationaler und manchmal auch nachteiliger Entscheidungen triffst. Die Verhaltensforscher haben über 200 dieser kognitiven Verzerrungen gefunden.[66]

Wenn wir diese Fakten auf unser Thema der nachhaltigen Veränderung anwenden, tauchen durchaus Fragen auf. Wie verzerrt nehmen wir die Welt war? Wie können wir unseren Verstehens- und Verhaltenshorizont erweitern?

Welche **Heuristiken** verwenden wir automatisch? Und was sind Heuristiken? Das Wort Heuristik stammt vom griechischen Wort »heuriskein« ab, was so viel bedeutet wie »finden« oder »entdecken«. Heuristiken sind mentale Strategien, Faustregeln oder Abkürzungen, die uns helfen, mit begrenztem Wissen und begrenzter Zeit Entscheidungen zu treffen und Urteile zu fällen.[67]

Wenn wir die Welt verändern wollen, müssen wir sie grundlegend verstehen und entsprechende Entscheidungen treffen. Doch bei der Komplexität des Themas Nachhaltigkeit kommen Verzerrungen und Heuristiken voll zum Tragen. Denn die Ursachen und Folgen von Klimawandel, Artensterben und dergleichen sind so abstrakt wie konkret: Sie kennen keine Fristen, keine geografische Lage, keine einzelne Ursache oder Lösung und vor allem keinen offensichtlichen Feind. Um sie zu verstehen, scannt unser Gehirn nach Hinweisen, mit denen wir Informationen über die Welt verarbeiten und bewerten, findet aber keine. Deshalb greift unser Gehirn beim Klimawandel – wie auch in anderen komplexen Situationen – unbewusst auf erfahrungsbasierte Denkschemata und Heuristiken zurück. Diese gewohnheitsmäßigen Abkürzungen bewahren uns vor Überforderung und ermöglichen uns Orientierung in der täglichen Informationsflut. Jedoch kommt es durch dieses Vorgehen häufig zu fehlerhaften Schlussfolgerungen, zu kognitiven Verzerrungen. Deshalb möchte ich hier die wichtigsten kognitiven Verzerrungen aufzählen und kurz erklären, welche Rolle sie spielen und wie wir ihnen entrinnen können.

Wer kennt das nicht? Im stressigen Alltag tauchen immer wieder diese Fragen auf: Was soll ich mir merken? – Das sind einfach viel zu viele und viel zu vielfältige Informationen! Wie bewerte ich die Information – vor allem, wenn ich keine konkreten Anhaltspunkte habe, also eigentlich am Ende zu wenig Informationen habe? Wie handle ich? – Vor allem, wie entscheide ich, wenn es schnell gehen muss?

Unsere Hauptprobleme bei komplexen Themen wir bei Nachhaltigkeit und Klimawandel sind: Informationsvielfalt, Zeitmangel, Informationsflut und wenig Information und Bewertungswirrwarr. Im Folgenden deshalb eine kleine Zusammenstellung, wie unser Gehirn in den entsprechenden Situationen reagiert.

So reagiert unser Gehirn auf:

Informationsvielfalt:

- Wir speichern Erinnerungen je nachdem, wie sie erlebt wurden.
- Wir reduzieren Ereignisse und Auflistungen auf ihre Kernelemente.
- Wir verwerfen spezifische Informationen, um Allgemeinaussagen zu generieren.
- Wir bearbeiten und fügen Erinnerungen Bedeutung im Nachhinein zu.
- Wir wählen einfach zu bewältigende Optionen und vollständige Informationen anstelle komplexer und mehrdeutiger Informationen.

Zeitmangel:

- Um Fehler zu vermeiden, versuchen wir, autonom zu bleiben und unseren Gruppenstatus zu erhalten sowie unumkehrbare Entscheidungen zu vermeiden.
- Um Dinge zu beenden, neigen wir dazu, solche fertigzustellen, in die wir bereits Zeit und Energie investiert haben.
- Um fokussiert zu bleiben, bevorzugen wir die unmittelbaren und nachvollziehbaren Dinge direkt vor uns.
- Um handeln zu können, müssen wir der Überzeugung sein, dass das, was wir tun, Einfluss hat, sowie das Gefühl haben, dass unser Tun wichtig ist.

Wenig Informationen:

- Wir projizieren unsere aktuelle Denkweise und Annahmen auf unsere Vergangenheit und Zukunft.
- Wir meinen zu wissen, was andere Menschen denken.
- Wir vereinfachen Wahrscheinlichkeiten und Daten, um sie leichter verstehen zu können.
- Wir nehmen uns vertraute Dinge und eng verbundene Personen als besser wahr.
- Wir ergänzen Charakteristika von Stereotypen, Verallgemeinerungen und unserer eigenen Vorgeschichte.
- Wir neigen zur Wahrnehmung von Mustern und Geschichten, wenn wir unvollständige Informationen vorfinden.

Informationsflut:

- Wir nehmen vorwiegend Dinge wahr, die wir bereits im Gehirn gespeichert haben oder sich häufig wiederholen.
- Bizarre, lustige, visuell auffällige oder menschenähnliche Objekte stechen stärker heraus als neutrale, gewohnte Objekte.
- Wir nehmen Änderungen wahr.
- Wir neigen zu und fühlen uns angezogen von Details, die uns in unseren eigenen Überzeugungen bestätigen.
- Wir bemerken Makel in anderen Menschen stärker als unsere eigenen Makel.

Wenn wir uns insgesamt die Verzerrungen ansehen, können wir kluge Handlungsstrategien entwickeln, um die jeweiligen Eigenschaften hervorzurufen bzw. sie so zu nutzen, dass nachhaltige Entwicklung möglich wird. Viele dieser Verzerrungen dürfen wir bei uns selbst hinterfragen. Betrachte noch einmal die Zusammenstellung aller Grundverzerrungen. Finde jeweils **pro Satz eine nachhaltige Anwendungsmöglichkeit**.

Hast du Anwendungsmöglichkeiten gefunden bzw. Beispiele bei dir selbst entdeckt? Hier noch ein paar **typische Verzerrungsbeispiele** zum Nachdenken:[68]

Typische Verzerrungsbeispiele

Stereotyp

Hältst du Seitansteaks, Achtsamkeitstrainings und Chai Latte für überflüssig und eher für eine clevere Marketingstrategie der Wohlfühlindustrie? Hältst du Superfoods und Yoga für Quatsch, weil eine gesunde Lebensführung auch ohne möglich ist? Hast du es mal ausprobiert? Wenn du die Welt verändern willst, musst du loslassen. Und zwar zunächst deine eigenen Vorurteile. Schau doch einmal genau hin, hör zu und probiere vor allem einmal Neues selbst aus. Kurzum, informiere dich zuerst und bilde dir dann eine Meinung. Es lohnt sich.

Informationsverzerrung

Bist du auch ein Jäger und Sammler von Informationen? Früher waren Beeren und Früchte unsere Leidenschaft, heute sammeln wir Informationen. Und zwar immer mehr, selbst wenn sie keinen Einfluss auf unser Handeln haben. So verkündete die Landwirtschaftsministerin 2018, dass man erst die Nutzung von Glyphosat verbieten könne, wenn sie wirklich alle Informationen dazu habe. Willst du die Welt verändern? Das Warten auf 100%ige Informationen ist eine Illusion: Menschen können oft bessere Vorhersagen oder Entscheidungen mit weniger Informationen treffen. Also: Trau dich, anzufangen.

Verlustaversion

Hast du dich schon einmal gefragt, warum die Energiewende nur so langsam vorankommt? Das liegt daran, dass wir Verluste stärker fürchten, als wir Gewinne schätzen. Wir reagieren empfindlicher auf kurzfristige Kosten als auf langfristigen Nutzen, zum Beispiel beim langfristigen Ausbau erneuerbarer Energien versus kurzfristig steigender Strompreise. Willst du die Welt verändern? Dann rechne vom Ende her und wäge ab, ob du nicht mehr gewinnen kannst, wenn du kurzfristig einmal loslässt.

Der Sunk-Cost-Fehler

Fällt es dir auch schwer, etwas zu beenden, wenn du schon viel Zeit, Geld oder Energie investiert hast? Dann sitzt du dem Sunk-Cost-Fehler auf. Bereits investierte Ressourcen werden häufig zur Begründung, weiterzumachen, selbst wenn es objektiv betrachtet nicht mehr sinnvoll ist. Der traurige Witz der Sunk Cost Fallacy ist der: Je mehr Zeit, Geld oder Energie wir bereits in einem aussichtslosen Projekt versenkt haben, desto stärker halten wir an ihm fest. Doch: Egal, was du bereits investiert hast, es sollte einzig deine Einschätzung der Zukunft zählen.

Optimismusverzerrung

Wir gehen davon aus, dass wir mit geringeren Risiken konfrontiert sind als andere: Andere Raucher sind stärker durch Herzinfarkte bedroht als ich selber, andere werden eher einen Unfall haben und der nächste große Hurrikan wird woanders zuschlagen. Optimismus in allen Ehren – aber bleib deiner Gesundheit zuliebe Realist. Du bist von umweltschädlichen Einflüssen genauso betroffen wie dein Nachbar.

Der Mitläufereffekt

Hast du auch schon viele ineffektive Sitzungen erlebt? Eine wichtige Ursache ist der Mitläufereffekt: Werden im Laufe einer Debatte oder Abstimmung erste Prognosen zum Ergebnis bekannt, folgen die meisten Menschen der breiten Masse und geben ebenfalls dem wahrscheinlichen Gewinner ihre Stimme. Willst du die Welt verändern? Dann solltest du schnell Prognosen ausgeben, dass die Mehrheit hinter dir steht. Dann ergibt sich der Rest (fast) von alleine.

Bestätigungsheuristik

Bestätigungsverzerrungen verführen uns dazu, unsere Erlebnisse so zu interpretieren, dass sie zu unseren Einstellungen und Überzeugungen passen: Bist du überzeugt, dass der Mensch das Klima derzeit aus dem Takt bringt? Dann wirst du das aktuelle Wetter als ungewöhnlich warm wahrnehmen. Menschen, die vom Klimawandel nicht überzeugt sind, glauben, dass es kälter geworden ist. Informationen, die im Widerspruch zu unseren bestehenden Ansichten stehen, filtern wir aus. Religionen und Weltanschauungen bieten wegen ihrer Schwammigkeit hervorragende Nährböden für den Bestätigungseffekt, denn man kann alles in sie hineininterpretieren. Möchtest du die Welt verändern? Dann suche aktiv nach Evidenz, die deiner Weltsicht widerspricht, statt dich immer nur zu bestätigen.

Der Fehler der nachträglichen Begründung

Hast du auch schon falsche Entscheidungen getroffen und sie dann schöngeredet? Keine Angst, du bist nicht alleine. Wenn wir eine Wahl getroffen haben, neigen wir dazu, die Nachteile unserer Entscheidung zu ignorieren oder herunterzuspielen und gleichzeitig die Nachteile alternativer Entscheidungen zu verstärken. Möchtest du die Welt verändern? Dann stehe zu deinen Fehlern. Wenn du zur günstigeren Milch anstelle zur Bio-Milch greifst, Plastiktüten benutzt oder Fast Fashion kaufst – rechtfertige deine Entscheidungen nicht. Du weißt es ja eigentlich besser. Und Einsicht ist der erste Schritt zur Besserung.

Die Autoritätsfalle

Hast du dich schon einmal gewundert, warum Spitzenpolitiker und Professoren den größten Blödsinn erzählen können, und man ihnen trotzdem folgt? Das liegt daran, dass wir in der Präsenz einer Autorität das selbstständige Denken um eine Stufe zurückschalten. Wir sind gegenüber Expertenmeinungen viel vorsichtiger als gegenüber anderen Meinungen. Bleib kritisch. Wenn du die Welt verändern möchtest, hinterfrage Thesen und Ergebnisse. Auch Experten können sich irren und politisch voreingenommen sein.

Wie haben dir die Beispiele gefallen? Hast du einiges wiedererkannt? Es lohnt sich, sich mit diesen neurologischen Verhaltensphänomenen auseinanderzusetzen. Denn sie können für oder gegen eine Sache angewendet werden. Wichtig sind die Einsicht und der Durchblick. Gerade für Leader ist es unabdingbar, diese Prozesse zu durchschauen und sie gut nutzen zu können. Es geht darum, ein guter Spieler auf dem Feld der unbewussten Gehirnvariationen zu werden. Nun kommen wir zu einem weiteren, nicht unwichtigen Spieler.

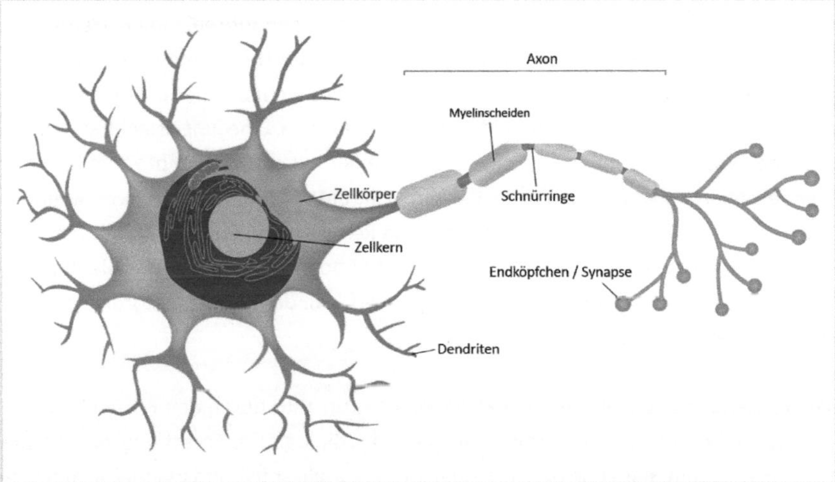

Abb. 6: Die Nervenzelle (Lösung der Gedächtnisübung aus diesem Kapitel) (eigene Darstellung unter Verwendung von depositfoto 101891680)

2.1.2 Herzblut und mehr Gehirn

Man sieht nur mit dem Herzen gut. Das Wesentliche ist für die Augen unsichtbar.
Antoine de Saint-Exupéry, »Der kleine Prinz«

Hand aufs Herz: Was bedeutet dir das pulsierende Organ in deiner Brust? Hast du es auf dem rechten Fleck? Unser Herz ist ein zentrales Organ, zumindest vom Empfinden her, und irgendwie erscheint es uns gefühlsmäßig immer noch wertvoller als unser Gehirn. Auch wenn der Direktor der Klinik für Neurochirurgie an der Berliner Charité, Prof. Peter Vajkoczy, sagt:[69] »Das ist ja nur ein langweiliges muskuläres Hohlorgan und kein Vergleich zum Gehirn, das uns bestimmt.« Aber in der Tat gibt es für das Gehirn nicht so schöne Zitate und Redewendungen wie: Wir haben »das Herz auf dem rechten Fleck« oder »ein Herz aus Stein/Gold«, wir können jemandem »unser Herz ausschütten« und es kann uns auch »in die Hose rutschen«. Wir »verlieren unser Herz an jemanden« oder »brechen jemandem das Herz«. Und zu guter Letzt können wir »unserem Herzen folgen« und unser »Herzensbusiness« finden.

Der Volksmund weiß demnach besser, wozu das Herz gut ist, oder zumindest verortet er vor allem die Gefühle dort und nicht im Gehirn. Tatsache ist, dass Menschen an gebrochenen Herzen durchaus sterben können. Das sogenannte Broken-Heart-Syndrom ist eine spontan auftretende Erkrankung des Herzmuskels. Die Symptomatik wird auch als Stress-Kardiomyopathie bezeichnet und ist nicht zu unterschätzen. Unbehandelt kann eine solche Diagnose zu schweren Folgen führen. Eine extreme psychische Belastung kann die Auswirkung haben, dass der Herzmuskel überreizt wird, und dies kann sogar lebensbedrohlich sein. Dass dies nicht aus der Luft gegriffen ist, durfte ich in meinem engsten Umfeld letztes Jahr erleben. Eine junge Nachbarin brach von einer Minute auf die andere zusammen, genau mit diesen Symptomen. Glücklicherweise hatte sie fachkundige Helfer um sich, die sie sofort reanimieren konnten und den Notarzt riefen. Es war ein Schock, da keine der üblichen Risikofaktoren auf sie zutraf. Sie ernährt sich gesünder als ich, treibt Sport und folgt allen Empfehlungen. Heute trägt sie einen Herzschrittmacher und sagt klar, dass Stressfaktoren sie außer Gefecht gesetzt haben.

Das Herz erfüllt offenbar mehr Funktionen, als »nur« Blut durch den Körper zu pumpen. Sowohl neurowissenschaftliche als auch kardiologische Forschungsergebnisse deuten darauf hin, dass das Herz eine viel größere Rolle spielt und maßgeblichen Einfluss auf unser Wohlbefinden hat. Besonders faszinierend ist die Entdeckung eines eigenständigen Herznervensystems, das im Mutterleib sehr früh entwickelt wird. Es ist sehr spannend, sich das, was wir inzwischen über das Herz und die Herz-Gehirn-Verbindungen wissen, einmal näher anzusehen. Auf jeden Fall kann ich jetzt schon sagen, dass man auf sein Herz mehr achten sollte. Unser Herzgehirn kann mehr als bisher gedacht und es reguliert auch mehr. Und auch dieses Gehirn dürfen wir trainieren und lernen, auf die etwas anderen Stimmen, die es aussendet, zu hören. Denn sie liefern sehr wertvolle Informationen. Auch hier ist ein erster Schritt, die Wahrnehmung zu schärfen und gezielt darauf zu achten. Verarbeitet wird das alles dann natürlich wieder in unserer Denkerstirn, dem präfrontalen Kortex, sodass wir dann bewusst darauf Zugriff haben und mit den Informationen arbeiten können.

Unser Herz

- Muskel mit Hohlräumen
- links im Brustkorb
- Größe: Etwa Faustgröße
- Gewicht (Erwachsene): 250–350 g

Kurz zur Anatomie des Herzens: Das Herz ist ein muskuläres Hohlorgan und liegt im Brustkorb, leicht nach links verschoben. Es hat etwa die Größe einer geschlossenen Faust und wiegt bei Erwachsenen normalerweise etwa 250–350 Gramm. Das Herz ist eine Pumpe, die das Blut durch den Körper zirkulieren lässt. Es hat vier Hohlräume: zwei Vorhöfe (Atrien) und zwei Herzkammern (Ventrikel). Die rechte Seite des Herzens pumpt sauerstoffarmes Blut in die Lunge, wo es Sauerstoff aufnimmt und Kohlendioxid abgibt. Die linke Seite pumpt sauerstoffreiches Blut in den Körper. Der **Herzschlag wird durch elektrische Impulse** ausgelöst, die vom Sinusknoten im rechten Vorhof ausgehen. Dieser Impuls breitet sich durch den Herzmuskel aus und löst die Kontraktionen aus, die den Herzschlag ausmachen. Ein normaler Herzschlag bei Erwachsenen liegt in der Regel zwischen 60 und 100 Schlägen pro Minute im Ruhezustand. Das Herz ist durch Blutgefäße mit dem Rest des Körpers verbunden. Arterien transportieren sauerstoffreiches Blut vom Herzen weg, während Venen sauerstoffarmes Blut zum Herzen zurückführen.

Aufgaben des Herzes

- Blutkreislauf
- Sauerstoffversorgung
- Nährstoffversorgung
- Abfallentsorgung
- Wärmeregulation
- Immunabwehr
- Hormonelle Kommunikation

Das Herz ist ein äußerst leistungsfähiges Organ, das eine zentrale Rolle im menschlichen Körper spielt. Einige der **wichtigsten Leistungen des Herzens** möchte ich gerne nennen, sodass wir es wertschätzen können:

1. Blutkreislauf: Das Herz ist verantwortlich für den kontinuierlichen Pumpvorgang, der das Blut durch den gesamten Körper zirkulieren lässt. Diese Zirkulation versorgt die Zellen mit Sauerstoff und Nährstoffen und transportiert gleichzeitig Ab-

fallprodukte wie Kohlendioxid und Stoffwechselabfälle zu den entsprechenden Ausscheidungsorganen.

2. Sauerstoffversorgung: Das Herz pumpt sauerstoffreiches Blut aus der linken Herzkammer in die Arterien, die es im Körper verteilen. Dieser Sauerstoff wird von den Geweben und Organen aufgenommen, um die energieerzeugenden Prozesse in den Zellen zu unterstützen.
3. Nährstoffversorgung: Neben Sauerstoff transportiert das Blut auch wichtige Nährstoffe wie Glukose, Fettsäuren, Vitamine und Mineralstoffe zu den Zellen im ganzen Körper. Diese Nährstoffe sind für das normale Funktionieren des Stoffwechsels und des Wachstums unerlässlich.
4. Abfallentsorgung: Das Blut nimmt Kohlendioxid und andere Abfallprodukte aus den Zellen auf und transportiert sie zu den Lungen oder anderen Ausscheidungsorganen, wo sie aus dem Körper entfernt werden.
5. Wärmeregulation: Das Blut transportiert nicht nur Sauerstoff und Nährstoffe, sondern hilft auch bei der Regulierung der Körpertemperatur. Durch die Zirkulation von Blut in der Nähe der Haut können überschüssige Wärme und Hitze abgeführt werden.
6. Immunabwehr: Das Blut transportiert weiße Blutkörperchen (Leukozyten), die Teil des Immunsystems sind und den Körper gegen Krankheitserreger und Infektionen verteidigen. Sie überwachen den Körper auf Anzeichen von Infektionen und bekämpfen sie.
7. Hormonelle Kommunikation: Das Herz ist an der Regulation des Blutdrucks beteiligt und produziert das Hormon ANP (atriales natriuretisches Peptid), das den Flüssigkeits- und Elektrolythaushalt im Körper beeinflusst.

Diese Leistungen verdeutlichen die essenzielle Rolle des Herzens für die Gesundheit und das Funktionieren des gesamten Organismus. Ohne die kontinuierliche Pumpfunktion des Herzens würden die meisten körperlichen Prozesse nicht richtig funktionieren.

Doch neben der Pumpfunktion gibt es weitere interessante Elemente, die das Herz mit abgedeckt, die bisher nicht so große Beachtung gefunden haben und erst in jüngster Zeit erforscht werden.

Das Herz: Kraftzentrale mit eigenem Geist

- Pumpt mit 100.000 Schlägen täglich 10.000 Liter Blut durch den Körper
- Eigenes Nervensystem – Herzgehirn mit ca. 40.000 unabhängig vom Gehirn arbeitenden Nervenzellen
- Herzratenvariabilität und Kohärenz zwischen Gehirn und Herz
- Elektromagnetisches Feld – 6000-mal stärker als beim Gehirn

Wenn wir uns die Leistungen unseres Herzens anschauen – können wir einmal wirklich die Hand aufs Herz legen und uns bedanken. Denn die Zahlen sind gewaltig. Unser Herz pumpt etwa fünf Liter Blut pro Minute, das sind täglich 10.000 Liter Blut durch unseren Körper. Dabei schlägt es ganze 60–80 Mal pro Minute, also 4.200 Schläge pro Stunde und 100.000 Mal pro Tag. Im gesamten Leben schlägt das gesunde Herz durchschnittlich bis zu 3 Milliarden Mal. Durch den Körper eines erwachsenen Menschen laufen netzartig Blutgefäße mit einer Gesamtlänge von ungefähr 100.000 Kilometern! Diese Blutgefäße versorgen jedes einzelne Organ im Körper mit ausreichend Blut und entsprechen ausgebreitet in der Länge in etwa dem doppelten Erdumfang.[70]

Das Herz hat ein eigenes Nervensystem, das unabhängig vom Gehirn funktioniert, jedoch eng mit dem Gehirn verbunden ist. Dabei sendet es anscheinend weit mehr Informationen an das Gehirn als umgekehrt. Die Verbindung zwischen Herz und Gehirn erfolgt maßgeblich über den zehnten Hirnnerv, den sogenannten **Nervus vagus**. Er heißt so, da er als einziger der insgesamt zwölf Hirnnerven den Kopfbereich verlässt und im Körper vagabundiert. Die Erforschung der zahlreichen Funktionen des Vagusnervs ist auch relativ neu. Abbildung 7 zeigt den Nervus vagus, der paarig vorhanden ist, je einer für jede Gehirnhälfte. Normalerweise vernachlässigen wir unsere Vagusnerven sträflich, dabei kann er als Hauptnerv des Parasympathikus Stress wunderbar reduzieren. Seiner »**Calm-Down-Funktion**« kann er allerdings nur nachkommen, wenn wir ihm den Raum und die Zeit dafür geben. Vagusnerv-Übungen sind schnell und einfach durchzuführen. Am Ende von Kapitel 2.1.3 habe ich einige Methoden angeführt. Sie funktionieren über kurze schnelle Massagen und vor allem über die Atmung und sind unglaublich wohltuend. Stress ist ein Hauptfaktor für ein krankes Herz, insofern sind die kleinen aber feinen Übungen auch sehr gesundheitsfördernd.

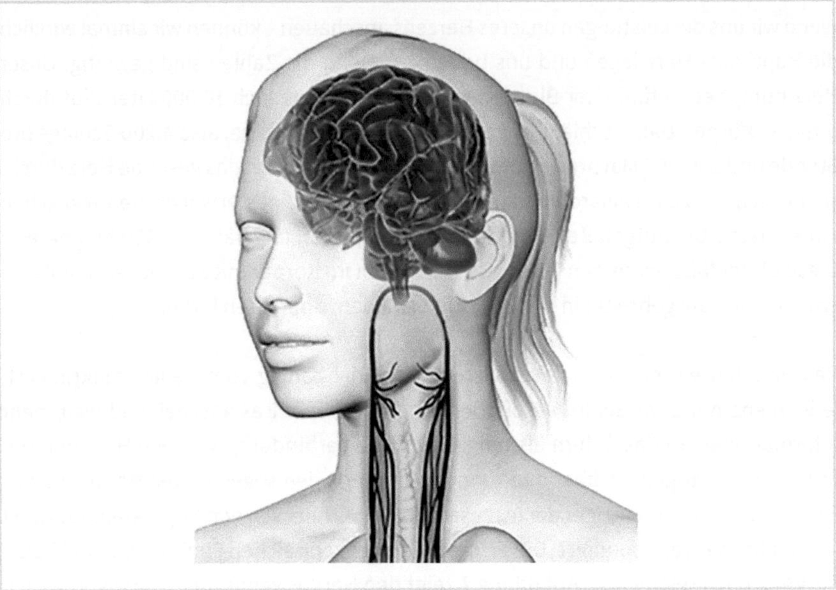

Abb. 7: Der zehnte Hirnnerv – Nervus vagus (eigene Darstellung unter Verwendung von Shutterstock-Bild 2216537757)

Die Bedeutung der Bewegung

Herz-Kreislauf-Erkrankungen sind laut Robert-Koch-Institut die führende Todesursache in Deutschland und verursachen insgesamt etwa 40% aller Sterbefälle.[71] Weitere Trainings für unser Herz, die unser **Herz-Kreislauf-System** in Schwung bringen, sind Trainings, die unseren **Blutdruck** niedrig halten und unseren **Puls** regulieren.

Das sind beim Blutdruck vor allem die Themen **Ernährung, Bewegung und Stressmanagement**. Ich werde im folgenden Kapitel zu unserem Darmgehirn auf das Thema Ernährung noch genauer eingehen. Bewegung bleibt jedoch das A und O. Bewegung erhöht die Lebenserwartung beträchtlich. Beim Puls geht es um Ausdauer- und Intervalltraining. Besonders effektiv ist **HIIT** (High Intensity Interval Training, Hochintensitäts-Intervalltraining).

Die Ursprünge dieses Trainingsansatzes gehen auf eine wegweisende Studie aus dem Jahr 1996 zurück, die der japanische Professor Izumi Tabata[72] mit olympischen Eisschnellläufern durchführte. Die Ergebnisse waren beeindruckend, da die Athleten durch **Tabata**-Training eine erhebliche Steigerung ihrer Leistung verzeichneten. Dies spiegelte sich in einer Zunahme von 14% der maximalen Sauerstoffaufnahme sowie einer beeindruckenden Steigerung der anaeroben Leistungsfähigkeit um 28% wider.[73]

Tabata ist eine dynamische Variante des HIIT, die im Sportbereich zunehmend an Beliebtheit gewinnt. Dieses effektive Work-out besteht aus intensiven 20-Sekunden-Phasen, in denen eine hohe Belastung von etwa 170% der maximalen Sauerstoffaufnahme (VO_2max) erreicht wird, gefolgt von kurzen 10-Sekunden-Pausen. Diese Zyklen wiederholen sich acht Mal, und somit dauert eine komplette Tabata-Einheit lediglich vier Minuten.

Die schwedischen Ärzte Anders Hansen und Carl Johan Sundberg haben die Vorteile des HIIT für den durchschnittlichen Menschen adaptiert und die immensen Vorteile für Gehirn und Herz noch einmal deutlich hervorgehoben. Mit HIIT lassen sich in kürzerer Zeit wesentlich höher Effekte erzielen. Insofern ist die Methode für Zeitgestresste durchaus zu empfehlen.[74] Sie beantworten die Frage, die sich jeder insgeheim stellt: **Wie viel Bewegung ist notwendig, um das Krankheitsrisiko senken**? Ihre Antwort ist wirklich beruhigend: Ein täglicher dreißigminütiger Spaziergang reicht aus! Also auf zum täglichen Gehirn-und-Herz-Spaziergang – oder auch Verdauungsspaziergang.

Wie bereits erwähnt, ist Bewegung für das Gehirn äußerst wichtig und effektiv. Es gibt einen engen Zusammenhang zwischen der physischen Aktivität und der Funktion unseres Gehirns. Du fühlst dich einfach besser, wenn du dich bewegst, da dann *die »coolen« Neurotransmitter Dopamin, Serotonin, Noradrenalin und viele Endorphine* ausgeschüttet werden. Dieser Wohlfühleffekt kann durch regelmäßiges Training sogar gesteigert werden. Vor allem ist Bewegung auch gut für unser Gedächtnis im Hippocampus, denn Bewegung regt die Neuroneogenese, die Bildung neuer Nervenzellen, an. Trotz allem Wissen über diese Tatsachen bewegen wir uns einfach zu wenig, deshalb hier noch einmal der Hinweis. Sehr aufschlussreich ist die **Couch-Potato-Karte**, die zeigt in welchen Ländern man sich am meisten bzw. am wenigsten bewegt. Weltweit bewegen sich ein Drittel aller Erwachsenen zu wenig, d. h. weniger als ein dreißigminütiger Spaziergang an fünf Tagen die Woche oder 20 Minuten anstrengendes Training an drei Tagen die Woche. Bei den 13- bis 15-Jährigen liegt die Zahl sogar bei 80%! Generell bewegen sich die Menschen in reichen Ländern weniger als in armen. Außerdem sind Frauen in den meisten Ländern körperlich weniger aktiv als Männer. In Deutschland bewegen sich 28% der Menschen zu wenig, also **jeder vierte**.[75]

Das Sofa ist die dunkle Bedrohung und wir sind alle sitzkrank – so lässt sich das Ganze zusammenfassen. Denn eigentlich müssten dreißig Minuten am Tag oder eben weniger und dafür intensiver doch machbar sein. Im Folgenden deshalb noch ein paar wirklich einfache praktische Tipps der beiden schwedischen Ärzte.

PRAXISTIPP: EIGENTLICH IST ES GANZ EINFACH[76]

Du brauchst kein Marathonläufer oder Gesundheitsfanatiker zu werden, um von den Effekten körperlicher Aktivität zu profitieren. Es gelten also keine Ausreden, denn:

- Bewege dich so viel, dass es einem dreißigminütigen Spaziergang pro Tag entspricht – das erhöht die Chance, dass du drei bis fünf Jahre länger leben wirst, und verringert das Risiko einer ganzen Reihe von Krankheiten.
- Gartenarbeit, Tanzen oder Golfspielen haben denselben positiven Effekt auf die Gesundheit wie ein flotter Spaziergang. Finde eine Art von Bewegung, die zu dir passt und die du regelmäßig praktizieren kannst.
- Du kannst deine halbe Stunde Bewegung auch in kürzeren Einheiten aufteilen, z. B. drei zehnminütige Spaziergänge. Diese zehn Minuten am Stück solltest du allerdings nicht unterschreiten.
- Wenn du joggst, genügen zwanzig Minuten am Tag, falls du schneller läufst, sind sogar zehn Minuten ausreichend – aber auch hier gilt: Zehn Minuten am Stück sind Minimum.
- Vermeide es, große Teile des Tages einfach nur still zu sitzen. Vertrete dir zwischendurch die Beine und stehe an jedem Tag mindestens eine Stunde auf, wenn du eine sitzende Tätigkeit ausübst. Abgesehen von all den positiven Auswirkungen auf deine Gesundheit wird es dir auch helfen, dein Gewicht zu halten.

Unsere gesamte Nation bewegt sich zu wenig. Wir schauen zu, statt mitzuspielen. Wir fahren, statt zu laufen. Unser Dasein beraubt uns des Minimums an physischer Aktivität, das die Grundvoraussetzung für ein gesundes Leben ist.

John F. Kennedy

Diese Aussage von Kennedy ist schon über 50 Jahre alt und so aktuell wie nie zuvor. Also bitte bewegt euch im doppelten Sinn des Wortes: Körper und Geist bilden eine Einheit. **Wer sich körperlich bewegt, bewegt sich auch seinen Verstand**. Wer auf seinen Verstand hört, kommt auch körperlich in Bewegung.

Allein die Tatsache, dass wir mit einem geringen körperlichen Einsatz unser Herz und unseren Kreislauf stabil gesund halten, sollte uns (eigentlich) Motivation genug sein. Denn wie ich schon eben erwähnte, ist unser Herz ein wichtiger Mitspieler unseres Gehirns.

Kohärenz von Herz, Gehirn und Emotionen

Es gibt mittlerweile eine Reihe von **Forschungsergebnissen und Theorien zur Verbindung zwischen dem Herz und dem Gehirn**, die als »Herzgehirn« bezeichnet werden. Die Vorstellung ist, dass das Herz über ein komplexes neuronales Netzwerk verfügt und Signale an das Gehirn im Kopf senden kann, die Einfluss auf Emotionen, kognitive Prozesse und sogar die Gesundheit haben können.

Ein bekannter Forscher auf diesem Gebiet ist der Amerikaner Dr. Rollin McCraty, Direktor des HeartMath Institute, der sich auf die Untersuchung der Verbindung zwischen Herz und Gehirn spezialisiert hat. Das HeartMath Institute hat mehrere Studien durchgeführt, die sich mit der Kommunikation zwischen Herz und Gehirn befassen und wie diese Kommunikation Emotionen, Stressreaktionen und das allgemeine Wohlbefinden beeinflussen kann.[77] Das HeartMath Institute wurde 1991 als eine Non-Profit-Organisation gegründet und hat seitdem eine Vielzahl von Forschungsarbeiten durchgeführt, um das Verständnis der Herz-Gehirn-Interaktion zu erweitern. Hier sind einige Aspekte der Studien:

1. **Herzratenvariabilität (HRV)**: Eine Schlüsselkomponente der Forschung von Dr. McCraty und des HeartMath Institute ist die Untersuchung der Herzratenvariabilität. HRV bezieht sich auf die Variation der Zeitintervalle zwischen aufeinanderfolgenden Herzschlägen. Eine höhere HRV wird oft als Zeichen von guter Gesundheit und Anpassungsfähigkeit des Herz-Kreislauf-Systems angesehen.

2. **Emotionen und das Herz**: Die Forschung von Dr. McCraty hat gezeigt, dass Emotionen einen signifikanten Einfluss auf das Herz haben können. Positive Emotionen wie Dankbarkeit und Mitgefühl sind mit einer kohärenten HRV assoziiert, während negative Emotionen wie Ärger und Frustration zu einer inkohärenten HRV führen können. Die kohärente HRV ist mit verbessertem Wohlbefinden und besserer Stressbewältigung verbunden.

3. **Kohärenz-Techniken**: Das HeartMath Institute hat auch Techniken entwickelt, um die Herzratenvariabilität zu verbessern und emotionale Kohärenz zu fördern. Diese Techniken, wie die Herzrhythmus-Kohärenz (Heart Coherence) oder die Quick Coherence Technique, kombinieren Atmung, positive Emotionen und Achtsamkeit, um die Interaktion zwischen Herz und Gehirn zu optimieren.

4. **Anwendungen in Gesundheit und Stressbewältigung**: Die Forschung von Dr. McCraty und dem HeartMath Institute hat auch praktische Anwendungen in den Bereichen Stressbewältigung, Verbesserung des psychischen Wohlbefindens und Gesundheitsförderung. Herz-Kohärenz-Techniken werden von Einzelpersonen, Unternehmen und Organisationen zur Förderung von Stressabbau und emotionaler Balance eingesetzt.

Ein Beispiel zeigt Abbildung 8. Die **Herzratenvariabilität** bei Stress und Ärger ist sehr stark ausgeprägt und zeigt, wie ungesund diese Emotionen für das Herz sind. Die untere Kurve zeigt die Regelmäßigkeit des Herzschlages bei Wertschätzung, Dankbarkeit und Zufriedenheit. Die grafische Darstellung verdeutlicht eindrücklich, wie wichtig es ist, die untere gleichschwingende Kurve möglichst oft zu erreichen. Die einfachste Möglichkeit dies zu erreichen, bietet das Gefühl der Dankbarkeit. Vielleicht hast du bereits von einem Dankbarkeitstagebuch gehört, in dem du morgens bewusst drei bis fünf Dinge notierst, für die du dankbar bist. Es können Kleinigkeiten sein oder Dinge, die du bisher für selbstverständlich erachtet hast. Du kannst es gerne direkt ausprobieren und du wirst merken, wie sich dein Herz auf der Stelle beruhigt und auch dein Puls wieder regelmäßig wird. Im nächsten Kasten findest du eine Zusammenfassung der Möglichkeiten, wie du die Herzratenvariabilität, deinen Puls und deinen Blutdruck gesund halten kannst. Dankbarkeit ist auf jeden Fall das grundlegende Gefühl, das unmittelbar beruhigend auf das Herz wirkt und uns insgesamt widerstandsfähiger und belastbarer macht. Andere Emotionen, die wir nutzen können, sind Liebe und Mitgefühl. Sie schaffen eine wunderbare Aura um dein Herz. Und dies ist nicht esoterisch, sondern faktisch physikalisch gemeint.

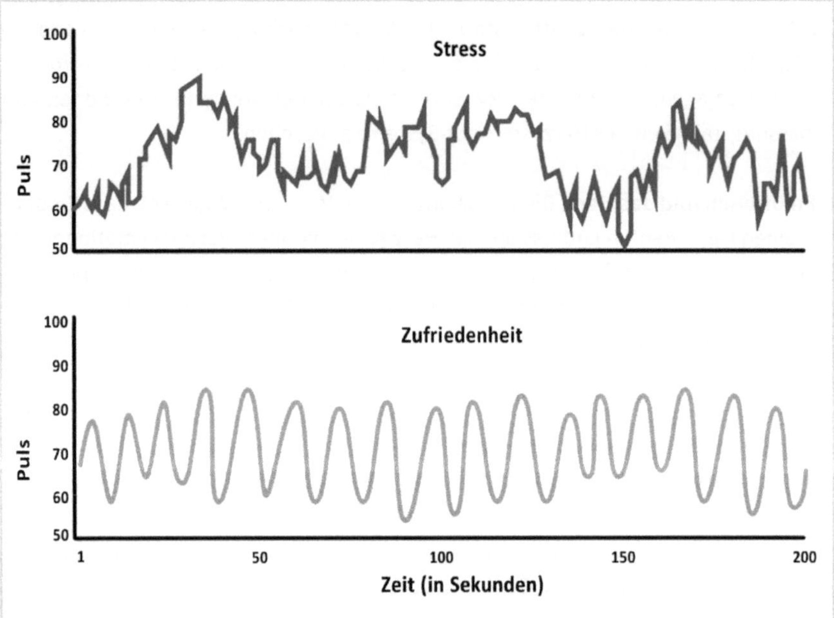

Abb. 8: Herzratenvariabilität bei Stress/Ärger und bei Dankbarkeit/Zufriedenheit (eigene Darstellung nach heartmathdeutschland.de)

Wenn das einzige Gebet, das du in deinem Leben sprichst, ein Dankeschön ist,
dann ist das genug.
Meister Eckhard

Und deine Herzratenvariabilität wird bei jedem Dankeschön besser.

> **Praktische Übung für dein Wohlbefinden**
> 1. Wofür kannst du dankbar sein? – Schreibe täglich drei Dinge auf und denke bei schlechten Emotionen daran
> 2. Womit kannst du dir selbst ab und zu eine Freude machen, wenn du denn wollen tätest? – Stelle eine Liste auf und setze sie um.
> 3. Wer ist dein Vorbild? Warum bzw. in welchem Aspekt? Welches Verhalten würdest du übernehmen oder nachleben wollen? – Erstelle auch hier eine Liste von entsprechenden Menschen. Sie können tot oder lebendig sein. Frage dich, was diese Personen in bestimmten Stresssituationen tun würden. Diese Personen können zu deiner inneren Mastermind-Gruppe werden, die du immer befragen kannst, wenn es härter wird.

Ich möchte nicht unerwähnt lassen, dass die Arbeit von Dr. McCraty und dem HeartMath Institute durchaus auch kritisch betrachtet wird. Einige Kritiker äußern Bedenken hinsichtlich der wissenschaftlichen Methodik und der Interpretation der Ergebnisse. Dennoch hat die Forschung von Dr. McCraty und dem HeartMath Institute das Interesse an der Herz-Gehirn-Interaktion und ihrer Bedeutung für die psychische und körperliche Gesundheit geweckt und viele Menschen inspiriert, sich mit dem Thema auseinanderzusetzen. Und wenn wir ehrlich sind, zeigen unsere eigenen Erfahrungen, dass die Verbindung zwischen Herz, Gehirn, Empfinden und Gesundheit sehr eng ist.

Nachfolgend möchte ich eine Übersicht der bisherigen Befunde zur **Kohärenz von Herz, Gehirn und Emotionen** bieten. Kohärenz meint dabei **das Gefühl von Stimmigkeit und Klarheit**. Die aufgeführten Punkte zeigen, dass es sich lohnt, mehr darüber zu erfahren und entsprechende Übungen anzuwenden, um sein inneres Gleichwicht und auch die Qualität der zwischenmenschlichen Beziehungen zu fördern. Denn die Basis eines guten Miteinanders ist das Training der eigenen Herz-Gehirn-Kohärenz für ein In-sich-Ruhen, wie mein ehemaliger Chef John Jahr zu sagen pflegte: »In der Ruhe liegt die Kraft.« Es gilt einen ausgeglichenen emotionalen Zustand zu erreichen, da dies die eigene Gesundheit und emotionale Intelligenz fördert und fundierte Entscheidungen ermöglicht.

> **Kohärenz von Herz, Gehirn und Emotionen**
> - Harmonisches Zusammenspiel von Herzrhythmus, Gehirnfunktion und emotionaler Intelligenz
> - Verbesserung der emotionalen Resilienz durch Kohärenz zwischen Herz und Gehirn

- Förderung eines ausgeglichenen emotionalen Zustands
- Achtsamkeitspraktiken zur Förderung von Herz-Gehirn-Kohärenz
- Emotionsregulationsübungen für eine gesunde emotionale Intelligenz
- Techniken zur Steigerung der Herzratenvariabilität für emotionales Wohlbefinden
- Betonung der Verbindung von körperlicher, geistiger und emotionaler Gesundheit
- Steigerung der emotionalen Intelligenz durch bewusstes Training von Herz und Gehirn
- Förderung von innerem Gleichgewicht und zwischenmenschlichen Beziehungen

Einige beispielhafte Übungen dazu folgen als Neuroculturehacks. Sie basieren im Wesentlichen auf **Wertschätzung und Achtsamkeit**, die eigentlich grundlegende Tugenden sind. Es kann jedoch hilfreich sein, zu erkennen, dass diese Tugenden auch einen positiven Einfluss auf die Gesundheit haben können. Sie wirken in erster Linie auf dich und dann auf andere.

Emotionen sind »**Gift**« im doppelten Sinn. Sie sind einerseits ein Geschenk (engl. *gift*) und können auf der körperlichen Ebene viel Positives bewirken und andererseits Gift (der deutschen Wortbedeutung folgend) und können uns auf Dauer schaden. Emotionen spielen eine wichtige Rolle, um uns auf Gefahren aufmerksam zu machen und uns zu sensibilisieren. Sie sollten aber nicht ständig wiederholt werden. Wie oft ärgern wir uns immer wieder über das Gleiche? Hier können Anti-Ärger-Programme helfen, die mit unseren Reaktionen arbeiten und unser Mindset trainieren. Wie würdest du deine mentale Grundstimmung auf einer Skala von 1 bis 10 einordnen? Bist du immer gut drauf oder eher von Natur aus schlecht gelaunt? Wie oft schwankt deine Stimmung zwischen extrem gut und extrem schlecht? Achte auch mental auf deine Gesundheit, sodass Emotionen für dich zum Geschenk und nicht zur Belastung werden.

Neuroculturehack #2: Trainiere dein Herz

- **Blutdruck**
  - Ernährung
  - Bewegung
  - Stressmanagement
- **Puls (Ausdauertraining)**
  - Ausdauertraining
  - Intervalltraining
  - HIIT (Hochintensives Intervalltraining)
- **Herzratenvariabilität (HRV)**
  - Atemtechniken
  - Meditation
  - Stressabbau

Das Herz hat seine Gründe, die der Verstand nicht kennt.
Blaise Pascal

Um sicherzustellen, dass sowohl unser Herz als auch unser Gehirn ihre Funktion erfüllen können, ist es wichtig, sie zu pflegen und stets zu bedenken, dass sie Teil eines Gesamtkörpers sind. Die Art und Weise, wie wir unseren Körper behandeln, hat direkten Einfluss auf die Funktionalität dieser lebenswichtigen Organe, sei es positiv oder negativ. Stress stellt dabei, wie bereits erwähnt, eine der größten Belastungen dar. Eine Erhebung in den USA zeigte auf, dass der jahrzehntelange Spitzenreiter der **Stressorenliste** – nämlich »Zeitmangel« – durch »das Umgehen mit schwierigen Personen« abgelöst wurde.[78] Und weil wir Menschen sozial organisierte Individuen sind, die ständig mit anderen Individuen Kontakt haben, ist es für die Zukunft besonders wichtig, die **Selbstführungskompetenz** zu erhöhen. Insofern sind nachhaltige Verhaltensweisen, zu der die Selbstführung fundamental dazugehört, die besten Stressmanager und damit hochgradig gesund.

Eine weitere Studie des Technion Israel Institute of Technology in Haifa an Mäusen zeigt, wie hochgradig gesund machend positive Emotionen sind. Die **Herzen von Mäusen nach einem Herzinfarkt heilten schneller**, wenn die Hirnregion stimuliert wurde, die für positive Emotionen zuständig ist. Unser Gehirn und unser Immunsystem scheinen viel enger zusammenzuarbeiten, als bisher angenommen wurde.[79]

Die **Verbindung zwischen Gehirn und Herz sowie dem Immunsystem** könnte die Erklärung für ein Phänomen liefern, von dem Ärzte und Forscher immer wieder berichten: Dass psychische Zustände tief greifend beeinflussen, wie krank wir werden – und wie gut wir uns erholen. Wir können also sagen, dass **positive Emotionen und Motivation** eine Reihe von physiologischen Veränderungen im Körper bewirken, darunter eine Verbesserung des Immunsystems und eine Verringerung von Entzündungen. Diese positiven Veränderungen können sich auch auf die Herzgesundheit auswirken, einschließlich der **Geschwindigkeit und Effizienz der Heilung nach Herzverletzungen** oder -erkrankungen.[80] Nachhaltige Verhaltensweisen, die positive Emotionen auslösen, scheinen sehr gut geeignet zu sein, uns glücklich und gesund zu halten. Auch die Glücksforschung bestätigt dies.

2.1.2.1 Herzmagnetismus

Einen weiteren physikalischen Aspekt unseres Herzens möchte ich noch ansprechen, der hochgradig spannend ist: den **Herzmagnetismus**. Unser Herz hat ein 600-mal größeres Magnetfeld als unser Gehirn. Dieses Magnetfeld lässt sich durch die sogenannte Kirlianfotografie darstellen.[81] Der sowjetische Elektrotechnik-Ingenieur Semjon Davidowitsch Kirlian entdeckte 1937 diese Art der Fotografie durch Zufall, als er einen medizinischen Apparat reparieren sollte. Diese besondere Fototechnik ermöglicht es, die feinstofflichen Körper und das Energiefeld (Aura) von Gegenständen und lebenden Wesen abzubilden. Abbildung 9 zeigt eine animierte Variante dieser Kirlianfotografie für das Herz.

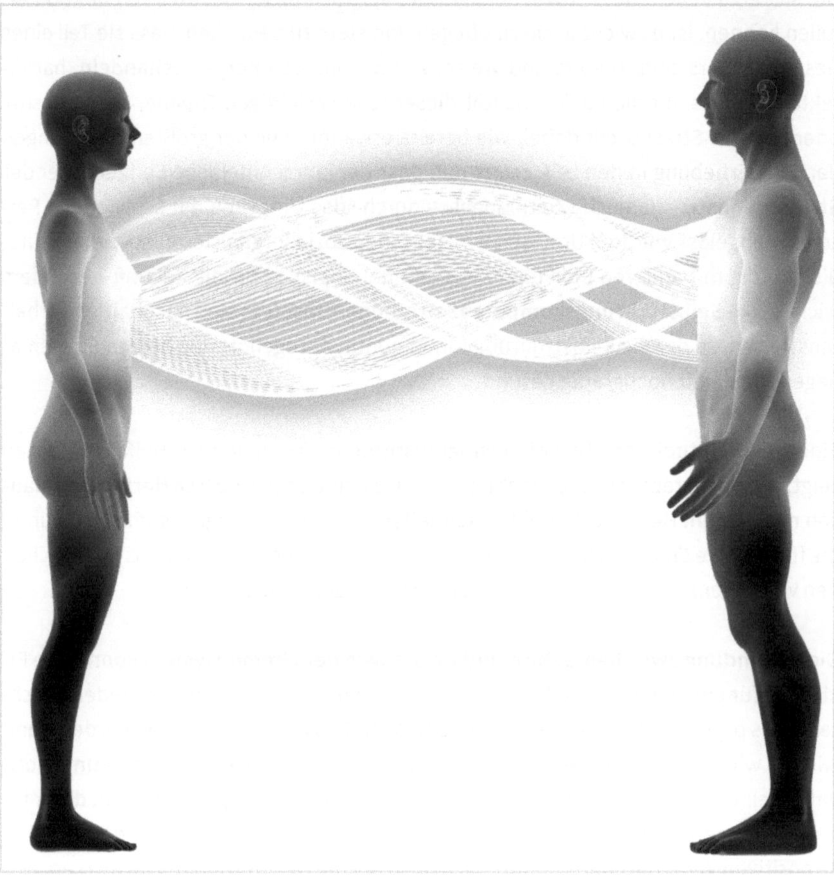

Abb. 9: Herzmagnetismus – Verbindung über elektromagnetische Felder (eigene Darstellung nach Kirlian-Fotografie in Anlehnung an Quelle Minute 3.30: https://youtu.be/5-Vk6ITY5iA?feature=shared)

Der **Magnetismus des Herzens** bezieht sich auf die **elektromagnetischen Felder**, die durch die Aktivität des Herzens erzeugt werden. Das Herz ist nicht nur ein mechanisches Organ, das Blut durch den Körper pumpt, sondern es erzeugt auch elektrische Signale, die durch den Körper ausgestrahlt werden und messbare elektromagnetische Felder erzeugen.

Diese elektromagnetischen Felder sind das Ergebnis der elektrischen Aktivität des Herzens, die während des Herzzyklus auftritt. Während das Herz schlägt, erzeugen die kontrahierenden Muskelzellen elektrische Impulse, die sich durch das Herz ausbreiten und dazu führen, dass das Blut durch den Körper gepumpt wird. Diese elektrischen

Impulse erzeugen nicht nur die mechanische Pumpfunktion des Herzens, sondern auch elektromagnetische Felder, die außerhalb des Körpers messbar sind.

Forscher haben herausgefunden, dass **das elektromagnetische Feld des Herzens weit über den Körper hinausreicht** und von anderen Menschen und sogar von Tieren wahrgenommen werden kann. Vielen ist bestimmt das Phänomen vertraut, seinen eigenen Raum zu spüren und Übertretungen dieser Schwelle als unangenehm zu empfinden – nach dem Motto: »Komm mir nicht zu nah.« Ebenso können Menschen oft spüren, wenn sie beobachtet werden. All dies sind feinstoffliche Phänomene. Darüber hinaus gibt es Hinweise darauf, dass diese elektromagnetischen Felder des Herzens Informationen über den emotionalen Zustand einer Person enthalten können.[82]

Dieser Magnetismus des Herzens hat auch spirituelle und metaphorische Bedeutungen. In vielen Kulturen wird das Herz wie oben schon erwähnt als Sitz der Emotionen und des Mitgefühls betrachtet, und der Begriff »Herz« wird oft verwendet, um auf die tieferen Aspekte des menschlichen Wesens hinzuweisen, wie Liebe, Intuition und spirituelle Verbundenheit.

Insgesamt verdeutlicht der Magnetismus des Herzens die komplexe Verbindung zwischen dem physischen Organ des Herzens, seiner elektrischen Aktivität und den damit verbundenen elektromagnetischen Feldern sowie den tieferen emotionalen und spirituellen Dimensionen des menschlichen Seins.

Es zeigt sich also, dass das harmonische Zusammenspiel zwischen Gehirn und Herz fundamental ist. Es ist die Basis für emotionale Intelligenz. Die gute Nachricht ist: Es lässt sich trainieren! Im Folgenden habe ich euch einige Hirn-Herz-Kohärenz-Techniken zusammengestellt.

Hirn-Herz-Kohärenz: Techniken für Stressabbau und emotionale Balance

Eine harmonische Interaktion zwischen dem Gehirn und dem Herzen kann sich positiv auf die psychische und physische Gesundheit auswirken, denn das Zusammenspiel zwischen Herzrhythmus und emotionalen Zustand wird verbessert. Durch regelmäßiges Üben dieser Techniken kann Stress reduziert und eine emotionale Balance gefördert werden. Hier ein paar Möglichkeiten:

- **Achtsamkeitsmeditation**: Achtsamkeitspraktiken wie Meditation können dazu beitragen, die Verbindung zwischen dem Gehirn und dem Herz zu stärken. Durch die Schulung der Achtsamkeit lernst du, deine Gedanken und Gefühle bewusst wahrzunehmen, was zu einer verbesserten Regulation von Stressreaktionen und einer erhöhten Kohärenz zwischen Herz und Gehirn führen kann.

- **Kognitive Umstrukturierung**: Identifiziere negative Denkmuster und Glaubenssätze, die deine emotionale Regulation beeinträchtigen, und arbeite daran, sie durch positive und unterstützende Gedanken zu ersetzen. Indem du dein Denken veränderst, kannst du die Kommunikation zwischen Gehirn und Herz positiv beeinflussen.
- **Emotionale Umschaltung**: Wenn du dich gestresst oder überwältigt fühlst, versuche bewusst, deine Aufmerksamkeit auf positive Emotionen wie Dankbarkeit, Liebe oder Freude zu lenken. Dies kann helfen, den Herzrhythmus zu harmonisieren und Stress abzubauen.
- **Herz-Kohärenz-Atmung**: Atemübungen, die darauf abzielen, einen harmonischen Herzrhythmus zu fördern. Eine beliebte Methode ist die 3-6-5-Atmung, bei der du für 3 Sekunden einatmest, für 6 Sekunden ausatmest und dies für insgesamt 5 Minuten wiederholst.
- **Positive Visualisierung**: Visualisiere eine Situation, die dich glücklich und entspannt macht, während du dich auf dein Herz konzentrierst. Indem du positive Bilder in deinem Geist erzeugst, kannst du die Kohärenz zwischen Herz und Gehirn fördern.

Zwei weitere Ideen in Verbindung mit unserer emotionalen Balance sollen noch Erwähnung finden. Die eine ist das **LOLA-Prinzip**, das seinem Urheber zufolge unser Leben verändern kann.[83] Die sensationell einfache Formel bringt es auf den Punkt: LO=Loslassen, L=Liebe und A=Aktion/Reaktion. Das LOLA-Prinzip zeigt, wie Ziele mit weniger Zeit und Aufwand erreichen werden können als auf herkömmliche Art. Obwohl es einfach klingt, wenden es nur wenige tatsächlich an. Die zweite Idee ist unser **Natur-Defizit-Syndrom**. Viele von uns verbringen viel zu wenig Zeit in der Natur, dabei kann ein Waldspaziergang wahre Wunder bewirken. Der GEO Kollege Peter Wohlleben hat in seinen Büchern auf das geheime Leben der **Bäume** hingewiesen.[84] Da spielt ebenfalls viel Physik und Chemie eine Rolle genauso wie bei uns Menschen. Daher sollten wir öfter in die Natur gehen, um uns neu zu justieren. So können wir unsere Ausgeglichenheit wiederfinden, die die Basis für emotionale Intelligenz ist, auf die ich im Folgenden noch etwas näher eingehen möchte.

2.1.2.2 Emotionale Intelligenz

Die **Bedeutung der emotionalen Intelligenz** für die **erfolgreiche Umsetzung von Nachhaltigkeitsstrategien** kann nicht genug betont werden. Daniel Golemans Werk »Emotionale Intelligenz« rückt dieses Thema ins Rampenlicht und präsentiert fünf grundlegende Konzepte, die für persönliches Wachstum und Erfolg unerlässlich sind.[85]

Goleman beginnt mit der Betonung der **emotionalen Selbstwahrnehmung** als grundlegendem Baustein. Das **Bewusstsein für die eigenen Gefühle** ermöglicht es, sie besser zu verstehen und angemessen darauf zu reagieren – ein entscheidender Schritt für die Selbstentwicklung.

Ein weiterer Schlüsselaspekt ist die **emotionale Selbstregulierung**. Die Fähigkeit, Emotionen zu kontrollieren und konstruktiv damit umzugehen, ist ein Eckpfeiler der emotionalen Intelligenz. Goleman bietet hier praktische Techniken zur Emotionsregulierung an, die zu effektiverer zwischenmenschlicher Kommunikation und einem besseren Stressmanagement führen können.

Empathie ist ein weiteres zentrales Thema, das Goleman hervorhebt. Die Fähigkeit, die Gefühle anderer Menschen zu erkennen und nachzuempfinden, stärkt die sozialen Beziehungen und verbessert das zwischenmenschliche Verhalten erheblich.

Die Bedeutung **sozialer Fähigkeiten** kann nicht genug betont werden. Effektive Kommunikation, Konfliktlösung und Teamarbeit sind entscheidende Elemente für den Erfolg sowohl im privaten als auch im beruflichen Leben.

Schließlich beleuchtet Goleman die **Rolle der Motivation**. Die emotionale Intelligenz ist eng mit der Fähigkeit verbunden, sich **selbst zu motivieren** und langfristige Ziele zu verfolgen. Eine intrinsische Motivation, so Goleman, ist der Schlüssel zu persönlichem Wachstum und beruflichem Erfolg.

In seinem grundlegenden Buch »Emotionale Intelligenz« unterstreicht Daniel Goleman die Bedeutung dieser fünf Schlüsselkonzepte und wie sie zusammenarbeiten, um Menschen zu befähigen, ihre Emotionen zu verstehen, zu regulieren und erfolgreich in zwischenmenschlichen Beziehungen zu agieren. Führungspersonen müssen ihre emotionale Intelligenz weiterentwickeln, um in einer komplexen Welt erfolgreich navigieren zu können. **Emotionen und Gefühle sind unser inneres Navigationssystem**, sie sichern unser Überleben. Wie oft sagen wir: »Ich habe kein gutes Gefühl dabei.« Oder eben das Gegenteil: »Das fühlt sich gut an.« Deshalb sollten wir den Kontakt zu unseren Gefühlen kultivieren, vor allem weil sie auch eine Sprache unserer Intuition sind. Auf unser Bauchgefühl komme ich im nächsten Kapitel noch.

Funktionen von Gefühlen und drei Tipps

Funktionen von Gefühlen:

1. Gefühle leiten dich, sie sind Wegweiser (z. B. Angst, Freude, Trauer, Liebe, Mut) – oft sprechen wir von Intuition und meinen damit das umfassende »Wissen«, das auf Erfahrung beruht.
2. Gefühle schützen dich (Gavin de Becker, ein Personenschützer in den USA, betont in seinem Buch »The Gift of Fear« die Bedeutung von Gefühlen als Schutzmechanismus. Er erklärt, dass unsere Gefühle uns vor Gefahren warnen und jede Interaktion mit anderen Menschen auch auf einer unterbewussten Ebene stattfindet.)[86]
3. Gefühle zeigen dir dein Talent (was du tust, macht dir Freude – du kommst in den Flow).

Drei Tipps, um deine inneren Signale erfolgreich für dich zu nutzen:
1. Identifiziere deine Gefühle.
2. Erkunde den Sinn des Gefühls.
3. Mache vielfältige Erfahrungen mit den eigenen Gefühlen, um sie besser einschätzen zu können.

Durch das Einüben und Trainieren der emotionalen Intelligenz bauen wir auch **Resilienz**, also geistige Widerstandsfähigkeit auf. Diese wiederum ist ein wichtiger Faktor für unsere Gehirngesundheit. Der Anstieg psychischer Erkrankungen ist ein aktuelles Problem. Der Hauptgrund für Krankschreibungen sind inzwischen psychische Erkrankungen. Insofern kann ich nur noch einmal betonen, wie wichtig das Zusammenspiel von Herz und Gehirn und das Trainieren der emotionalen Intelligenz – also der Umgang mit unseren Gefühlen – ist. Als Pädagogin darf ich noch hinzufügen, wie fundamental ein frühes Heranführen der jungen Generation an dieses Thema ist. Die aktuelle **vorschulische und schulische Bildung** gehört schon lange auf den Reformtisch. Gut, dass zu einer nachhaltigen Entwicklung der Faktor Bildung als Basis dazugehört. Einige meiner früheren Kursteilnehmer und -teilnehmerinnen aus der Nachhaltigkeitsmanagementfortbildung sind nun in diesem Feld tätig und leisten an Schulen vorbildliche Arbeit.

2.1.2.3 Empathie und Mitgefühl

Zu zwei wichtigen Gefühlen möchte ich noch kommen, die ausschlaggebend dafür sind, dass wir auch wirklich ins nachhaltige Handeln kommen. Ich spreche von **Empathie und Mitgefühl.** Empathie und Mitgefühl sind zwei verwandte, aber dennoch unterschiedliche Konzepte im Bereich der zwischenmenschlichen Beziehungen und der emotionalen Intelligenz.

Empathie bezieht sich auf die Fähigkeit, die Gefühle und Perspektiven anderer Menschen zu erkennen, zu verstehen und nachzuempfinden. Es ist die Fähigkeit, sich in die Lage einer anderen Person hineinzuversetzen und deren emotionale Zustände zu erfassen, ohne unbedingt die gleichen Gefühle zu empfinden. Empathie beinhaltet die Fähigkeit, sich in andere hineinzuversetzen, um ihre Emotionen und Perspektiven besser zu verstehen, was zu einem tieferen Verständnis und einer stärkeren Verbindung zwischen den Menschen führen kann.

Mitgefühl hingegen geht einen Schritt weiter. Es bezieht sich nicht nur darauf, die Gefühle anderer zu erkennen und zu verstehen, sondern auch darauf, darauf zu reagieren und eine mitfühlende Haltung einzunehmen. Mitgefühl bedeutet, sich für das Wohl anderer zu interessieren und sich um ihr Wohlergehen zu kümmern. Es beinhaltet die Bereitschaft, anderen in schwierigen Situationen beizustehen und Unterstützung anzubieten, basierend auf einem tiefen Verständnis für ihre Gefühle und Bedürfnisse.

Insgesamt sind **Empathie und Mitgefühl zwei Schlüsselkomponenten für positive zwischenmenschliche Beziehungen und eine effektive Kommunikation.** Sie ermöglichen es den Menschen, sich gegenseitig besser zu verstehen, unterstützende Beziehungen aufzubauen und in schwierigen Zeiten füreinander da zu sein. Sowohl Empathie als auch Mitgefühl sind wichtige Aspekte der emotionalen Intelligenz und können dazu beitragen, eine warme, unterstützende und verständnisvolle soziale Umgebung zu schaffen. Empathie und Mitgefühl sind wichtige Fähigkeiten im Prozess der Nachhaltigkeit – wenn nicht die wichtigsten. **Und auch hier kann man fragen, ob sich das trainieren lässt. Und auch hier ist die Antwort ja.** Hier möchte ich insbesondere auf die Forschungen von Tania Singer hinweisen. Tania Singer ist bekannt für ihre bahnbrechende Arbeit auf dem Gebiet der sozialen Neurowissenschaften, insbesondere in Bezug auf Empathie, Mitgefühl, soziale Interaktion und Meditation. Ihre **Forschung konzentriert sich darauf, wie das menschliche Gehirn soziale und emotionale Prozesse verarbeitet** und wie diese Prozesse unser Verhalten, unsere Gesundheit und unser Wohlbefinden beeinflussen. Sie leitete auch das ReSource-Projekt[87], eine Initiative zur Untersuchung der Auswirkungen sozialer und emotionaler Ressourcen auf das individuelle Wohlbefinden und die zwischenmenschlichen Beziehungen.

Das ReSource-Projekt brachte bedeutende Forschungsergebnisse hervor, die unser Verständnis für die Auswirkungen sozialer und emotionaler Ressourcen auf unser Wohlbefinden revolutionierten.[88]

Durch den Einsatz modernster neurobildgebender Techniken wie fMRT und EEG konnten die Forscher tiefe Einblicke in die neuronalen Grundlagen von Empathie, Mitgefühl und anderen sozialen und emotionalen Prozessen gewinnen. Diese Erkenntnisse ermöglichen es uns, zu verstehen, wie diese Ressourcen in unserem Gehirn verarbeitet werden und wie sie unsere Gesundheit und unser Wohlbefinden beeinflussen.

Die Forschung des ReSource-Projektes konnte zeigen, dass starke soziale Unterstützung, Empathie, Mitgefühl und andere emotionale Ressourcen eng mit einem besseren Stressmanagement, einer erhöhten Resilienz gegenüber psychischen Erkrankungen und einer insgesamt höheren Lebensqualität verbunden sind.

Basierend auf diesen Erkenntnissen wurden **Interventionen und Trainingsprogramme entwickelt, die darauf abzielen, soziale und emotionale Ressourcen** zu stärken und zu fördern. Diese Programme werden bereits in verschiedenen Bereichen wie Bildung, Gesundheitswesen und Arbeitswelt eingesetzt, um das Wohlbefinden und die Lebensqualität der Menschen zu verbessern. Diese Trainingsprogramme sollten im Rahmen von Schulungen für Nachhaltigkeit und vor allem **im Rahmen der Inner Development Goals, auf die ich noch eingehen werde, eingesetzt werden.** Abbildung 10 verdeutlicht die drei Bereiche und die Methoden, die jeweils zum Training angewendet wurden. Das menschliche Sozialverhalten ist, wie man sieht, neurologisch sehr spannend.[89] Und es zeigt sich, wie gut sich vieles trainieren und damit verbessern lässt. Vor allem das **Mitgefühl** ist ein wichtiger Baustein im Rahmen der nachhaltigen Entwicklung. **Dieses Gefühl kann viele Türen öffnen.** Tania Singer hat auch eng mit dem Dalai Lama zusammengearbeitet.[90] Wer sich näher dafür interessiert, dem kann ich folgendes Buch empfehlen: In »Die Macht der Fürsorge: für eine gemeinsame Zukunft. Wissenschaft und Buddhismus im Dialog mit dem Dalai Lama« sind die wichtigsten Dinge zusammengefasst. Spannend sind auch die MRT-Aufnahmen des buddhistischen Mönches Matthieu Ricard.[91] Der Autor des internationalen Bestsellers »Happiness« plädiert leidenschaftlich für Altruismus, für gelebte Nächstenliebe – und warum wir sie jetzt mehr denn je brauchen. Es ist ein neuer Blick auf einen leidenschaftlichen Kampf, der die Welt zu einem besseren Ort machen könnte, indem er gleichzeitig uns selbst und unserer Gesellschaft zugutekommt.

Jeder Mensch muss entscheiden, ob er im Licht des kreativen Altruismus oder in der Dunkelheit destruktiven Egoismus wandeln will.
Martin Luther King

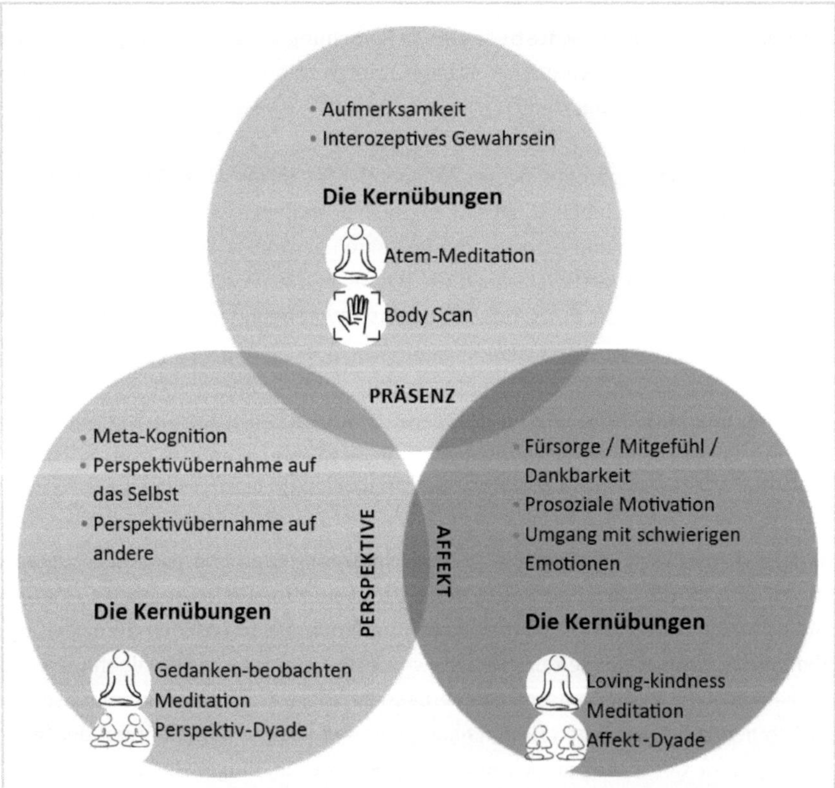

Abb. 10: Das ReSource-Modellprojekt (eigene Darstellung in Anlehnung an Quelle: Das ReSource Projekt – Dr. Tania Singer)

Die Kraft der emotionalen Intelligenz für ganzheitliche Gesundheit und nachhaltige Entwicklung ist nicht zu unterschätzen. Nach allem, was wir bisher wissen, ist diese Kraft die einzig erfolgversprechende Strategie. Nur wenn wir uns selbst ändern und unsere ehrliche Selbsterkenntnis nutzen, können wir uns selbst und dann auch andere führen.[92]

Das Konzept der ganzheitlichen Gesundheit und damit der emotionalen Intelligenz, die die Verbindung von körperlicher, geistiger und emotionaler Gesundheit betont, hat eine große Bedeutung für die Führungspersonen, wenn sie nachhaltige Entwicklung vorantreiben wollen.

Die Studien zeigen, dass die Steigerung der emotionalen Intelligenz durch bewusstes Training von Herz und Gehirn nicht nur dazu beiträgt, ein tieferes inneres Gleichgewicht zu erreichen, sondern auch zwischenmenschliche Beziehungen zu fördern.

Im Zentrum der emotionalen Intelligenz steht die Fähigkeit, sowohl eigene als auch fremde Emotionen wahrzunehmen und zu verstehen. Ebenso wichtig ist die Fähigkeit zur angemessenen Regulierung und zum Ausdruck von Emotionen sowie die Entwicklung von Empathie und sozialer Kompetenz.

Das Gehirn spielt eine entscheidende Rolle bei der Verarbeitung und Interpretation von Emotionen. Es ist in der Lage, emotionale Signale anderer Menschen zu identifizieren und kann Emotionen direkt auf Denkprozesse und Entscheidungsfindung anwenden.

Eine oft übersehene Komponente ist jedoch das Herz, das als emotionales Zentrum fungiert. Es spielt eine entscheidende Rolle bei der Emotionsregulation und setzt Hormone und Neurotransmitter frei, die unsere Emotionen maßgeblich beeinflussen. Zudem besteht eine enge Kommunikation zwischen Herz und Gehirn, die unsere emotionale Verarbeitung und unser Verhalten beeinflusst.

Insgesamt verdeutlicht die Betonung der emotionalen Intelligenz die Bedeutung eines ganzheitlichen Ansatzes für die Gesundheit und damit für die zukünftige nachhaltige Entwicklung. Ein bewusstes Training von Herz und Gehirn kann nicht nur dazu beitragen, unser inneres Gleichgewicht zu stärken, sondern auch dazu, ein erfülltes und gesundes Leben zu führen. Ein so trainierter Mensch ist resilienter und risikofreudiger und wird den Mut finden, die Lösung der Zukunftsaufgaben anzuführen.

2.1.3 Darm – unser Bauchgefühl

Der intuitive Geist ist ein heiliges Geschenk, der rationale Geist ein treuer Diener. Wir haben eine Gesellschaft geschaffen, die den Diener ehrt und das Geschenk vergessen hat.
Albert Einstein

Kommen wir nun zu unserem Darm, unserem **Bauchgehirn** – wo wir unsere Intuition verorten. Oft haben wir nicht das beste Verhältnis zu unserem Darm oder unserem Bauch. Er bläht, ist zu dick oder zu dünn, er macht Geräusche und auch ansonsten nur Probleme bei bestimmten Nahrungsmitteln. Dabei will er eigentlich nur **Lebensmittel**, die ihren Namen auch verdienen, also Nahrungsmittel, die wirklich Mittel zum Leben sind, denn alle aktuellen Studien belegen, dass unsere Nahrung unglaublich wichtig ist, vor allem auch für unser Gehirn. Nicht umsonst spricht man von **Nervennahrung oder Brainfood.**[93] Ist der Darm gesund, ist es auch der Mensch. Wir wissen inzwischen, dass viele Krankheiten – vor allem auch die psychischen wie z. B. Alzheimer oder Parkinson – aller Voraussicht nach im Darm entstehen, und zwar zehn Jahre vor dem Auftreten von Symptomen. Wichtig zur Vorbeugung sind die Beachtung der Ernährungspyramide und vor allem auch hier viel Bewegung.[94] Im Jahr 2010 wurde die **mediterrane Ernährung** von der **UNESCO zum immateriellen Kulturerbe der Menschheit** erklärt. Dies als kleiner Hinweis, in welche Richtung deine Ernährung gehen sollte.[95] Viele Studien haben die Wirksamkeit der **MIND-Diät** (= Mediterranean Intervention for Neurodegenerative Delay) bestätigt. Das Alzheimer-Risiko konnte dadurch um 52% gesenkt werden.[96] Ähnlich ist und wirkt die **DASH** (= Dietary Approaches to Stop Hypertension). Sie ist ein Ernährungsmuster, das vom US-amerikanischen National Heart, Lung, and Blood Institute zur Vorbeugung und Kontrolle von Bluthochdruck gefördert wird.

Nun aber zunächst zu den Fakten unseres Darmrohrs. Der menschliche Darm ist sieben Meter lang und enthält 1,5 kg Bakterien – das sind ca. 100.000 Milliarden Bakterien. Damit enthält der Darm mehr Bakterienzellen, als wir menschliche Zellen besitzen. Die Zusammensetzung der Bakterien ist sehr individuell und die Gesamtheit bezeichnet man als unser Mikrobiom. Im Darm wird 95% des Serotonins, unseres Wohlfühlneurotransmitters, gebildet. Der Darm hat ein eigenes Nervensystem und ist mit dem Gehirn wie das Herz über den Vagusnerv verbunden. Der vagabundierende Gehirnnerv innerviert, wie Abbildung 11 zeigt, Herz, Lunge und den Darm. Der Vagusnerv ist außerdem der Hauptnerv des Parasympathikus. Der Parasympathikus ist ein Teil des autonomen Nervensystems, das auch als der »Ruhen-und-Verdauen«-Zweig bekannt ist. Der Parasympathikus ist der Gegenspieler des Sympathikus, dem anderen Zweig des autonomen Nervensystems, der für die »Kampf-oder-Flucht«-Reaktion verantwortlich ist. Während der Sympathikus den Körper auf Aktivität vorbereitet und Stressreaktionen auslöst, wie etwa erhöhten Herzschlag und gesteigerte Atmung, wirkt der Parasympathikus beruhigend und unterstützt die Funktionen, die der Erholung dienen. Die Hauptaufgaben des Parasympathikus umfassen die Regulation von Körperfunktionen wie Herzfrequenz, Atmung, Verdauung, Stoffwechsel und Ausscheidung. Er sorgt dafür, dass der Körper in einen Zustand der Ruhe und Erholung zurückkehrt, nachdem eine Stressreaktion abgeklungen ist. Oft kommt der Parasympathikus in unserer hektischen Gesellschaft gar nicht mehr zum Zuge. Umso wichtiger ist es, den Vagusnerv zu trainieren. Im Neuroculturehack #3 folgen ein paar Übungen dazu.

Fakten zum Darm

- 7 m lang
- 1,5 kg Bakterien
- Mikrobiom
- Serotonin (95 %)
- Enterisches Nervensystem (ca. 500 Millionen Neuronen)
- Darm-Gehirn-Achse
- Nervus vagus

Die **Bakterienzellen** in unserem Darm sind nicht nur sehr wichtig für die Verdauung, da wir ansonsten manche Dinge gar nicht aufnehmen könnten. Sie sind auch unser **inneres Reporterteam**. Da sie aus ganz anderen Zellen bestehen, können sie natürlich auch andere Informationen als die menschlichen Zellen aufnehmen und – wenn wir denn auf sie »hören« – auch weitergeben.

Eine kleine Geschichte dazu: Ich habe beim Verlag Gruner + Jahr in Hamburg gearbeitet, unter anderem auch bei der Zeitschrift stern, und zwar im Ressort Wissenschaft und Gesundheit, bei dem – thementreu – viel gefeiert wurde, natürlich auch Geburtstage. An einem Nachmittag gab es Erdbeerkuchen, … mh. Ich liebe Erdbeeren – wer nicht? Dieser Kuchen war besonders verlockend – mit einer Fülle von saftigen Erdbeeren und dieser köstlichen Vanillecreme, ganz frisch vom besten Bäcker am Platze. Ein Traum! Aber irgendwie sah ich diesen Kuchen und mein grünes Gehirn sagte »Nein«, ein ganz klares »Nein«. Nicht, weil ich an Kalorien dachte oder so, sondern einfach, weil mein Gefühl mir sagte, dass ich diesen Kuchen nicht essen sollte. Kennst du das? Irgendwie irrational. Nun ja, ich habe auf mein grünes Gehirn gehört und den Kuchen nicht angerührt. Alle anderen haben ihn gegessen, bis auf einen Kollegen mit einer Allergie. Und was passierte am nächsten Tag? Das gesamte Ressort Wissenschaft und Gesundheit war leer – alle krank mit einer Salmonellenvergiftung! Unglaublich, nicht wahr? Und mit Salmonellen ist wirklich nicht zu spaßen. Eine Salmonellenerkrankung ist ansteckend, muss gemeldet werden und dauert. Da war ich froh, dass ich auf mein grünes Gehirn gehört habe.

Die Botschaft ist klar und deutlich: Auf den Bauch hören und nie gegen ihn entscheiden. Aber ganz ehrlich, wie oft ignorieren wir ihn? Es ist ja nicht erklärbar, nicht rational, reine Intuition.

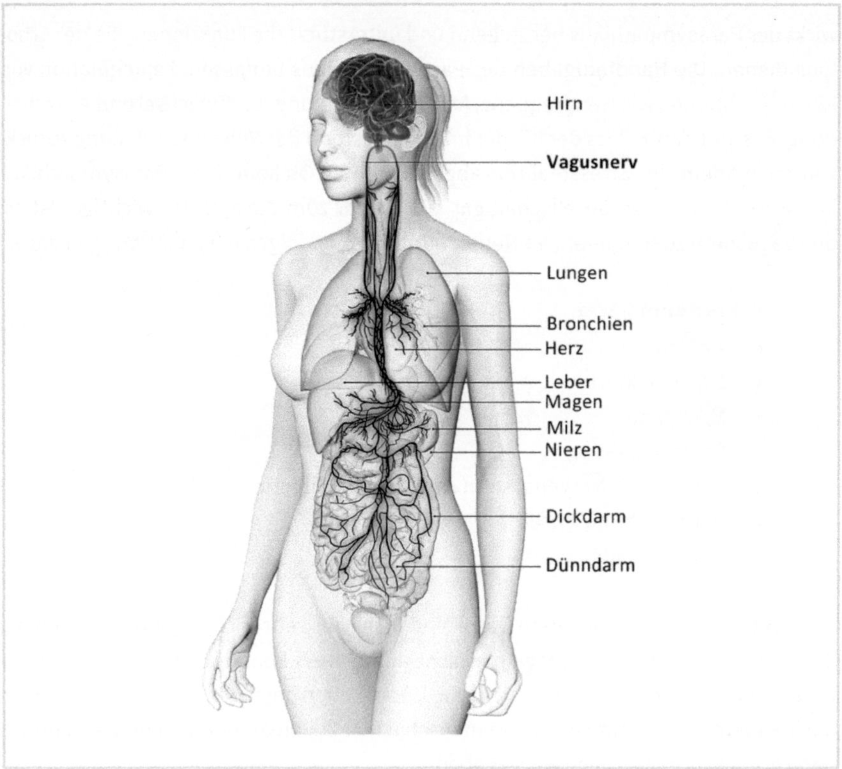

Abb. 11: Der Vagusnerv – Verbindungsachse Gehirn, Herz und Darm (eigene Darstellung unter Verwendung von Shutterstock-Bild 2216537757)

> **Neuroculturehack #3**
>
> **Wie lässt sich der Vagusnerv trainieren?**
>
> 1. Nichtstun
> 2. Ruhe (in der Natur)
> 3. Bauchatmung
> 4. Ohrmassagen
> 5. Zungenstretching (so wie Albert Einstein)
> 6. Schocker, z. B. durch Kälte

Womit wir bei der leisen inneren Stimme der Intuition wären. Was ist das überhaupt? Hier die Definition des US-amerikanischen Psychiaters Eric Berne: »**Intuition ist Wissen, das auf Erfahrung beruht und durch direkten Kontakt mit dem Wahrgenommenen erworben wird, ohne dass der intuitiv Wahrnehmende sich oder anderen genau erklären kann, wie er zu der Schlussfolgerung gekommen ist.**« Langjährige Erfahrung mündet oft in intuitives Handeln. Gerade bei der Entscheidungsfindung ist die Intuition sehr hilfreich. Man kann natürlich die Benjamin-Franklin-Methode anwenden und eine Pro-und-Contra-Liste aufstellen und dann entscheiden. Aber selbst die

Verfechter dieser Methode geben zu, dass sie am Ende doch nach ihrem Bauchgefühl entscheiden – vor allem bei wirklich elementar wichtigen Dingen.

Auch ist nicht zu leugnen, dass die Empfindung der meisten Menschen richtiger ist als ihr Räsonnement. Erst mit der Reflexion fängt der Irrtum an.
Schiller an Goethe, 30.07.1799

Wenn ich eine Entscheidung von nicht allzu großer Bedeutung fällen musste, habe ich es immer vorteilhaft gefunden, alles Für und Wider abzuwägen. In lebenswichtigen Dingen jedoch, wie etwa die Wahl eines Partners oder eines Berufes, sollte die Entscheidung aus dem Unbewussten kommen. Irgendwo aus unserem Innern.
Sigmund Freud

Eine Geschichte aus den 1980er-Jahren rund um das Getty-Museum in Los Angeles zeigt dies eindrücklich.[97] Es sollte eine griechische Statue erworben werden, der Torso eines Jünglings wurde angeboten. Es handelte sich um eine sehr seltene Statue. Der Händler verlangte den nicht ganz unerheblichen Preis von 10 Millionen Dollar.

Klar, dass die Leute vom Getty-Museum alles in Bewegung setzten, um die Echtheit zu prüfen. Über ein Jahr rückten sie der antiken Plastik mit Hightech-Geräten auf den Marmorleib: Elektronenmikroskop, Massenspektrografie, Röntgendiffusions- und Röntgenfluoreszenzuntersuchungen. Der eindeutige Befund: Das Kunstwerk war echt. Die Oberfläche der Statue war mit einer feinen Kalzitschicht überzogen, und das war in den Augen der Experten besonders wichtig, denn Marmor verwandelt sich erst im Laufe von Jahrhunderten in Kalzit. Also her mit dem Jüngling.

Dann kurz vor Abschluss des Kaufvertrages warf der ehemalige Leiter des Metropolitan Museums in New York einen Blick auf die Figur und das Erste, was ihm dabei in den Sinn kam, war das Wort frisch, nicht gerade das Erste, was einem beim Anblick einer zweieinhalbtausend Jahre alten Statue einfallen sollte.

Andere Experten meldeten nun ebenfalls spontan Zweifel an (sie trauten sich nun). Den Leiter der archäologischen Gesellschaft in Athen überfiel, als er die Statue sah, »ein Frösteln im ganzen Körper« und das Gefühl, die Statue und ihn würden eine unsichtbare Wand trennen.

Und tatsächlich: Weitere Nachforschungen ergaben, dass die Statue aus einer Fälscherwerkstatt in Rom stammte. Ein Geologe entdeckte, dass sich der Alterungsprozess von Marmor mithilfe eines Kartoffelschimmels kräftig beschleunigen lässt – so viel zur hochauthentischen Kalzitschicht. Die monatelangen Analysen der Wissenschaftler erwiesen sich als völlig wertlos.

Richtig hingegen lag eine Handvoll Kunstkenner, die in Sekundenschnelle zu einem treffsicheren Urteil gekommen waren. Und womit? Mit ihrem Gespür, ihrem Bauchgefühl, ihrer Intuition.

Dies zeigt zweierlei: a) Intuition wird durch Wissen und Erfahrung aufgebaut und ist somit ebenfalls trainierbar. b) Intuition spricht kein Deutsch, sie äußert sich mithilfe anderer Kommunikationsformen. Meist ist sie sehr leise, weshalb wir sie oft überhören. Wir müssen lernen, diese besondere Sprache wahrzunehmen und zu verstehen. In der Psychologie wird deshalb meist mit Bildern oder auch inneren Spaziergängen gearbeitet.

Intuition ist die Nase für das Mögliche

Sie kann:

- uns eine plötzliche Erkenntnis verschaffen,
- uns zur Einsicht bringen,
- uns eine Interpretation einer Sache oder Situation liefern oder uns sogar Vorahnungen geben.

Wir finden intuitiv kreative Problemlösungen, erfassen Situationen intuitiv und handeln unbewusst entsprechend.

Wir können also feststellen, dass auch unser Darmgehirn und seine Fähigkeiten in die beiden bisher besprochenen Gehirnsysteme integriert werden können. Die Kunst besteht nun darin, unser **Gehirn-Team richtig zu managen**.

- Du kannst bestimmen.
- Was da funkt und perlt.
- Werde zum Chefchemiker!
- Software kreiert Hardware.

In diesem Sinne nun zum Abschluss die beiden versprochenen osteopathischen Methoden für den Vagusnerv.

Zwei osteophatische Methoden

Ein Nerv für die Seele nennt die Potsdamer Traumatherapeutin und Osteopathin Sandra Hintringer den Vagusnerv. Sie bezeichnet ihn in ihrem Buch als inneren Therapeuten, den man mit verschiedenen Übungen aktivieren kann.[98] Zwei ihrer Methoden möchte ich kurz weitergeben, da sie schnell und spontan helfen.

Die erste ist der **Kopfschnurrer**, die Massage des Kopfwenders (oder auch Kopfnickers genannt). Damit geben wir dem Nervus vagus mehr Platz und Beweglichkeit.

Wir hatten gesehen, dass der Vagusnerv das Gehirn rechts und links am Hals entlang verlässt und von dort in den Körper vagabundiert. Nun ist genau diese Halsregion oft sehr angespannt insbesondere bei der Arbeit am Laptop. Neben der Nackenmuskulatur sind deshalb insbesondere die beiden Kopfwendemuskel oft verspannt und lassen dem Vagusnerv deshalb kaum Raum. Für Gelegenheitslateiner wie mich: Dieser Muskel heißt *Musculus sternocleidomastoideus*, was so viel bedeutet wie der *Muskel zwischen Brustbein, Schlüsselbein und der Schädelbasis*. Denn diese Muskeln entspringen jeweils am Schlüsselbein und verlaufen seitlich am Hals nach hinten oben Richtung Schädel. Der breite Ansatz dieses Muskels sitzt knapp hintern den Ohren und überdeckt dort jeweils die Nervenaustrittsstelle (*Foramen jugulare*), also das »Loch« für den Vagusnerv. Wenn wir den Ansatz des Kopfwendemuskels sanft massieren, geben wir dem Vagus mehr Beweglichkeit und Raum, was eine Vorbedingung dafür ist, dass er besser funktioniert.

Die Übung ist sehr einfach und kann im Liegen, Sitzen oder Stehen durchgeführt werden: Legt als Erstes die Zeige-, Mittel- und Ringfinder beider Hände sanft unter und hinter die Ohren. Wenn ihr den Kopf hin- und herdreht, spürt ihr unter den Fingerspitzen den kräftigen Muskelstrang des Kopfwenders. Nun könnt ihr mit den Fingerspitzen beider Hände langsam und wohlig kreisen. Einfache weiche und knetende Bewegungen. Löst auch die Zahnreihen voneinander, denn meist stellt sich relativ schnell ein Gähnen ein. Dies ist ein deutliches Zeichen, dass sich das Nervensystem zu regulieren beginnt.

Als Zweites könnt ihr den Muskel ausstreichen. Dazu setzt ihr sanft mit den Fingerkuppen von hinten am Muskel an und könnt dann nach vorn über den Muskel streichen. Am besten beginnt ihr am Ohr und streicht seitlich am Hals langsam aus, bis die Fingerspitzen die Schlüsselbeine erreichen. Dabei könnt ihr die Fingerspitzen auseinanderdriften lassen. Wenn ihr noch etwas tiefer geht, könnt ihr auch die vorderen Halsfaszien mit ausstreichen. Bleibt dabei mit eurem Atem in Verbindung und übt nur so viel Druck aus, wie es für euch angenehm ist. Dreht auch gerne den Kopf. Natürlich könnt ihr, wenn es gut tut und angenehm ist, auch schnurren wie eine Katze, denn Katzen mögen das Streicheln und Massieren in der Region besonders gern und wer eine Katze hat, weiß, sie beginnen, wohlig zu schnurren. Diese Übung ist übrigens schon nach ein bis drei Wiederholungen sehr wohltuend und entspannend.

Die zweite Methode, die ich erwähnen möchte, ist der **Luftkaugummi**, mit dem die Kiefergelenke gelockert werden, denn ganz typisch für ein Zuviel an Anspannung oder gar kämpferischer Grundhaltung ist das Aufeinanderbeißen von Ober- und Unterkiefer. Dieser Biss wird vom stärksten Muskel unseres Körpers, dem Kaumuskel Musculus masseter ermöglicht. Er wird immer dann aktiv, wenn wir uns gegen den imaginären Säbelzahntiger wehren wollen. »Zähne zusammenbeißen und durch!« – da wir heute nicht mehr, wie ursprünglich von der Natur geplant, wirklich zubeißen und damit die Kraft kanalisieren, verbleibt die Spannung im Körper, insbesondere in den Kiefermuskeln. Vielen Menschen ist gar nicht bewusst, wie lange und wie stark sie ihre Zähne aufeinanderbeißen – meist auch im Schlaf. Gehörst du auch zur Gruppe der Beißschienentragenden? Dann ist diese Übung genau richtig für dich:

Die Übung kannst du in allen Positionen und auch im Gehen ausführen. Spüre zunächst nach, ob du deine Zahnreihen aufeinanderpresst oder sich die Muskulatur rund um die Kiefergelenke entspannt anfühlt. Schon dies kann eine Herausforderung sein, da wir oft gar nichts spüren. Verstärke nun ein wenig die Spannung. Beiße die Zähne leicht aufeinander und atme dabei langsam ein. Löse mit dem Ausatmen die Spannung und lasse den Unterkiefer nach unten sinken. Das kannst du fünf Mal wiederholen. Dann stellst du dir vor, du hättest den letzten Schrei aus dem (Öko-)Supermarkt mitgebracht: einen Luftkaugummi der Sorte »Relax« mit wertvollen Vitaminen und Kräutern, ein Supergum. Beginne nun ganz genüsslich den wertvollen Luftkaugummi zu kauen. Ober- und Unterkiefer bleiben während der ganzen Zeit des imaginären Kauens auf Abstand! Wie es dir beliebt, kannst du die Lippen geöffnet oder geschlossen halten. Es geht vor allem um eine sehr sanfte dreidimensionale Kaubewegung. Variiere zwischen kleinen und größeren Bewegungen. Beobachte, ob der Unterkiefer immer die gleichen Bewegungsbahnen nimmt, und versuche, möglichst alle Bewegungsspielarten zu erkunden. Du kannst den Unterkiefer zu beiden Seiten, nach oben und nach unten und auch nach hinten und vorne bewegen. Wenn du gähnen musst, ist das ein gutes Zeichen der Entspannung. Wiederhole die Übung ein- bis dreimal je 30 bis 60 Sekunden. Wirkt wunderbar!

Du kannst die körperliche Übung auch mit einer mentalen koppeln. Du kannst während deiner sanften Luftkaubewegungen deine Gedanken zu all jenen Dingen hinwandern lassen, die in der letzten Zeit schwer verdaulich waren. Das sind mit hoher Wahrscheinlichkeit die Dinge, die deine Kaumuskeln in Anspannung verharren lassen. Das kann alles Mögliche sein: Menschen, über die du dich geärgert hast, Nachrichten, die dich belasten. Durchkaue das, was hochkommt, noch einmal gründlich und spucke es dann wie einen alten Kaugummi aus. Weg mit allem, was deiner körperlichen und psychischen Gesundheit im Wege steht. Und dabei immer gut und ruhig ein- und ausatmen.

Eine meiner Podcastfolgen gibt weitere Informationen zur Intuition.

Hörtipp: Podcast MAGIC BRAIN KICKS #111 – Intuition

2.1.4 Die vergessene Kunst des Atmens

Unser Körper ist unser Garten, und unser Wille der Gärtner.
William Shakespeare

Mein Geist dürstet nach Taten mein Atem nach Freiheit.
Friedrich Schiller

Da der Atem neben den Gefühlen eine Brücke zwischen unseren Gehirnsystemen bildet, die oft übersehen wird, möchte ich diesem Lebenselixier ein separates Unterkapitel widmen. Unser Gehirn ist besonders auf eine konstante Sauerstoffzufuhr angewiesen, und obwohl das Atmen automatisch geschieht, ist die Beherrschung der richtigen Atemtechnik von großer Bedeutung.

Wir haben bereits gesehen, dass die menschliche Nase sehr unterschätzt wird. Immerhin ist der Riechkolben eine von zwei Stellen im Gehirn, an der neue Nervenzellen gebildet werden. Und durch die Nase atmen wir bzw. sollten wir atmen, wie die Wissenschaft über diese verlorene Kunst ermittelt hat. Die Alternative, über den Mund zu atmen, ist längst nicht so wirkungsvoll und aussagekräftig und am Ende auch nicht gut für unsere Gesundheit. Die Nase ist wichtig, weil sie die Luft reinigt, aufwärmt und anfeuchtet, sodass sie leichter aufgenommen wird. Wir Menschen sind die schlechtesten Atmer im Tierreich. Obwohl wir kontinuierlich atmen, nutzen wir den damit verbundenen Sinn und das Potenzial dieser lebenswichtigen Funktion nicht voll aus. Wir wissen nicht wirklich, was die Nase alles kann. Sie macht die Verdauung leichter, löst Hormone aus und riecht Emotionen. Die Nase reguliert unter anderem auch den Blutdruck und reagiert auf hormonelle Änderungen wie zum Beispiel auf den Menstruationszyklus der Frau.

»Der Geruchssinn ist der älteste Sinn aller Lebewesen. Als ich mit geblähten Nasenlöchern hier stehe, wird mir klar, wie viel mehr Atmen bedeutet, als bloß Luft in die Lungen zu pumpen. **Der Atem ist die intimste Verbindung mit der Umgebung, die wir haben.**«[99] In seinem Buch »Breath: Atem – Neues Wissen über die vergessene Kunst des Atmens« nimmt uns James Nestor mit auf eine faszinierende Reise durch die vergessene Welt des Atmens und zeigt auf, warum diese lebensnotwendige Funktion für unsere Gesundheit und unser Wohlbefinden von entscheidender Bedeutung ist.[100] Zehn Jahre hat der amerikanische Journalist akribische Nachforschungen betrieben, Experteninterviews auf der ganzen Welt geführt, verschiedene Atemtechniken und die Auswirkung von Atembeschwerden am eigenen Körper getestet. Er bringt uns das Wissen von Schwimmtrainern ebenso nahe wie das von indischen Mystikern und strengen russischen Kardiologen, um zu zeigen, was die Atmung in unserem Körper auslösen kann.

Sauerstoff ist für unser Gehirn lebensnotwendig und je besser wir atmen, umso besser können wir denken. Außerdem hat Atmen eine wohltuende und beruhigende Wirkung auf unseren Körper. Der Parasympathikus mit seinem Hauptnerv, dem Nervus vagus, reagiert sofort auf bewusste tiefe Atemzüge. Bei Stress ist eine effektive Atmung sofort wirksam, wenn wir sie richtig einsetzen.

Deshalb muss erneut betont werden, dass die **vergessene Kunst des Atmens** wieder bewusst erlernt werden sollte. Im Weiteren fasse ich einige Schlüsselerkenntnisse aus Nestors Buch zusammen, die als Basis für ein verbessertes körperliches Wohlbefinden nicht vernachlässigt werden sollten:

Nestor unterstreicht, wie viele Menschen in der modernen Gesellschaft dazu neigen, flach und schnell zu atmen, was zu einer Vielzahl von Gesundheitsproblemen führen kann. Negative Auswirkungen von falscher Atmung können Schlafprobleme, mangelnde Sauerstoffaufnahme und das Potenzial für chronische Krankheiten sein.

Bewusstes Atmen kann eine **transformative Wirkung** auf die Gesundheit haben. Richtiges Atmen hilft nicht nur, Sauerstoff aufzunehmen, sondern auch, Kohlendioxid (CO_2) abzugeben. Ein ausgewogenes Verhältnis von Sauerstoff zu CO_2 ist entscheidend für die Regulation des pH-Werts des Blutes. Ein angemessener CO_2-Spiegel fördert die Entspannung der Blutgefäße, verbessert die Durchblutung und unterstützt den Transport von Sauerstoff zu den Zellen.

Atmung kann unsere **Leistung nicht nur im Sport steigern**. Atmung wird beim Yoga, in der Meditation und in anderen Disziplinen bewusst eingesetzt. Nestor erforscht verschiedene Atemtechniken und -übungen, die dazu beitragen können, die Atmung zu optimieren und damit die Teamarbeit von Gehirn und Lunge zu optimieren, denn wir hatten ja gesehen, dass der Vagusnerv neben Herz und Darm auch die Lunge innerviert.

ATEMÜBUNGEN

Es gibt verschiedene Übungen, die dazu dienen können, die Atmung zu vertiefen, zu entspannen und das allgemeine Wohlbefinden zu fördern. Hier sind einige Beispiele:

1. **Tiefe Bauchatmung (Diaphragmatische Atmung):**
   - Setze dich bequem hin oder liege flach auf dem Rücken.

- Platziere eine Hand auf deinen Bauch und die andere auf deine Brust.
- Atme langsam und tief durch die Nase ein, sodass sich dein Bauch hebt (nicht die Brust).
- Atme langsam durch den Mund aus, während sich der Bauch wieder senkt.
- Wiederhole dies für mehrere Atemzüge.

2. **4-7-8-Atemtechnik:**
   - Atme durch die Nase ein und zähle innerlich bis 4.
   - Halte den Atem an und zähle bis 7.
   - Atme durch den Mund aus und zähle bis 8.
   - Wiederhole diese Abfolge mehrmals.
3. **Nasenatmung (Nadi Shodhana):**
   - Setze dich bequem hin und schließe sanft das rechte Nasenloch mit dem Daumen.
   - Atme durch das linke Nasenloch ein.
   - Schließe das linke Nasenloch mit dem Ringfinger und öffne gleichzeitig das rechte Nasenloch.
   - Atme durch das rechte Nasenloch aus.
   - Wiederhole dies, indem du die Seiten abwechselst.
4. **Atemfokus-Meditation:**
   - Setze oder lege dich bequem hin und konzentriere dich auf deinen Atem.
   - Atme natürlich ein und aus, während du deine Aufmerksamkeit auf den Atemfluss richtest.
   - Wenn deine Gedanken abschweifen, bringe sanft deine Aufmerksamkeit zurück zur Atmung.

Probiert diese Übungen gerne aus. Es ist wichtig, zu beachten, dass diese Atemübungen individuell wirken können, deshalb wählt bitte diejenigen aus, die am besten zu euren Bedürfnissen passen.

Im Buch der Freude[101] vom **Dalai Lama** und **Desmond Tutu** werden ebenfalls verschiedene Atemübungen beschrieben. Eine ist mir besonders in Erinnerung geblieben, da sie Emotionen und Mitgefühl mit Atmen transformiert. Es ist die buddhistische **Tonglen-Übung**. Diese Übung unterstützt uns dabei, präsent zu bleiben, wenn andere Menschen leiden, mit einem Missgeschick konfrontiert sind oder krank sind. Wir können Tonglen auch nutzen, um unser eigenes Leiden zu reduzieren, indem wir uns von unserer Selbstbezogenheit befreien und unsere Aufmerksamkeit auf andere konzentrieren. Der Name »Tonglen« stammt aus dem Tibetischen, wobei *Tong* für »geben« und *Len* für »nehmen« steht. Diese **Übung wird oft als eine kraftvolle Methode betrachtet, um Mitgefühl zu kultivieren** und die Trennung zwischen dem Selbst und dem Anderen zu überwinden. Sie konzentriert sich auf das Atmen von Leid und das Senden von Liebe und Mitgefühl.

Tonglen-Übung des Dalai Lama

Dies sind die grundlegenden Schritte der tibetischen Meditationspraxis:

1. Setze dich in eine bequeme Position, schließe die Augen und atme einige Male tief durch. Beruhige deinen Geist und werde gegenwärtig.
2. Atme das Leid ein, nicht nur dein eigenes, sondern auch das Leid anderer. Stelle es dir vor, wie es in Form von Dunkelheit oder schwerem Rauch zu dir kommt. Die Idee ist, das Leid nicht zu meiden, sondern es bewusst anzunehmen.
3. In der nächsten Atembewegung wandelst du das Leid in Licht, Liebe und Mitgefühl um. Stell dir vor, dass der Schmerz sich auflöst, wenn er mit der Wärme und dem hellen Licht deines mitfühlenden Herzens in Berührung kommt. Visualisiere dieses heilende Licht und die Liebe, die du nun ausatmest. Du sendest es nicht nur an dich selbst, sondern auch an all jene, die Leid erfahren.
4. Setze diese Atembewegungen fort, indem du Leid einatmest und Liebe ausatmest. Du kannst den Fokus auf dich selbst oder auf bestimmte Menschen richten, die in Schwierigkeiten sind, oder das Mitgefühl global ausdehnen, um all jene einzubeziehen, die Leid erfahren.
5. In fortgeschrittenen Praktiken wird Tonglen auf eine universelle Ebene erweitert. Du atmest nicht nur individuelles Leid ein, sondern auch das allgemeine Leid der Welt. Dein Mitgefühl wird zu einem Beitrag für das kollektive Wohlbefinden.

»Tonglen erlaubt uns, Oasen des Friedens und der Heilung zu werden. Der Dalai Lama transformierte mit dieser Übung nicht nur das Leid der Tibeter, die im Jahr 2008 bei den Demonstrationen verletzt wurden, sondern auch die Wut und den Hass auf die chinesischen Soldaten, die gegen die Demonstranten vorgingen. Unabhängig, ob seine Übungen den Akteuren in Tibet halfen, verwandelten sie, wie der Dalai Lama berichtete, seine Beziehungen zu dem dortigen Leiden und ermöglichten es ihm, effektiver darauf zu reagieren.«[102]

2.1.5 Die Macht der Düfte – wie Gerüche das Gehirn beeinflussen

Nichts weckt die Erinnerung so wie der Duft.
Victor Hugo

Neben dem Atem ist auch die Wirkung von Düften in Vergessenheit geraten. Dabei ist ihre Wirkung unglaublich mächtig. **Gerüche sind nicht nur flüchtige Eindrücke, sondern haben eine bemerkenswerte Wirkung auf das menschliche Gehirn.** Ihr Einfluss reicht weit über die einfache Wahrnehmung hinaus und kann eine Vielzahl von psychologischen und physiologischen Reaktionen auslösen. Wir können sie bewusst sehr gut einsetzen, um beispielsweise unsere Konzentration und Aufmerksamkeit zu fördern. Nicht von ungefähr werden Düfte und Öle in allen Religionen eingesetzt.

Der **Geruchssinn ist einzigartig**, da er den **direkten Weg zum limbischen System** findet, dem Teil des Gehirns, der für Emotionen, Erinnerungen und Motivation verantwortlich ist. Dies erklärt, warum **bestimmte Düfte sofort starke emotionale Reaktionen** hervorrufen können. Ein Hauch von Lavendel kann Entspannung fördern, während der Duft von frisch gebackenem Brot Kindheitserinnerungen wecken kann. Darüber hinaus können Gerüche die **Amygdala** stimulieren, einen Kernbereich des limbischen Systems, der eine Schlüsselrolle bei der Verarbeitung von Emotionen spielt. Dies führt oft zu unmittelbaren Reaktionen wie Angst oder Freude.

Ein weiterer faszinierender Aspekt ist die enge Verbindung zwischen Gerüchen und Erinnerungen. Der Geruchssinn ist stark mit dem **Gedächtnis** verbunden, wodurch bestimmte Düfte starke Erinnerungen und Assoziationen hervorrufen können. So kann der Geruch von Sommerregen oder frisch gemähtem Gras längst vergessene Momente wieder zum Leben erwecken.

Nicht nur auf psychologischer, sondern auch auf physiologischer Ebene haben Gerüche eine Wirkung. Sie können die Freisetzung von Hormonen beeinflussen, die wiederum verschiedene körperliche Reaktionen auslösen. So können beruhigende Düfte wie Lavendel die Produktion von Serotonin fördern, während erfrischende Düfte wie Zitrone die Freisetzung von Adrenalin stimulieren können.

Insgesamt zeigen die Forschungen, dass Gerüche eine erstaunliche Macht haben, das menschliche Gehirn zu beeinflussen. Ihre Fähigkeit, Emotionen zu wecken, Erinnerungen zu aktivieren und sogar physiologische Reaktionen auszulösen, macht sie zu einem faszinierenden Bereich der neurowissenschaftlichen Forschung und zu einem wichtigen Element in unserem täglichen Leben.

Da es sich bei den Düften und Gerüchen in der Regel um natürliche Düfte, wie beispielsweise **Zitrone, Pfefferminz oder Rosmarin** handelt, bietet sich es an, diese auch **bei nachhaltigen Themen einzusetzen**. Es **zeigt sich daran besonders gut, wie Natur wirkt**. Es ist ein wirklich **fundamentaler Hack**, den jeder für sich einsetzen kann. Ein Tropfen **Rosmarinöl** auf dem Handrücken wirkt wahre **Wunder**, um unser Gedächtnis zu stärken. Das Lernen wird hervorragend unterstützt. Pfefferminz- und Zitronenöl erhöhen die Konzentrationsfähigkeit.

Ich war selbst überrascht, als bei einem Seminar Weihrauchöl zum Einsatz kam, das ich ehrlicherweise nur aus der Kirche kannte. Dort wird ja mit Vorliebe Weihrauch geschwenkt. Als Heilpflanze besitzt **Weihrauch** vor allem im Orient eine jahrtausendelange Tradition, wo auch die Boswellia-Bäume wachsen, aus denen das Öl und das Harz gewonnen werden. Weihrauch wirkt entzündungshemmend, antibakteriell und stimmungsaufhellend. Im Rahmen meiner Vorlesungen wurde im Seminar pädagogische Psychologie die höchst spannenden Wirkungen der Aromatherapie vorgestellt. Öle, Heilbäder und Salben mit natürlichen Ölen sind hochwirksam für Körper, Geist und Seele. Sie sind ziemliche gute, sehr schnelle Hacks, um uns in andere emotionale Verfassungen zu bringen. Auch für die Gestaltung von Räumen, die optimale Arbeitsbedingungen bieten sollen, ist neben Pflanzen auch der **Raumduft** entscheidend. Oft vergessen wir gerade diese wichtigen Faktoren. Wie duftet eigentlich Nachhaltigkeit?

Biohack: Düfte fürs Gehirn

Düfte, die sich positiv auf das Gehirn auswirken können.

Lavendel: Lavendelduft wird oft mit Entspannung und Stressabbau in Verbindung gebracht. Studien haben gezeigt, dass Lavendelöl beruhigende Eigenschaften hat und die Schlafqualität verbessern kann.

Zitrone: Der frische Duft von Zitrone kann die Stimmung heben und Energie spenden. Es wird angenommen, dass Zitrusdüfte die Aufmerksamkeit steigern und die Konzentration verbessern können.

Rosmarin: Rosmarinduft wird oft mit kognitiven Vorteilen in Verbindung gebracht. Es gibt Hinweise darauf, dass Rosmarinduft die mentale Klarheit und die Gedächtnisleistung verbessern kann.

Pfefferminze: Der erfrischende Duft von Pfefferminze kann die Wachsamkeit steigern und die geistige Schärfe fördern. Es kann auch dazu beitragen, Kopfschmerzen zu lindern und die Atemwege zu öffnen.

Eukalyptus: Eukalyptusduft wird oft zur Linderung von Atemwegsproblemen verwendet. Er kann auch erfrischend sein und die Konzentration fördern.

Vanille: Vanilleduft wird häufig mit Wärme, Komfort und Entspannung in Verbindung gebracht. Es kann beruhigend wirken und Stress reduzieren.

Da wir individuelle Gehirne mit einem einzigartigen Neuromuster haben, ist auch die Wirkung von Düften auf das Gehirn individuell und kann von verschiedenen Faktoren wie persönlichen Vorlieben und Erfahrungen abhängen. Dieser Priming-Effekt, auf den ich im Kapitel 4 näher eingehe, ist gerade bei Gerüchen sehr stark. Es ist daher ratsam, verschiedene Düfte auszuprobieren, um herauszufinden, welche am besten funktionieren.

2.2 Wie unser Gehirn auf Nachhaltigkeit reagiert und wie das unser Verhalten beeinflusst

Neben den natürlichen Gehirnblockaden für Veränderungen, den beiden konkurrierenden Systemen in uns und den kognitiven Verzerrungen, die ich in den Kapiteln 2.1.1.1, 2.1.1.2 und 2.1.1.3 beschrieben habe, gibt es weitere Reaktionen unseres Gehirns auf das Thema Nachhaltigkeit. Diese Reaktionen sind oft nicht positiv, da sie nicht unbedingt zu tatsächlichen Verhaltensänderungen führen, obwohl wir mittlerweile wissen, dass dies unerlässlich ist. Das Hauptproblem liegt darin, dass Nachhaltigkeit von uns verlangt, unser Verhalten zu ändern, und wir bisher nur die damit verbundenen Einschränkungen und Unannehmlichkeiten sehen, ohne den erkennbaren Nutzen in der Zukunft. Unser Herz empfindet noch nicht wirklich Liebe für dieses Thema, und unser Bauchgehirn ist ebenfalls noch nicht von der Schmackhaftigkeit überzeugt.

Wir haben gesehen, wie wichtig es ist, unser gesamtes Nervensystem anzusprechen, vor allem auch die unbewussten emotionalen Anteile. Dazu kommt eine Entfremdung von der Natur, sodass wir natürlich auch unsere Intuition wieder trainieren dürfen. Hier deshalb noch ein paar weitere Punkte, wie unser Gehirn auf die aktuelle Darstellung von Nachhaltigkeit reagiert und wie das unser Verhalten beeinflusst:

Selektive Wahrnehmung: Unser Gehirn filtert enorm und nimmt das auf, was zu unseren bisherigen Mustern passt. Es gleicht fortlaufend alle Umweltreize mit unseren bisherigen Erfahrungen ab. Alles, was nicht passt, wird zunächst unbewusst abgelehnt. Dies erzeugt eine emotional negative Grundhaltung, die wir erkennen dürfen, um ihr etwas anderes sinnvolleres entgegenzusetzen.

Emotionale Verbindung: Nachhaltigkeit kann starke emotionale Reaktionen in unserem Gehirn auslösen. In erster Linie sind die Emotionen eher negativ. Angst und Ohnmacht stehen aktuell im Vordergrund. Wir dürfen andere Emotionen wecken. Bilder oder Geschichten über Umweltschutz oder soziale Verantwortung können positive Emotionen wie Empathie, Mitgefühl und Zugehörigkeit hervorrufen. Diese Emotionen können unser Verhalten beeinflussen, indem sie uns dazu motivieren, nachhaltigere Entscheidungen zu treffen.

Belohnungssystem aktivieren: Wir tun vieles einfach nur, um unser Dopaminlevel zu steigern. Neurowissenschaften zeigen, dass nachhaltiges Verhalten auch das Belohnungssystem in unserem Gehirn aktivieren kann. Wenn wir beispielsweise umweltfreundliche Handlungen ausführen oder an nachhaltigen Projekten teilnehmen, können Belohnungsmechanismen im Gehirn aktiviert werden, was dazu führt, dass wir uns gut fühlen und diese Verhaltensweisen verstärken möchten.

Empfindlichkeit gegenüber Informationen: Unser Gehirn reagiert unterschiedlich auf Informationen über Nachhaltigkeit. Neurowissenschaften zeigen, dass wir Informationen besser verarbeiten können, wenn sie emotional ansprechend und persönlich relevant sind. Das bedeutet, dass überzeugende Geschichten oder visuelle Darstellungen von Umweltschutz oder sozialer Verantwortung effektiver sein können, um unser Verhalten zu beeinflussen, als rein rationale Argumente.

Soziale Einflüsse: Menschen sind soziale Wesen. Das Verhalten von Vorbildern und Modellen ahmen wir nach. Wir spiegeln unsere Umgebung, unsere Peergroups. Neurowissenschaftliche Forschung zeigt, dass soziale Normen und soziale Einflüsse unser Verhalten stark beeinflussen können. Wenn wir sehen, dass andere in unserer sozialen Gruppe nachhaltiges Verhalten zeigen oder sich für Umweltschutz engagieren, erhöht das die Wahrscheinlichkeit, dass auch wir ähnliche Verhaltensweisen übernehmen.

Langfristige vs. kurzfristige Perspektive: Unser Gehirn tendiert dazu, kurzfristige Belohnungen gegenüber langfristigen Vorteilen zu bevorzugen. Nachhaltiges Verhalten erfordert oft Opfer im Hier und Jetzt für langfristige Vorteile, wie z. B. den Schutz der Umwelt oder die Verbesserung der Lebensqualität für kommende Generationen. Das Marshmallow-Experiment hat dies anschaulich gezeigt (vgl. Kapitel 3.1.8). Die Neurowissenschaften helfen, zu verstehen, wie diese Konflikte zwischen kurzfristiger Befriedigung und langfristigem Nutzen unser Verhalten beeinflussen und wie wir Strategien entwickeln können, um den langfristigen Nutzen und damit die wirklich wichtigen Dinge dringlicher zu machen.

Insgesamt beeinflusst unser Gehirn unsere Reaktion auf Nachhaltigkeit und Umweltthemen durch eine **komplexe Mischung aus emotionalen, belohnungsbasierten, sozialen und zeitlichen Faktoren**. Ein tieferes Verständnis dieser neurologischen Reaktionen kann helfen, wirksamere Strategien zu entwickeln, um Menschen zu nachhaltigerem Verhalten zu motivieren und um die Akzeptanz für nachhaltige Praktiken zu erhöhen. Ein Beispiel hierfür ist das Neuromarketing, weshalb ich darauf im nächsten Kapitel noch gezielt eingehen möchte. Die Erkenntnisse der Forschungen in diesem Feld können sehr hilfreich sein, um das Thema Nachhaltigkeit positiv in Szene zu setzen und so schnellere Veränderungen möglich zu machen.

2.2.1 Neuromarketing

Wie reagiert unser Gehirn auf Nachhaltigkeit? Bei dieser Frage hilft das Neuromarketing weiter. Denn b**eim Neuromarketing werden die Reaktionen des Gehirns auf bestimmte Aktivitäten und Botschaften aus dem Marketing untersucht**. Ziel ist es, die Emotionen und das Verhalten von Kunden besser zu verstehen und so effektivere

Marketingstrategien entwickeln zu können. Beides hilft uns bei der Realisierung von nachhaltigen Produkten und Vertriebswegen sehr weiter.

Wie verkaufen wir Nachhaltigkeit? Wie verkaufen wir mit Hirn? Wir haben gesehen, dass wir positive Emotionen und eine andere Sprache brauchen, um Nachhaltigkeit mit einem positiven Kaufanreiz zu versehen.

Der Wettkampf von Coca-Cola und Pepsi um die Gunst der Kunden war die **Geburtsstunde des Neuromarketing**. Zwei Hirnforscher hatten 2002 herausgefunden, dass Coca-Cola und Pepsi jeweils zwei unterschiedliche Gehirnbereiche beim Konsumenten aktivieren. Diese bahnbrechende Erkenntnis, die in den Medien für Furore sorgte, markierte den Beginn des Neuromarketings.[103]

Die Analyse enthüllte, dass im Vergleich zu Pepsi, die Marke Coca-Cola sowohl den Hippocampus (für Erinnerungen) als auch den dorsolateralen präfrontalen Kortex (für Emotionen) im Gehirn aktivierte. Während Verbraucherschützer besorgt waren und Manipulation befürchteten, begeisterte sich die Marketing-Branche für die neuen Möglichkeiten.

Der Wert einer Marke hängt maßgeblich von den ausgelösten Emotionen und mit dem Status, den das Produkt verspricht, ab. Ansonsten würden Luxusmarken scheitern. Warum sind Kunden bereit, für eine Rolex viel mehr zu bezahlen als für eine andere Uhr? Wie kann Nachhaltigkeit von dem Luxusmarkeneffekt Gebrauch machen? Wie wird sie zu einem Merkmal, das gut verkauft und positive Emotionen hervorruft?

Immerhin war Nachhaltigkeitskommunikation 2022 eines der wichtigsten Marketingthemen, noch vor Data-Driven Marketing und Digitaler Transformation. In den Marketingtrends von 2024 wurde die Nachhaltigkeit von der künstlichen Intelligenz überholt. Das sogenannte CMO-Barometer ist eine jährliche Studie, bei der die Top-Marketer (Chief Marketing Officer) der wichtigsten Unternehmen in der DACH-Region und in weiteren acht Ländern befragt werden. Sie wurde von der Serviceplan Group bereits zum fünften Mal durchgeführt, in diesem Jahr zum ersten Mal zusammen mit der Universität St. Gallen.[104] Nachhaltigkeit wird allerdings immer noch als Brand Value gesehen. Aus Sicht der CMO werden Klimawandel und Nachhaltigkeit das Marketing auch in den nächsten Jahren weiterhin bestimmen. Ein heißes Thema ist **Greenwashing versus Greenhushing**. Die Bedeutung einer »**Green Journey**« für Unternehmen wird dadurch unterstrichen. Auch das **Emotional Brand Building** wird nach wie vor als Top-Thema gesehen. Somit ist die Verknüpfung von – positiven – Emotionen mit dem Thema Nachhaltigkeit immer noch ein wichtiger Marketingtrend. Die Kunst ist nun, dies mit starken Botschaften und überzeugender Kommunikation in unseren Gehirnen zu verankern, sodass wir ins Tun kommen – und nicht nur Produkte kaufen, um unser Gewissen zu erleichtern.

Wichtig ist auch die Positionierung von Marken. Unterschieden werden vier Typen, ausgehend von den prägenden Eigenschaften des Produktes bis hin zu dem Mindset, das sie vermitteln:[105]

1. **Funktionsmarken**: Ich will Marken, die einfach zu mir passen. – Meist große Marken mit Tradition und klassischen Stärken, wie Qualität und Shoppervertrauen.
2. **Hybridmarken**: Ich will Marken, die einen Zusatznutzen für mich haben (Ego-Bedürfnis) – z. B. Regionalität.
3. **Sozialmarken**: Ich will Marken, die mir ein gutes Gefühl für mich und die Umwelt geben. – Marken mit nachhaltiger Ausrichtung.
4. **Visionsmarken**: Ich will Marken, die Gutes für unseren Planeten und für die Gesellschaft tun. – Marken von Firmen mit ganzheitlicher Perspektive, die über Inhaltsstoffe und Verpackung hinausgeht. Die dahinterstehenden Firmen haben einen nachhaltigen Ansatz (z. B. Frosch, Patagonia, Veja).

Der Umsatzanteil der Funktionsmarken ist nach wie vor am höchsten mit 65%. Hybridmarken haben einen Marktanteil von 28%, die Sozialmarken liegen bei 3% und die Visionsmarken bei 4% (Stand 2021).[106] Die Marken, die gut sind und Gutes tun, dürfen noch kräftig zulegen.

Zusammenfassend lässt sich sagen, dass die Anwendung von Neuromarketing auf Nachhaltigkeit spannende Perspektiven bietet. Die Erkenntnisse sollten Führungspersonen in puncto Nachhaltigkeit auf ihr Unternehmen und ihre Produkte übertragen. Sie sollten sozusagen mit dem Unbewussten für die Unternehmenskultur und auch für die interne Unternehmenskommunikation shoppen gehen. Folgende Fragen öffnen das Neuromarketing-Gehirn: Wo lassen sich Themen emotionaler branden? Wie positionieren wir das Thema Nachhaltigkeit klarer und positive? Wie kreieren wir Visionsmarken? Und wie vermarkten wir es innerhalb des Unternehmens und der diversen Teams überzeugend und mit viel Spaß? **Nachhaltigkeit muss eine Luxusmarke werden, die jeder haben will.**

Hörtipp: Podcast MAGIC BRAIN KICKS #116 – Neuromarketing

Hörtipp: Podcast MAGIC BRAIN KICKS #106 – Nachhaltiger Luxus

2.3 Bedeutung von Glaubenssätzen und Mindset für nachhaltiges Handeln

Salma, what is the most expensive thing you're wearing? The most expensive thing I'm wearing? … Probably my Brain! You try to sell that jewel?
Salma Hayek (Elegance meets Intelligence)

Unsere grundlegenden Überzeugungen und Werthaltungen steuern uns. Unsere **Glaubenssätze und unser Mindset begrenzen unser Handeln und Verhalten.** Wenn wir Änderungen bewirken wollen, müssen wir genau da ansetzen. Mit Glaubenssätzen sind bestimmte Annahmen gemeint, die wir über uns selbst, andere oder die Welt im Allgemeinen haben. Es handelt sich um tief sitzende Überzeugungen, die wir von klein auf entwickelt haben und eigentlich gar nicht mehr hinterfragen. Das Mindset beschreibt allgemein die Denkweisen, Überzeugungen und Verhaltensmuster beziehungsweise die innere Haltung von Menschen. Diese Einstellung haben wir ebenfalls mit der Zeit erworben und auch diese dürfen wir hinterfragen.

Vieles davon ist uns gar nicht bewusst. Wir haben unsere **Muster** und unseren **Autopiloten** sehr früh gelernt und im Gehirn abgelegt. Diese Gehirnstruktur steuert uns und unseren Körper unbewusst und automatisch. Wenn wir diese Gehirneinstellung verändern wollen, muss sie uns zunächst bewusst sein. Diese **Bewusstwerdungs- und Änderungsarbeit** müssen wir auf uns nehmen, um wirklich etwas nachhaltig verändern zu können. Viele Gedankenmuster können zudem sehr destruktiv für uns und unsere Umwelt sein. Deshalb ist es wichtig, diese Muster und Glaubenssätze wahrzunehmen und zu verstehen, um sie dann durch starke, **konstruktive Glaubenssätze** zu ersetzen.

Glaubenssätze und Mindset spielen auch eine bedeutende Rolle für nachhaltiges Handeln, da sie die **Einstellungen, Überzeugungen und die Art und Weise, wie wir die Welt wahrnehmen**, formen. Einige Gründe möchte ich nennen, warum sie für nachhaltiges Handeln wichtig sind:

Glaubenssätze und unser Mindset beeinflussen unsere grundlegenden Überzeugungen und Werte. Wenn wir überzeugt sind, dass der Schutz der Umwelt oder soziale Verantwortung wichtig ist, beeinflusst dies unsere Einstellung zu nachhaltigem Handeln. Ein nachhaltiges Mindset kann dazu beitragen, dass wir uns stärker verpflichtet fühlen, umweltfreundliche Entscheidungen zu treffen.

Unsere **unbewussten Überzeugungen** bestimmt oft, wie wir unsere Verantwortung für die Umwelt oder die Gesellschaft wahrnehmen. Menschen mit einem nachhaltigen Mindset sind eher bereit, Verantwortung für ihr Handeln zu übernehmen und sich für nachhaltige Lösungen einzusetzen, weil sie glauben, dass sie einen positiven Beitrag leisten können. Oft ist dieses nachhaltige Mindset jedoch gar nicht gelernt, da wir in der Vergangenheit anders mit der Umwelt und auch mit unseren Mitmenschen umgegangen sind. Oder wir fühlen uns nicht in der Verantwortung, da wir überzeugt sind, sowieso nichts bewirken zu können.

Glaubenssätze und das Mindset beeinflussen auch unsere **Bereitschaft, Verhaltensweisen zu ändern** und neue, nachhaltigere Gewohnheiten anzunehmen. Ein offenes und flexibles Mindset erleichtert es Menschen, sich an Veränderungen anzupassen und neue Wege zu finden, um nachhaltiger zu leben. Deshalb sollten wir dieses Growth Mindset entwickeln und nicht im Fixed Mindset stecken bleiben. Methoden dazu finden sich in den folgenden Abschnitten.

Unsere **innere Haltung und die dadurch ausgelösten Emotionen** beeinflussen maßgeblich, wie wir Entscheidungen treffen. Wenn wir ein nachhaltiges Mindset haben, tendieren wir eher dazu, bei Entscheidungen Umwelt- und Sozialaspekte zu berücksichtigen. Das führt dazu, dass wir nachhaltigere Optionen bevorzugen, sei es beim Konsum, in der Wahl des Verkehrsmittels oder bei Investitionen.

Individuelle Glaubenssätze und Mindsets können auch kollektiv wirken und **Einfluss auf die gesellschaftliche Norm und Akzeptanz** von nachhaltigem Verhalten haben. Wenn ein wachsendes Bewusstsein und eine Akzeptanz für nachhaltige Werte und Praktiken entstehen, kann dies zu einem gesellschaftlichen Wandel führen und die Einführung nachhaltigerer Systeme fördern.

Insgesamt sind also die innere Arbeit an unseren Glaubenssätzen und die **Entwicklung einer offenen Einstellung** entscheidend, da es unsere Werte und Handlungen beeinflusst. Die Förderung eines nachhaltigen Mindsets kann dazu beitragen, eine Kultur des bewussten und verantwortungsvollen Handelns zu schaffen, die auf langfristige Umwelt- und Sozialziele ausgerichtet ist. **Menschliche Entwicklung ist somit die Voraussetzung für nachhaltige Entwicklung.**

Die Wichtigkeit der menschlichen Entwicklung als Voraussetzung, um die **Sustainable Development Goals (SDGs)** der UN zu erreichen, hat auch die 2020 in Stockholm gegründete internationale Initiative »**Inner Development Goals** Initiative« erkannt.[107] Sie definiert Transformationskompetenzen für eine nachhaltige Entwicklung, die in dem Film zu den »Inner Development Goals« (IDGs)[108] von ihren ersten Unterstützern vorgetragen werden.

Die »Inner Development Goals« beziehen sich auf persönliche Ziele oder Entwicklungsmaßnahmen und damit auf die Änderungen von Denkweisen und überkommenden Glaubenssätzen. Sie zielen darauf ab, die inneren Fähigkeiten, Einstellungen und Verhaltensweisen einer Person zu verbessern. Im Kontext der Förderung einer nachhaltigen Transformation in Unternehmen können IDGs ebenfalls eine wichtige Rolle spielen. Denn sie können dazu beitragen, das Bewusstsein, die Einstellungen und die Handlungsfähigkeit der Mitarbeitenden im Hinblick auf Nachhaltigkeit zu stärken. Im folgenden Kapitel, wenn es um die Änderungen von Glaubenssätzen und Mindset geht, werde ich darauf genauer eingehen. In jedem Fall sind die Transformationsskills fundamental gerade auch für Führungskräfte. Sie können eine gute Guideline sein, um ein nachhaltiges Mindset bei sich aufzubauen.

3 Veränderung von Glaubenssätzen und Mindset im Unternehmen

Wir haben gesehen, wie grundlegend unsere Einstellungen und unsere Denkweise – also unser Mindset – für unser Handeln sind. Alte, oft unbewusste Glaubenssätze verhindern Veränderungen. Unsere bisherige Denkweise blockiert Transformationen. Das ist schwerwiegend, denn unsere Denkweise macht 80% bei einem nachhaltigen Veränderungsprozess aus, nur 20% sind Strategie. Das gibt zu denken und zeigt, wie wichtig die grundlegende Arbeit an Glaubenssätzen und Mindset für eine fundamentale nachhaltige Entwicklung ist. Wir als Menschen dürfen uns entwickeln, um dann auch im Unternehmen und in der Gesellschaft die entsprechenden ganzheitlichen Transformationen anzugehen.

Die Veränderung von Glaubenssätzen und Mindset im Unternehmen erfordert Zeit, Engagement und eine strategische Herangehensweise. Zunächst ist ein Rahmen wichtig, der den Freiraum und die Sicherheit bietet, die dies überhaupt ermöglichen. Einige Eckpunkte dazu möchte ich dir aufzeigen, bevor ich auf die konkreten Tools eingehe.

Ein wichtiger Rahmenpunkt ist die Zukunftsvision: Wo wollen wir hin? Genauso wichtig ist die klare Kommunikation dieser Vision: Wir meinen es ernst. Führungspersonen müssen eine klare Vision für die gewünschten Veränderungen in Bezug auf Nachhaltigkeit und das Mindset kommunizieren. Diese Vision sollte die Bedeutung von Nachhaltigkeit für das Unternehmen betonen und die Vorteile einer Veränderung im Glaubenssystem und Mindset hervorheben: Was hat jeder und jede Einzelne davon?

Unternehmen sollten ein Umfeld schaffen, das die nachhaltige Veränderung von Glaubenssätzen und Mindset fördert. Dazu gehören Maßnahmen wie Schulungen, Workshops, Diskussionen und Ressourcen, die Mitarbeitenden helfen, neue Ideen und Ansichten zu entwickeln.

Führungspersonen spielen eine entscheidende Rolle als Vorbilder für die gewünschten Veränderungen. Indem sie selbst nachhaltiges Denken und Handeln vorleben, können sie andere inspirieren und motivieren, ähnliche Veränderungen anzunehmen.

Je nach bisheriger Unternehmenskultur können Unternehmen Anreize und Belohnungen einführen, die nachhaltiges Denken und Handeln fördern. Dies kann von finanziellen Anreizen über Anerkennung bis hin zu Entwicklungs- und Aufstiegsmöglichkeiten für Mitarbeiter reichen, die sich für Nachhaltigkeit einsetzen.

Weiterbildungsprogramme und Schulungen können Mitarbeitende dabei unterstützen, ein tieferes Verständnis für Nachhaltigkeit zu entwickeln und ihre Fähigkeiten zur Umsetzung nachhaltiger Praktiken zu verbessern. Diese Schulungen können auch die Wichtigkeit eines veränderten Mindsets betonen.

Es ist wichtig, die Mitarbeitenden in den Prozess einzubeziehen und deren eigene Entwicklung zu fördern. Auch sie sollen Ideen beitragen und die Möglichkeit haben, ihre Ansichten auszudrücken und aktiv an der Gestaltung von Veränderungen teilzunehmen.

Das Setzen von klaren und messbaren Zielen im Zusammenhang mit nachhaltigem Denken und Handeln ermöglicht es, den Fortschritt zu verfolgen. Erfolge sollten anerkannt und gefeiert werden, um die Motivation der Mitarbeitenden aufrechtzuerhalten.

Diese Eckpunkte sind wichtig, um einen Rahmen zu setzen und einen entsprechenden Wandel fundiert zu starten und zu begleiten. Denn wie wir oben gesehen haben, ist das Ganze ein Wachstumsprozess, und zwar ein innerer Wachstumsprozess, der zu einem äußeren Wandel führt. Die Sustainable Development Goals (SDGs) werden durch die Inner Development Goals (IDGs) erreicht.[109] Die **Stärke für die Umsetzung von Nachhaltigkeit kommt von innen**. Zu oft werden lediglich die äußeren Parameter betrachtet. Wir haben festgestellt, wohin uns das in den letzten Jahrzehnten gebracht hat. Deshalb plädiere ich noch einmal dafür, wesentlich menschlicher und damit gehirngerechter vorzugehen. Wir dürfen uns als Führungspersonen weiterentwickeln und unsere Teams zu Kooperation und Kokreation ermutigen. Dies geht nur, wenn wir die Bedürfnisse der Menschen kennen und Widerstände im Kern behandeln. Vor allem müssen wir den Raum und den Rahmen geben, der sich in einer gelebten Unternehmenskultur widerspiegelt.

Abb. 12: Die siebzehn Sustainable Development Goals (SDGs) der UN (eigene Darstellung in Anlehnung an Quelle: https://unric.org/de/17ziele/)

Der äußere Orientierungsrahmen und die grundlegen Ziele sind die siebzehn Sustainable Development Goals (SDGs), die in Abbildung 12 dargestellt sind. Die SDGs sind ein globaler Handlungsrahmen der Vereinten Nationen für nachhaltige Entwicklung. Sie beschreiben Zielsetzungen einer nachhaltigen Entwicklung auf ökonomischer, ökologischer und sozialer Ebene. Plan ist, bis 2030 eine grünere, gerechtere und bessere Welt zu schaffen. Und wir alle sind daran beteiligt, das umzusetzen. Dabei gelten die fünf P's, die fünf Bereiche, auf die sich die nachhaltigen Ziele fokussieren: People, Profit, Planet, Peace und Partnership.

FOKUSBEREICHE DER SDGS

People – Einhaltung der Menschenrechte, Bekämpfung von Armut und Hunger
Profit – Wirtschaftswachstum, Innovation
Planet – Biodiversität, Klimaschutz
Peace – Frieden, Gerechtigkeit
Partnership – gemeinsam die Ziele erreichen

Um diese äußeren Ziele zu erreichen, sind innere Entwicklungen erforderlich, wie sie durch die oben bereits erwähnten Inner Development Goals (IDGs) beschrieben werden. Sie bilden den **Fahrplan für die Veränderung von Glaubensätzen und Mindset** (vgl. Abbildung 13).

Abb. 13: Die fünf Inner Development Goals (IDGs) (eigene Darstellung in Anlehnung an Quelle Inner Development Goals – Inner Growth for Outer Change und https://www.haufe-akademie.de/fokus-personalentwicklung/idg?)

Werfen wir zunächst einen Blick auf die fünf Kategorien mit ihren insgesamt dreiundzwanzig Skills, die den Rahmen für die Transformationskompetenzen für eine nachhaltige Entwicklung darstellen.

IDGS: 5 KATEGORIEN UND 23 SKILLS[110]

1. **Sein – Beziehung zum Selbst**: Innerer Kompass, Integrität und Authentizität, Offenheit und Lernmentalität, Selbstbewusstsein, Präsenz
2. **Denken – Kognitive Fähigkeiten**: Kritisches Denken, Komplexitätsbewusstsein, Perspektivenfähigkeiten, Sinnfindung, langfristige Orientierung und Visionen
3. **Beziehungen – Fürsorge für andere und die Welt:** Wertschätzung, Verbundenheit, Demut, Empathie und Mitgefühl
4. **Zusammenarbeit – Soziale Kompetenzen**: Kommunikationsfähigkeiten, Co-Creation-Fähigkeiten, inklusive Denkweise und interkulturelle Kompetenz, Vertrauen, Mobilisierungsfähigkeiten
5. **Handeln – Wandel vorantreiben**: Mut, Kreativität, Optimismus, Ausdauer

Die Kategorien und vor allem die aufgeführten Skills entsprechen weitgehend den Future Skills des World Economic Forums.[111] Auch hier überwiegen die früher als »Soft Skills« bezeichneten Fähigkeiten wie emotionale Intelligenz, aktives Lernen und kognitive Flexibilität. Zum Vergleich hier diese Top 12 Future Skills.

Top 12 Future Skills

Das World Economic Forum hat in seinem Bericht »The Future of Jobs Report«[112] verschiedene »**Future Skills**« identifiziert, die in Zukunft besonders wichtig sein werden. Hier sind die Top 12 Future Skills für 2025 laut dem Bericht:

1. **Analytisches Denken und Innovation**: Die Fähigkeit, komplexe Probleme zu verstehen, zu analysieren und kreative Lösungen zu finden.
2. **Aktives Lernen und Lernstrategien**: Die Fähigkeit, kontinuierlich neues Wissen zu erwerben und sich auf veränderte Anforderungen anzupassen.
3. **Kreativität, Originalität und Initiative**: Die Fähigkeit, originelle Ideen zu entwickeln und innovativ zu sein, um neue Möglichkeiten zu erkennen und zu nutzen.
4. **Technologieanwendung und Programmierung**: Die Fähigkeit, neue Technologien zu verstehen, zu nutzen und zu programmieren, um Probleme zu lösen und innovative Lösungen zu entwickeln.
5. **Kritisches Denken und Analyse**: Die Fähigkeit, Informationen kritisch zu bewerten, zu analysieren und fundierte Entscheidungen zu treffen.
6. **Komplexe Problemlösung**: Die Fähigkeit, komplexe Probleme zu identifizieren, zu verstehen und effektive Lösungsansätze zu entwickeln.

7. **Führung und sozialer Einfluss**: Die Fähigkeit, andere zu motivieren, zu inspirieren und zu führen, um gemeinsame Ziele zu erreichen.
8. **Emotionale Intelligenz**: Die Fähigkeit, Emotionen zu erkennen, zu verstehen und zu regulieren, sowie effektive zwischenmenschliche Beziehungen aufzubauen und zu pflegen.
9. **Serviceorientierung**: Die Fähigkeit, auf die Bedürfnisse anderer einzugehen und kundenorientierte Lösungen anzubieten.
10. **Verhandlung und Flexibilität**: Die Fähigkeit, erfolgreich zu verhandeln, Kompromisse zu finden und sich an veränderte Umstände anzupassen.
11. **Kognitive Flexibilität**: Die Fähigkeit, zwischen verschiedenen Denkweisen zu wechseln und sich schnell an neue Situationen anzupassen.
12. **Urteilsvermögen und Entscheidungsfindung**: Die Fähigkeit, fundierte Entscheidungen zu treffen und Risiken abzuwägen, basierend auf einer gründlichen Analyse der verfügbaren Informationen.

Diese Future Skills sind entscheidend für die Anpassungsfähigkeit und Widerstandsfähigkeit in einer sich ständig verändernden Arbeitswelt und werden zunehmend von Arbeitgebern gesucht und gefordert.

Wenn wir diese Future Skills betrachten, sehen wir eine weitere Bestätigung dafür, dass eine nachhaltige persönliche Entwicklung nicht nur die nachhaltige Transformation des Unternehmens befördert, sondern gleichzeitig auch die Menschen fit für die Zukunft macht. Daher schlage ich vor, die Inner Development Goals gezielt als Training ins Unternehmen zu integrieren und dadurch die fundamentale Kraft und Energie für die zukünftige menschliche und nachhaltige Entwicklung zu befördern. Insbesondere für die Führungskräfteentwicklung sollten die 5 Kategorien und 23 Skills der IDG gezielt eingesetzt werden.

Gestern war ich klug
und wollte die Welt verändern.
Heute bin ich weise
Und verändere mich selbst.
Rumi

Es wird also zunehmend klar, wie wichtig die Arbeit an deinen eigenen Glaubenssätzen und an deinem Mindset ist. Deshalb werde ich im Weiteren einige fundamentale Methoden vorstellen, wie dies gelingen kann. Einen wichtigen Effekt will ich allerdings voranstellen – den »**Erwartungseffekt**«: Das, was du erwartest, wird eintreten. Es gibt zahlreiche Untersuchungen, die diesen Effekt immer wieder bewiesen haben. Schon Henry Ford wusste: »Egal ob Du glaubst, dass Du etwas kannst oder es nicht kannst, Du hast recht.« Der Glaube an Veränderung und das klare innere »Wissen«, dass dies gelingen wird, kann Berge versetzen. Diese Haltung kann man sich antrainieren, da unsere Denkmuster und Einstellungen unsere Erfahrungen beeinflussen. Viele Studien belegen, dass eine positive Einstellung und hohe Erwartungen zu besseren Ergebnissen führen, während negative Erwartungen das Gegenteil bewirken. Deshalb hier ein paar Tipps, wie du dir diesen Nachhaltigkeits-Erwartungseffekt zunutze machen kannst. Grundlegend ist, deine Denkmuster zu ändern und eine positive Erwartungshaltung zu kultivieren, um das Leben zu transformieren. Nutze die Kraft der Selbstwahrnehmung, um Ziele zu erreichen und Erfüllung zu finden. Wer sich noch näher damit beschäftigen möchte, kann dies mit zwei Büchern tun. David Robson gibt in seinem Buch »The Expectation Effect«[113] viele Beispiele und auch Dr. Joe Dispenza beschreibt in seinem Buch »Du bist das Placebo«[114] die unglaublichen Möglichkeiten, die dadurch kreiert werden können. Hier nun die versprochene Übungsmöglichkeit als Homeplay. Viel Spaß beim spielerischen Ausprobieren. Auch wenn sich die einzelnen Schritte simpel anhören, im Tun liegt wie immer der Fortschritt.

Homeplay: Erwartungseffekt

Ein Leitfaden zur Veränderung durch die Kraft der Erwartung umfasst verschiedene Schritte und Prinzipien, die darauf abzielen, deine Denkmuster zu verändern, positive Einstellungen zu fördern und konkrete Handlungen zu ergreifen, um deine nachhaltigen Ziele zu erreichen. Hier sind einige mögliche Schritte:

a) **Bewusstsein schaffen**: Der erste Schritt besteht darin, dir deiner eigenen Denkmuster und Erwartungen bewusst zu werden. Identifiziere negative Gedanken und verstehe, wie sie dein Verhalten und deine Ergebnisse beeinflussen können.

b) **Selbstreflexion**: Nimm dir Zeit, um über deine Ziele, Werte und Wünsche nachzudenken. Überprüfe, ob deine aktuellen Denkmuster und Erwartungen mit diesen in Einklang stehen oder ob sie möglicherweise Hindernisse darstellen.

c) **Positive Erwartungen setzen**: Lerne, positive Erwartungen zu setzen und daran zu glauben, dass du Erfolg haben kannst. Visualisiere deine Ziele und stelle dir lebhaft vor, wie du sie erreichen wirst.

d) **Affirmationen und Selbstgespräche**: Verwende positive Affirmationen und Selbstgespräche, um deine Überzeugungen zu stärken und Selbstvertrauen aufzubauen. Ersetze negative Gedanken durch positive Aussagen über dich selbst und deine Fähigkeiten.

e) **Handlungen ergreifen**: Übersetze deine positiven Erwartungen in konkrete Handlungen. Setze realistische Ziele und entwickle einen Plan, um sie zu erreichen. Feiere jeden Fortschritt, den du auf dem Weg machst.

f) **Umfeld anpassen**: Umgebe dich mit positiven Menschen, die dich unterstützen und ermutigen. Vermeide negative Einflüsse und setze klare Grenzen, um dich vor ihnen zu schützen.

g) **Beharrlichkeit und Geduld**: Veränderungen brauchen Zeit und Geduld. Bleibe beharrlich und lass dich nicht von Rückschlägen entmutigen. Sei geduldig mit dir selbst und halte an deinen positiven Erwartungen fest.

Indem du diese Schritte befolgst und kontinuierlich an der Entwicklung einer positiven Erwartungshaltung arbeitest, kannst du dein Leben zum Besseren verändern und deine nachhaltigen Ziele erreichen. Es erfordert Selbstreflexion, Engagement und Ausdauer, aber die Belohnungen können enorm sein.

3.1 Praxiserprobte Methoden zur Förderung von nachhaltigen Glaubenssätzen und einem nachhaltigen Mindset

Die Ketten der Gewohnheit sind zu leicht, um sie wahrzunehmen, bis sie zu schwer sind, um sie zu zerbrechen.

Warren Buffett

Alte Gewohnheiten, Glaubenssätze und bisherige Denkweisen zu ändern, kann zur Herausforderung werden. Aber es gibt verschiedene praxiserprobte Methoden und Ansätze, die Führungspersonen und Unternehmen anwenden können, um nachhaltige Glaubenssätze und ein nachhaltiges Mindset bei sich selbst und ihren Mitarbeitenden zu fördern.

Bevor ich die detaillierten Methoden vorstelle, möchte ich einige grundlegende Möglichkeiten erwähnen, wie diese Methoden im nachhaltigen Umfeld angewendet und thematisch integriert werden können. Denn Angebot und Rahmen sowie die Führungspersonen sind für unser Unterbewusstsein genauso wichtig.

Auch wenn es langweilig klingt. Schulungen und **Workshops** sind noch in. Fortschritt in Wissen etabliert Know-how und unterstützt eine nachhaltige Unternehmenskultur. Schulungen, Workshops oder Seminare, die sich auf Nachhaltigkeit und deren Bedeutung für das Unternehmen konzentrieren, können wichtige Benefits und Eckpunkte sein. Diese Schulungen können Themen wie Umweltschutz, soziale Verantwortung, ethisches Wirtschaften und die langfristigen Auswirkungen von Unternehmensentscheidungen behandeln. Interaktive Formate, Fallstudien und Diskussionen können das Verständnis und die Auseinandersetzung der Mitarbeitenden mit dem Thema fördern. Durch die Nutzung von **KI-gestützten Lernplattformen** können Unternehmen personalisierte Lernprogramme anbieten, die individuelle Lernziele berücksichtigen und Mitarbeitern maßgeschneiderte Informationen zu Nachhaltigkeitsthemen liefern.

Etwas spannender sind **Gamification und Apps**. Spaß und Witz sollte gerade bei den trockenen Themen nicht fehlen. Gamification-Elemente in Schulungen und Anwendungen motivieren Mitarbeitende, sich aktiv mit nachhaltigen Themen auseinanderzusetzen. Apps können spielerische Elemente, Fortschrittsverfolgung, Herausforderungen und Belohnungen integrieren, um das Engagement für Nachhaltigkeit zu steigern. **VR- und AR-Technologien** können genutzt werden, um Mitarbeitenden immersive Erfahrungen zu bieten, die sie direkt in nachhaltige Szenarien versetzen. Durch Simulationen können sie beispielsweise die Auswirkungen ihrer Entscheidungen auf die Umwelt erleben und ein tieferes Verständnis für nachhaltige Praktiken entwickeln.

Viele Themen sollten möglichst in praktischen Projekten und in Teamarbeit umgesetzt und erprobt werde. **Graswurzel-Initiativen** in Unternehmen können Erneuerungen und Umgestaltungen initiieren.[115] Inhouse Start-ups, Green Teams oder andere Experimentierräume geben Freiheit, sich mit nachhaltigen Initiativen zu befassen. Die Organisation von Hackathons oder Innovation Labs zu nachhaltigen Themen kann kreative Lösungen hervorbringen und das Engagement der Mitarbeitenden für die Entwicklung neuer nachhaltiger Ansätze fördern.

Durch die Zusammenarbeit an **konkreten Nachhaltigkeitsprojekten** können die Mitarbeitenden direkte Erfahrungen sammeln und die Auswirkungen ihres Handelns auf Umwelt und Gesellschaft besser verstehen. Außerdem schafft es Mehrwert für die Mitarbeitenden, für die Teams und für die Unternehmen. Es zeigt definitiv eine gelebte Unternehmenskultur nach außen.

Auch interne **Social-Media-Plattformen oder Online-Communities** sollten genutzt werden, um Diskussionen über Nachhaltigkeit zu fördern. Mitarbeiter können Ideen teilen, Best-Practice-Beispiele diskutieren und sich gegenseitig motivieren, sich für nachhaltige Initiativen einzusetzen.

Führungspersonen sollten als **Vorbilder** für nachhaltiges Denken und Handeln agieren. Indem sie ihre eigenen Überzeugungen und Praktiken in Bezug auf Nachhaltigkeit transparent machen und aktiv vorleben, können sie ihre Teams inspirieren und motivieren, ähnliche Ansätze zu übernehmen.

Nachhaltiges Denken und Verhalten sollten sich lohnen. Anreizsysteme, die nachhaltiges Verhalten belohnen und anerkennen, sollten implementiert werden. Dies kann finanzielle Anreize, Anerkennungen, Auszeichnungen oder andere Vergünstigungen umfassen, um Mitarbeiter zu ermutigen, sich für nachhaltige Initiativen einzusetzen.

Nachhaltigkeit sollte ein integraler Bestandteil der Unternehmenskultur und -werte sein. Durch die **Etablierung von Unternehmenswerten**, die sich auf Umweltschutz, soziale Verantwortung und ethisches Handeln konzentrieren, wird Nachhaltigkeit als wichtiges Element der Arbeitsweise des Unternehmens verankert. Es wäre zukunftsweisend, wenn Nachhaltigkeit nicht nur oberflächlich betrachtet wird, sondern als grundlegendes Fundament des unternehmerischen Handelns dient. Wichtig ist die klare Nachhaltigkeitsausrichtung in den Entscheidungen und Handlungen, also in einer **gelebten Unternehmenskultur** mit klaren Werten, die auch wirklich eingehalten werden.

Dazu sind ein offener **Dialog und konstruktives Feedback** zu Nachhaltigkeitsthemen erforderlich. Plattformen oder Foren, in denen Mitarbeitende ihre Gedanken, Ideen und Bedenken bezüglich Nachhaltigkeit äußern können, sollten geschaffen werden. Dies fördert den offenen Austausch und ermöglicht es, auf Bedenken einzugehen oder neue Ansichten zu diskutieren. Grundlegend sind auch die Transparenz und der verantwortliche und rücksichtsvolle Rahmen, sodass wirklich alle Fragen und Themen geäußert werden können. Eine solche offene Kommunikation und Fehlerkultur in den einzelnen Teams sind die Basis für die nachhaltige Kultur im gesamten Unternehmen.

Ein Team ist keine Gruppe von Menschen, die zusammenarbeiten. Ein Team ist eine Gruppe von Menschen, die einander vertrauen.
Simon Sinek[116]

Fortschritt und notwendige Umwege sollten deutlich werden. Dazu sollten klare und messbare Ziele für Nachhaltigkeit gesetzt werden und der Fortschritt regelmäßig verfolgt werden: Wo stehen wir gerade? Müssen wir Dinge anpassen? **Regelmäßiges Navigieren** ist erforderlich. Die Transparenz zum Fortschritt bei der Umsetzung von nachhaltigen Maßnahmen steigert die Motivation aller und ermutigt, aktiv an den Zielen mitzuwirken und auch gegebenenfalls durchzuhalten und weiterzumachen.

Die Kombination mehrerer dieser Methoden und ein langfristiges Engagement seitens des Managements sind oft erforderlich, um eine nachhaltige Veränderung im Glaubenssystem und Mindset von Führungspersonen und der Mitarbeitenden zu erreichen. Eine vielschichtige Herangehensweise ermöglicht es, eine nachhaltige Kultur im Unternehmen zu etablieren und zu fördern.

Im Folgenden gehe ich nun detaillierter auf praxiserprobte Methoden ein, um Gewohnheiten und damit tiefliegende Überzeugungen und Denkweisen aber auch Verhalten zu ändern.

3.1.1 Die 1,5-Prozent-Methode

Stell dir vor, du könntest dein Verhalten täglich um 1,5% deines derzeitigen Standes in Richtung Nachhaltigkeit ändern, dann würdest du am Ende des Jahres im besten Fall um 365 × 1,5%, also um 547,5% nachhaltiger sein. Das wäre doch was, oder? Die »1,5-%-Methode« ist eine Strategie zur schrittweisen Verbesserung und Selbstentwicklung, die darauf beruht, sich jeden Tag um 1,5% zu verbessern. Der Gedanke dahinter: Selbst kleine, kontinuierliche Verbesserungen im Laufe der Zeit können zu signifikanten Fortschritten führen.[117] Ich stelle dir nun die wichtigsten Punkte zur 1,5-%-Methode vor:

Kleine, kontinuierliche Verbesserungen: Anstatt sich auf große, radikale Veränderungen zu konzentrieren, zielt die 1,5-%-Methode darauf ab, täglich kleine Verbesserungen vorzunehmen. Diese können in verschiedenen Bereichen des Lebens stattfinden, sei es persönliche Entwicklung, beruflicher Erfolg, Fitness oder Beziehungen. Im Bezug auf das Klimaziel gilt ähnlich, dass auch geringfügige Reduzierungen von Treibhausgasemissionen und eine kontinuierliche Verbesserung der Umweltpraktiken dazu beitragen können, das langfristige Ziel zu erreichen.

Erreichbare Ziele setzen: Die 1,5-%-Methode ermutigt dazu, sich Ziele zu setzen, die zwar anspruchsvoll, aber dennoch erreichbar sind. Indem man sich auf eine Verbesserung um nur 1,5% pro Tag konzentriert, bleiben die Ziele realistisch und erscheinen machbar. Im Kontext des Klimawandels bedeutet dies, realistische Ziele für die Reduzierung von Emissionen zu setzen und Maßnahmen zu ergreifen, die eine schrittweise Annäherung an das 1,5-Grad-Ziel ermöglichen.

Kontinuierliche Selbstreflexion: Ein wichtiger Bestandteil der 1,5-%-Methode ist die regelmäßige Selbstreflexion. Durch die Überprüfung des Fortschritts und der Zielerreichung kann man feststellen, welche Bereiche Verbesserung benötigen und wie man sich weiterentwickeln kann. Ähnlich ist es wichtig, den Fortschritt und die Zielerreichung im Hinblick auf das 1,5-Grad-Ziel zu überprüfen und gegebenenfalls Anpassungen vorzunehmen, um sicherzustellen, dass die Bemühungen ausreichen.

Fokus auf Prozess statt auf Ergebnisse: Statt sich ausschließlich auf das Endziel zu konzentrieren, betont die 1,5-%-Methode den Prozess der kontinuierlichen Verbesserung. Der Fokus liegt darauf, täglich kleine Schritte in Richtung der Ziele zu unternehmen, anstatt sich ausschließlich auf das Endziel zu fixieren. Das bedeutet im Klimakontext, sich auf Maßnahmen zur Reduzierung von Emissionen zu konzentrieren und dabei den Fortschritt im Laufe der Zeit zu verfolgen.

Geduld und Ausdauer: Die 1,5-%-Methode erfordert Geduld und Ausdauer. Die Fortschritte können langsam sein und möglicherweise nicht sofort sichtbar werden. Es ist wichtig, dranzubleiben und sich nicht von Rückschlägen entmutigen zu lassen.

Feiern des Fortschritts: Es ist wichtig, den Fortschritt zu würdigen, auch wenn er klein ist. Indem man die erreichten Ziele feiert und sich für die erzielten Verbesserungen belohnt, bleibt man motiviert und engagiert. Im Kontext von Nachhaltigkeit bedeutet dies, das Feiern nicht zu vergessen. Erfolge bei der Reduzierung von Emissionen müssen entsprechend gewürdigt werden und die positiven Auswirkungen auf die Umwelt erkannt werden.

Die 1,5-%-Methode kann eine effektive Strategie sein, um langfristige Veränderungen und persönliches Wachstum zu fördern. Indem man sich auf kontinuierliche Verbesserungen konzentriert und den Fortschritt schätzt, kann man sein volles Potenzial entfalten und langfristig erfolgreich sein. Die 1,5-%-Methode kann nicht nur für persönliche Entwicklungsziele, sondern auch für die Bemühungen im Bereich Umweltschutz und Klimaschutz eine effektive Strategie sein. Durch kleine, kontinuierliche Verbesserungen können wir gemeinsam dazu beitragen, das 1,5-Grad-Ziel zu erreichen und eine lebenswerte Zukunft für kommende Generationen zu sichern.

3.1.2 Expedition in die Zukunft

Nun kommen wir zu einer Methode, mit der du deine persönliche Vision für die Zukunft und auch eine nachhaltige Vision für die Zukunft des Unternehmens finden kannst. Dazu versetzt du dich in Gedanken ins Jahr 2030 oder auch gern ins Jahr 2045. Ich lade dich also ein, dich auf eine **Expedition in die Zukunft** zu begeben und dir vorzustellen, wo du zu einem bestimmen Zeitpunkt sein möchtest und wie das Leben in diesem zukünftigen Zustand aussehen wird. Du kannst die Übung alleine oder im Team durchspielen. Da es eine Visualisierungsübung ist, solltest du mit Postern und Stiften arbeiten und dir Bildmaterial zum Ausschneiden zurechtlegen. Diese Schritte führst du bei der »Expedition in die Zukunft« durch:

Visualisierung der nachhaltigen Zukunft: Schließe die Augen und stelle dir vor, dass du auf einer Reise in die Zukunft bist. Stelle dir einen konkreten Zeitpunkt vor. Visualisiere lebhaft, wie eine nachhaltige Welt aussieht, in der die Umwelt geschützt ist, soziale Gerechtigkeit herrscht und wirtschaftliche Entwicklung im Einklang mit der Natur stattfindet. Welche Ziele wurden erreicht? Wie sieht das Leben der Menschen aus? Wie steht es um die Natur und die Umwelt in diesem Szenario?

Erkundung der nachhaltigen Lebensweise: Während du dich in deiner Vorstellung in die nachhaltige Zukunft begibst, erkunde die verschiedenen Aspekte einer nachhaltigen Lebensweise. Stelle dir vor, wie die Menschen nachhaltig konsumieren, erneuerbare Energiequellen nutzen, die Natur respektieren und eine harmonische Beziehung zu ihrer Umwelt pflegen.

Reflexion über persönliche Werte und Prioritäten: Während du deine zukünftige nachhaltige Welt erkundest, reflektiere über deine eigenen Werte und Prioritäten im Hinblick auf Nachhaltigkeit. Sind die Ziele, die in dieser Zukunft erreicht wurden, im Einklang mit deinen Überzeugungen und dem, was dir wichtig ist für eine nachhaltige Lebensweise?

Identifizierung von nachhaltigen Zielen und Schritten: Basierend auf deinen Erkenntnissen aus der Expedition in die nachhaltige Zukunft, identifiziere konkrete nachhaltige Ziele und Schritte, die du unternehmen kannst, um dein ideales nachhaltiges Leben zu erreichen. Überlege, welche Maßnahmen du ergreifen kannst, um deinen Beitrag zu einer nachhaltigen Zukunft zu leisten.

Entwicklung eines Aktionsplans: Erstelle einen Aktionsplan, der die Schritte umfasst, die du unternehmen wirst, um deine nachhaltigen Ziele zu erreichen. Setze klare und messbare Ziele und lege einen Zeitrahmen fest, um deine Fortschritte zu verfolgen.

Umsetzung und Anpassung: Beginne, deinen Aktionsplan umzusetzen, und sei bereit, ihn bei Bedarf anzupassen. Die Expedition in die nachhaltige Zukunft ist eine dynamische Übung, die es dir ermöglicht, deine nachhaltigen Ziele und Träume kontinuierlich zu überprüfen und anzupassen, während du dich weiterentwickelst und einen positiven Einfluss auf die Welt um dich herum ausübst.

Die Methode der »Expedition in die nachhaltige Zukunft« kann eine inspirierende und motivierende Technik sein, um Klarheit über deine nachhaltigen Ziele und Träume zu gewinnen und einen konkreten Plan zu entwickeln, um sie zu erreichen. Indem du dir Zeit nimmst, eine nachhaltige Zukunft zu visualisieren und zu erforschen, kannst du eine inspirierende Vision für dein Engagement im Bereich Nachhaltigkeit schaffen und die Motivation finden, sie zu verwirklichen.

Alternativübung – Jahresexperiment

Wenn ich das kommende Jahr als ein Experiment betrachte, welche Hypothese würde ich gern im kommenden Jahr testen und welche Erfahrung möchte ich gern damit machen?

Welche ungewöhnliche Fähigkeit oder welches unerforschte Talent in mir, würde ich im nächsten Jahr gern entwickeln und wie könnte das auf überraschende Art und Weise mein Leben bereichern?

Wenn ich mir vorstelle, dass ich am Ende des Jahres einen Brief an mein heutiges ich schreibe, was wäre die erstaunlichste Nachricht, die ich in diesem Brief verkünden könnte?

3.1.3 Den Code entschlüsseln

Viele nachhaltige Themen sind komplex und genauso verwirrend sind oft die dahinterstehenden Gedankengänge. Die folgende Methode kann dabei helfen, die dahinterliegenden Muster zu erkennen und so den Code zu knacken, um an den Kern der Sache zu gelangen. Das bringt Klarheit und damit Lösungsmöglichkeiten. Die Methode »Den Code entschlüsseln« kann eine effektive Strategie sein, um komplexe Probleme zu verstehen und kreative Lösungsansätze zu entwickeln. Indem man nach den zugrunde liegenden Mustern und Zusammenhängen sucht und versucht, den »Code« hinter einer Situation zu entschlüsseln, kann man ein tieferes Verständnis gewinnen und fundierte Entscheidungen treffen, um damit umzugehen. Diese Methode kann auf verschiedene Bereiche angewendet werden, sei es im persönlichen Leben, im beruflichen Umfeld oder in anderen Kontexten, in denen komplexe Probleme auftreten. Gerade für nachhaltige Themen ist sie sehr gut geeignet. Auch hier geht man schrittweise vor.

Analyse der Situation: Beginne damit, die komplexe Situation oder das Problem gründlich zu analysieren. Sammle alle verfügbaren Informationen, Daten und Fakten, die relevant sein könnten, um ein umfassendes Verständnis der Situation zu erhalten.

Identifizierung von Mustern und Zusammenhängen: Suche nach wiederkehrenden Mustern, Trends oder Zusammenhängen in den gesammelten Informationen. Achte auf alles, was sich regelmäßig wiederholt oder miteinander verbunden zu sein scheint.

Suche nach Ursachen und Wirkungen: Versuche, die Ursachen und Wirkungen der identifizierten Muster und Zusammenhänge zu verstehen. Frage dich, warum bestimmte Dinge passieren und wie sie sich aufeinander auswirken könnten. Beachte auch die vernetzten Strukturen.

Entschlüsselung des Codes: Versuche, den »Code« hinter den identifizierten Mustern und Zusammenhängen zu entschlüsseln. Frage dich, ob es eine versteckte Logik oder eine zugrunde liegende Struktur gibt, die die Situation erklären könnte.

Entwicklung von Lösungsansätzen: Basierend auf deinem Verständnis der Situation und der entschlüsselten Muster, entwickle verschiedene Lösungsansätze oder Handlungsmöglichkeiten, um das Problem anzugehen oder die Situation zu verbessern.

Prüfung und Anpassung: Überprüfe deine Lösungsansätze kritisch und sei bereit, sie bei Bedarf anzupassen oder zu verfeinern. Die Methode »Den Code entschlüsseln« ist ein iterativer Prozess, der es erfordert, flexibel zu sein und offen für neue Erkenntnisse oder Einsichten zu bleiben.

3.1.4 Navigationssystem

In der Regel sind wir irgendwie auf dem Weg, ohne bewusst zu navigieren. Wir lassen uns von unseren aktuellen Gedankengängen tragen und folgen unserem althergebrachten Mindset, ohne bewusst zu reflektieren und unsere Route klar zu planen und vor allem auch regelmäßig zu korrigieren. Die Methode »Navigationssystem« ist eine **strategische Herangehensweise**, die darauf abzielt, deinen aktuellen Standort genau zu lokalisieren und zu definieren, dann klare Ziele zu setzen und einen konkreten Plan zu entwickeln, um diese Ziele zu erreichen. Ähnlich wie ein Navigationssystem in einem

Fahrzeug dir den Weg zu einem bestimmten Ziel zeigt, soll diese Methode dabei helfen, dich auf deinem persönlichen oder beruflichen nachhaltigen Weg zu lenken. Dabei ist ein wichtiger Parameter, dass immer wieder, während du unterwegs bis, der Weg oder Plan korrigiert und angepasst wird. Dazu wählst du dir eine Abendroutine, um den Tag oder alternativ die Woche zu reflektieren. Du bewertest den Tag oder die Woche, prüfst, wo du stehst, was funktioniert hat und was nicht und passt daraufhin die nächste Woche entsprechend an. So hält dich das Navigationssystem immer auf der schnellsten und effektivsten Route. Auch hier gebe ich dir die wichtigsten Schritte mit.

Standortanalyse: Wo stehst du gerade? Führe eine ehrliche Analyse durch. Welche Ressourcen stehen dir zur Verfügung? Woran mangelt es? Was läuft überhaupt nicht nachhaltig? Welche Organisationsstrukturen im Unternehmen sind hinderlich? Welche Störfaktoren gibt es? Welche Hindernisse in Denkweisen oder Arbeitsweisen sind da?

Zielsetzung: Der nächste Schritt besteht darin, klare und spezifische Ziele zu setzen. Überlege dir, was du erreichen möchtest und definiere deine Ziele so präzise wie möglich. Diese Ziele sollten herausfordernd, aber dennoch erreichbar sein.

Routenplanung: Nachdem du deine Ziele festgelegt hast, entwickle einen konkreten Plan oder eine »Route«, um diese Ziele zu erreichen. Identifiziere die Schritte oder Meilensteine, die du auf dem Weg zu jedem Ziel erreichen musst.

Ressourcenidentifikation: Überprüfe, welche Ressourcen du benötigst, um deine Ziele zu erreichen. Das können finanzielle Mittel, Zeit, Fachwissen, Unterstützung von anderen Personen oder bestimmte Fähigkeiten sein. Stelle sicher, dass du über die notwendigen Ressourcen verfügst oder Wege findest, um sie zu beschaffen.

Zeitplanung: Lege einen Zeitplan fest, der die Zeitrahmen für die Umsetzung deiner Ziele und die Erreichung der einzelnen Meilensteine enthält. Setze realistische Fristen und berücksichtige dabei auch mögliche Hindernisse oder Verzögerungen.

Überprüfung und Anpassung: Überprüfe deinen Fortschritt regelmäßig und vergleiche ihn mit deinem Zeitplan und deinen Zielen. Sei bereit, deinen Plan bei Bedarf anzupassen und neue Wege zu finden, um Hindernisse zu überwinden oder unerwartete Herausforderungen zu bewältigen.

Selbstanalyse: Reflektiere regelmäßig über deine Ziele, deine Fortschritte und deine Erfahrungen auf dem Weg. Frage dich, ob deine Ziele noch relevant sind und ob du auf dem richtigen Weg bist, um sie zu erreichen. Passe gegebenenfalls deine Ziele oder deinen Plan an, um sicherzustellen, dass sie mit deinen aktuellen Bedürfnissen und Prioritäten übereinstimmen.

3.1.5 Der 5-Uhr-Club

Was würdest du tun, wenn du jeden Morgen **eine Stunde mehr Zeit** hättest? – Viele schwören auf das frühe Aufstehen, um Zeit für sich zu haben. Ich möchte dir daher empfehlen, zumindest für eine Weile diese Praxis auszuprobieren. Denn das frühe Aufstehen unterbricht Gewohnheiten und lässt Neues entstehen. Es ähnelt ein wenig dem Konzept des Fastens, bei dem man für eine bestimmte Zeit auf bestimmte Dinge verzichtet, um zu beobachten, wie sich das Leben ohne sie verändert. In diesem Zusammenhang möchte ich dir das Konzept des »5-Uhr-Clubs« vorstellen, das vor über zwei Jahrzehnten von Robin Sharma ins Leben gerufen wurde. Schritt für Schritt zeigt er auf, wie entscheidend es ist, sich täglich bewusst Zeit für sich selbst zu nehmen. Gestützt auf Erkenntnisse aus der Neurowissenschaft erläutert er die Rituale, die dabei helfen, die eigene Kreativität zu steigern, optimale Gesundheit zu erlangen und innere Gelassenheit zu bewahren. Der »5-Uhr-Club«-Methode[118] basiert auf der Idee, den Tag früh zu beginnen, um Zeit für persönliche Entwicklung, Produktivität und Gesundheit zu schaffen. Diese Idee passt besonders gut zum Thema Nachhaltigkeit, denn die Natur startet auch früh.

Ich erinnere mich lebhaft an meine ornithologischen Exkursionen im Morgengrauen. Die harmonischen Gesänge und faszinierenden Eindrücke, die zu dieser Tageszeit zu erleben sind, bleiben unvergesslich. Ich kann dir nur wärmstens empfehlen, es zumindest einmal auszuprobieren. Und wenn du keine Lerche bist, kannst du das Ganze als Nachtigall auch auf den Abend schieben. Das Wichtigste ist, die Entfremdung von der Natur zu überwinden. Es geht darum, sich Zeit für sich selbst und seine Gesundheit zu nehmen, und vor allem wieder Zeit in der Natur zu verbringen. Eine Alternative dazu ist das Waldbaden, das ebenfalls wohltuend sein kann.

Hier sind die wesentlichen Methoden und Herangehensweisen des 5-Uhr-Clubs, der inzwischen viele Anhänger hat:[119]

Frühes Aufstehen: Der Kern der Methode besteht darin, bereits um 5 Uhr morgens aufzustehen. Dies ermöglicht es, Zeit für sich selbst zu gewinnen, bevor der Tag mit beruflichen Verpflichtungen und anderen Aktivitäten beginnt. Durch das frühe Aufstehen soll die Effektivität und Produktivität gesteigert werden.

Routinen und Ritualen: Der 5-Uhr-Club betont die Bedeutung von festen Routinen und Ritualen am Morgen. Dies kann das Lesen, Meditieren, Sporttreiben, Tagebuchschreiben oder andere Aktivitäten umfassen, die zur persönlichen Entwicklung beitragen. Diese Routinen dienen dazu, den Tag mit positiver Energie zu beginnen und die mentale und körperliche Fitness zu fördern.

Fokus auf Selbstverbesserung: Der 5-Uhr-Club legt großen Wert auf kontinuierliche Verbesserung, ähnlich der 1,5-%-Methode. Die frühen Morgenstunden werden genutzt, um Zeit für Lernen, Weiterbildung, Reflexion und persönliche Entwicklung zu schaffen. Dies kann das Lesen inspirierender Bücher, das Anhören von Podcasts, das Verfassen von Zielen oder das Entwickeln neuer Fähigkeiten umfassen.

Zeitmanagement: Durch das frühe Aufstehen und die bewusste Nutzung der Morgenstunden soll auch effektives Zeitmanagement gefördert werden. Der 5-Uhr-Club lehrt, Prioritäten zu setzen, Ablenkungen zu minimieren und sich auf die Aufgaben zu konzentrieren, die wirklich wichtig sind. Dies ermöglicht es, mehr Kontrolle über den Tag zu gewinnen und Ziele effizienter zu erreichen.

Gesundheit und Wohlbefinden: Neben Produktivität und Selbstverbesserung wird im 5-Uhr-Club auch Wert auf Gesundheit und Wohlbefinden gelegt. Die frühen Morgenstunden können genutzt werden, um Sport zu treiben, zu meditieren oder gesunde Mahlzeiten vorzubereiten. Dies trägt dazu bei, körperliche Fitness und mentale Ausgeglichenheit zu fördern.

Gemeinschaft und Unterstützung: Viele Anhänger des 5-Uhr-Clubs suchen auch den Austausch mit Gleichgesinnten und bilden eine Gemeinschaft, die sich gegenseitig unterstützt und motiviert. Dies kann durch Online-Plattformen, lokale Gruppen oder persönliche Treffen erfolgen und dient dazu, die Motivation aufrechtzuerhalten und gemeinsame Ziele zu verfolgen.

Insgesamt fördert der 5-Uhr-Club eine Lebensweise, die auf frühes Aufstehen, klare Ziele, Selbstverbesserung und Gesundheit ausgerichtet ist. Durch die bewusste Nutzung der Morgenstunden soll mehr Zeit für persönliches Wachstum geschaffen werden, um ein erfüllteres und produktiveres Leben zu führen. Das klingt auf jeden Fall nachhaltig oder ermöglicht zumindest einen bewussteren Umgang mit der eigenen Zeit und Ressourcen.

Der kleine Schritt

Beginne jeden Tag mit der Frage »Was liegt heute in meiner Macht?« und richte deine Energie und Entscheidungen entsprechend aus.

3.1.6 Gewohnheiten unterbrechen

Die Menschen gehen lieber zugrunde, als dass sie ihre Gewohnheiten ändern.

Leo Tolstoi

Eine Angewohnheit kann man nicht aus dem Fenster werfen. Man muss sie die Treppe hinunterprügeln, Stufe für Stufe.
Mark Twain

Wir kreieren erst unsere Gewohnheiten und dann kreieren unsere Gewohnheiten uns.
John Dryden

Unser **Gehirn spart Energie**, in dem es **viele Dinge auf Autopilot** laufen lässt. Gewohnheiten wie das Zähneputzen werden teilweise so automatisch ausgeführt, dass wir sie kaum bewusst wahrnehmen. Ist es dir auch schon einmal passiert, dass du dich gefragt hast: »Habe ich mir die schon die Zähne geputzt oder nicht?« Zähneputzen ist eine zweifellos eine gute Gewohnheit, würde jeder sagen, es gibt jedoch aber auch genug schlechte. Viele »Umweltsünden« gehören dazu. Zudem sind uns viele unserer Gewohnheiten gar nicht bewusst. Ein Trick, um Handlungen, die zu Gewohnheiten geworden sind, zu entlarven, besteht darin, sie bewusst zu durchbrechen. Wenn du die Zähne ausnahmsweise einmal mit der anderen Hand putzt, wirst du merken, wie komisch sich das anfühlt und wie du den Bewegungsablauf neu kontrollieren musst. Ein weiteres Beispiel ist, die Uhr am anderen Handgelenk zu tragen als gewohnt. Es geht darum, die Routinen zu unterbrechen. Das frühe Aufstehen im Rahmen der vorigen Methode ist auch eine Möglichkeit, seine Gewohnheiten zu durchbrechen. Nachdem die Gewohnheiten identifiziert wurden, ist es auch wichtig, bewusst zu prüfen, ob sie gut für dich und die Umwelt sind oder eben nicht. Denn eine **Gewohnheit arbeitet entweder für dich oder gegen dich**.

Aber was ist eine Gewohnheit genau? Sie ist eine Handlung oder Verhaltensweise, die eine Person regelmäßig, meist automatisiert und oft unbewusst ausführt. Deine Gewohnheiten bestimmen langfristig dein Ergebnis, insofern ist es entscheidend, auf deine Gewohnheiten zu achten. Sie sind antrainiert und können demnach auch wieder abtrainiert werden, auch wenn dies natürlich mit Energie verbunden ist und seine Zeit braucht. Der erste Schritt ist auch hier das Erkennen und Reflektieren und dann das Angehen des gezielten Änderungsprozesses. Dafür können die Methoden der vorhergehenden Abschnitte angewendet werden. Suche dir aus dem Methoden-Buffet einfach die für dich passende aus.

3.1.7 Muscle-Memory-Training

In der Welt des Sports, der Musik und anderen körperlichen Aktivitäten ist die Fähigkeit, Bewegungen automatisch und effizient auszuführen, von entscheidender Bedeutung. Diese Fähigkeit, bekannt als Muskelgedächtnis oder motorisches Gedächtnis – engl. *Muscle Memory* –, ist das Ergebnis von wiederholtem Training und einer faszinierenden neurologischen Anpassung des Körpers. Dazu wird nach einem Trainingsplan trainiert. Denn dieses Muskelgedächtnis entsteht nicht über Nacht, sondern durch kontinuierliches, konzentriertes Training. Experten betonen die Bedeutung regelmäßiger Wiederholung und der Aufmerksamkeit für die Details der Bewegung. Indem Bewegungen in kleinere Schritte aufgeteilt werden und jedes Element sorgfältig geübt wird, können Athleten und Künstler die Grundlagen legen, auf denen ihr Muskelgedächtnis und die entsprechende neurologische Anpassung aufbaut.

Ähnliche Prinzipien gelten auch für das Gehirn. Wie bei körperlichen Bewegungen kann das Gehirn durch **wiederholte Übung und Konzentration** neue Verbindungen aufbauen und bestehende verstärken, d.h., wir können unser Gehirn trainieren wie einen Muskel. Dies führt zu einer verbesserten Leistung in bestimmten kognitiven Fähigkeiten oder mentalen Aufgaben, ähnlich wie ein Muskel die Leistung in physischen Aktivitäten verbessert. Unser Gehirn ist keine starre Lagerhalle, sondern ein dynamisches, sehr flexibles System, das durch Training besser wird. So können wir uns zum Beispiel längere Konzentration und Aufmerksamkeit oder schnelles Lesen und Reflektieren antrainieren. Da wir es jedoch gewöhnt sind, unsere Muskeln zu trainieren, wissen wir darüber in der Regel mehr, als darüber, wie wir unseren »Gehirnmuskel« trainieren. Deshalb tut ein Trainingsplan gute Dienste. Neben unseren Routinen vergessen wir dies zu oft. Gerade um neue nachhaltige Verhaltensweisen aufzubauen, ist ein Plan sehr hilfreich. Wer vergisst zu planen, wird leicht planlos.

Variationen und Herausforderungen sind wichtige Aspekte beim Training des Muskelgedächtnisses und des Gehirns. Durch das Hinzufügen von Gewicht, Änderungen des Tempos oder die Anpassung an unterschiedliche Umgebungen werden sowohl Muskeln als auch Gehirn weiter gestärkt und die Anpassungsfähigkeit verbessert.

Feedback und Korrektur spielen ebenfalls eine entscheidende Rolle, sowohl beim Training des Muskelgedächtnisses als auch des Gehirns. Von erfahrenen Trainern und Lehrern erhalten Athleten und Künstler wertvolle Rückmeldungen, die ihnen helfen, Fehler zu erkennen und Bewegungen zu korrigieren. Ähnlich können gezielte Übungen und mentale Herausforderungen dazu beitragen, kognitive Fähigkeiten zu verbessern und das Gehirn zu schärfen.

Muskelgedächtnis und die Fähigkeit des Gehirns, sich anzupassen und zu verbessern, sind dynamische Prozesse, die kontinuierliches Training erfordern. Durch konzentriertes **Training, Variationen, Feedback und regelmäßige Übung** können Athleten, Künstler und jeder, der sein Gehirn schärfen möchte, ihre Fähigkeiten verbessern und ihr **volles Potenzial entfalten.**

Wichtig ist, zu erkennen, dass dir für Änderungen, die essenziell und lebensverändernd sind, **die richtige Zeiteinteilung** bewusst sein muss. Du solltest deshalb zunächst genau zu prüfen, was du erreichen und trainieren möchtest. Dann kannst du die erforderlichen Komponenten recherchieren und sie strukturiert in einen Trainingsplan integrieren, bevor du mit dem eigentlichen Training beginnst. Denn wie Albert Einstein schon sagte:

> **Die Albert-Einstein-Methode**
> »Wenn man mir eine Stunde Zeit geben würde, ein Problem zu lösen, von dem mein Leben abhängt, würde ich vierzig Minuten dazu verwenden, es zu **studieren**, fünfzehn Minuten dazu, Lösungsmöglichkeiten zu **prüfen**, und fünf Minuten, um es zu lösen.«

Das bedeutet, dass weniger als 10% der aufgewendeten Zeit für die eigentliche Lösung benötigt werden, während das Studium der Probleme, Fehler, Engpässe und potenziellen Lösungswege mehr als 90% der Zeit in Anspruch nimmt. Daher ist es wichtig, deine Erwartungshaltung anzupassen, da deine Erwartungen – wie ich bereits erwähnt habe – maßgeblich den Erfolg beeinflussen. Mache dir bewusst, dass die Vorbereitung wesentlich länger dauern kann. Im nächsten Kapitel zeige ich dir, wie du deine Zeit durch verschiedene Maßnahmen effektiver nutzen kannst. Die Wichtigste ist Schwung – also Momentum – aufzubauen. Wenn du darauf achtest, den Schwung nicht zu verlieren, passiert vieles fast von alleine. Sei gespannt!

3.1.8 Mindset mit Momentum – wie du die Zeit für dich arbeiten lässt

Wir haben die Funktionsweise und vor allem das Potenzial unserer Gehirne ausführlich beleuchtet. Unser Kopfgehirn ist aber in erster Linie ein Energiesparer. Es arbeitet höchst energieeffizient und dafür steht Altbewährtes hoch im Kurs. Neue Erfahrungen, neue Gewohnheiten fühlen sich unbehaglich an. Sie stören das energetische Gleichgewicht, die Kohärenz. Es entsteht ein Widerstand, der dafür sorgt, dass alles schön beim Alten bleibt. Ähnlich der Trägheit eines Körpers, der dazu neigt, in seinem gegenwärtigen Zustand zu verharren, neigt auch das Gehirn dazu, in bekannten Denkmustern und Verhaltensweisen zu verweilen. Wer aber das denkt und tut, was er immer getan hat, wird bekommen, was er immer bekommen hat.

Es gilt deshalb, unsere Gedanken neu zu ordnen, wenn wir unser Mutterschiff Erde in eine neue nachhaltige Richtung steuern wollen. Dies gilt insbesondere für Führungspersönlichkeiten. Diese Gedankenarbeit, unser Mindset auszurichten, gleicht dem Gießen einer Pflanze – tägliche Pflege führt zu Wachstum. Denn **Nachhaltigkeit ist eine Haltung**, eine Einstellung, nach der sich unser Tun ausrichtet.

Die Trägheit kann aber auch zu unserem Vorteil wirken. Wenn du Dinge anschiebst und in Bewegung bringst, werden sie sich quasi von selbst weiter bewegen. Frei nach Newton, bleibt das, was in Bewegung ist, auch in Bewegung. Es ist wie bei einem Zug. Es dauert, bis er sich in Bewegung setzt, und Einiges an Energie ist dazu erforderlich, aber wenn er einmal rollt, dann rollt er und die benötigte Energie, um ihn weiter in Bewegung zu halten, ist viel geringer. Entscheidend ist es, diese Anfangskraft aufzubringen. Das physikalische Prinzip dazu ist der Impuls, engl. *Momentum*. Wir bauen Schwung auf, damit die Dinge ins Rollen kommen und dann fast von alleine weitere Dinge passieren. Wie bei einem Kugelstoßpendel bringen wir das System in Schwingung.

Ebenfalls bedeutsam ist der **Faktor Zeit** und damit die Frage: Wie schaffen wir es, schneller zu werden? Was kann die Dinge beschleunigen? Die Beschleunigung spielt eine entscheidende Rolle, um Veränderungen schneller voranzutreiben und Hindernisse zu überwinden. Ähnlich wie eine hohe Beschleunigung den Zug schneller in Bewegung bringt, kann ein beschleunigtes Denken und Handeln Innovationen vorantreiben und uns in neue Richtungen lenken.

Im Weiteren wirst du praxiserprobte Strategien und Methoden kennenlernen, wie du das Beste aus deiner Zeit herausholst. Denn gerade beim Thema Klimawandel läuft uns ja die Zeit weg. Deshalb sollten wir mit unserer Zeit so effektiv wie möglich umgehen.

Es geht nicht darum, was richtig oder falsch ist, sondern darum, was funktioniert und was nicht. Was unterstützt den Fortschritt und was hindert ihn? Wir dürfen uns alle Tools ansehen und sie in einen neuen, nachhaltigen Raum stellen. Eine kleine Warnung: Manches könnte eine emotionale Reaktion in dir auslösen. In diesem Fall ist es hilfreich, zu hinterfragen, warum es dich triggert, und tiefer zu schauen. Nachhaltigkeit ist ein gutes Instrument, um an deinen Triggern, an deinen alten Glaubenssätzen zu arbeiten. Es geht um **Mindset**, um **Strategie und Energie**. Wir haben gesehen, dass der Klimawandel Klimaangst und Klimalähmung verursacht, dass er die Menschen handlungsunfähig macht. Die Phänomene des Klimawandels stellen einen unglaublichen Druck dar. Dazu kommt der zeitliche Druck. Die Frage ist, wie wir mit diesem Druck umgehen. Lassen wir uns lähmen, schieben wir weiter auf, sehen wir zu, wie einige wenige weiter ihre ausbeuterischen Interessen verfolgen und uns alle gefährden? Oder nutzen wir den Druck, um uns anzutreiben, die Zeit potenziert zu nutzen und um Lösungen und Möglichkeiten zu finden? Es ist wie beim Schnellkochtopf. Wird der Druck genutzt, um ein Gericht in viel kürzerer Zeit zu kochen oder lassen wir einfach durch Ablenkungsmotive den Dampf und damit den Druck ab und es entsteht nichts Köstliches?

Es geht am Ende darum, wie du Dinge bewertest, was für dich hart ist und wie du mit dem Druck umgehst. Und ja – auch dies ist erlernbar. Wähle weise und trainiere, unter Druck reflektiert handeln zu können, ganz nach dem Motto »**Choose your hard**«. Du darfst lernen, den Raum gegen alle Widerstände zu halten. Es ist normal, als Führungsperson als Entrepreneur unter Druck zu stehen, dich überfordert zu fühlen. Lerne, es zu lieben, denn ohne Veränderungsdruck geht es nicht. Ohne Druck entstehen keine Diamanten. Du musst lernen, dich unwohl wohlzufühlen. Lerne, Angst zu fühlen und es trotzdem zu tun, denn die besten Dinge des Lebens sind jenseits der Angst zu finden. Du darfst also deine Emotionen regulieren, du darfst der Angst etwas entgegensetzen. Und ich spreche nicht von Überforderung und Burn-out, sondern genau davon, die Arbeit vor der Arbeit so zu tun, damit du in Balance bist und bleibst. Du musst die **Emotionsarbeit** leisten, um voranzukommen, um nachhaltigen Erfolg zu erzielen. Und du musst lernen, mit Widerständen aus deiner Umgebung umzugehen und dort auch die Gefühlsarbeit erbringen und die Gefühle bei anderen wahrnehmen und anerkennen. Lenke sie für dich energetisch positiv. Das Thema Nachhaltigkeit bringt alle Gefühle hoch. Übrigens: Angst und Aufregung haben exakt die gleichen körperlichen Reaktionen.

Eine nachhaltige Transformation zu kreieren ist kein Rollrasen legen. Nein, du darfst den Rasen selber säen und den Boden beackern. Du darfst für ausreichend Bewässerung sorgen und aufpassen, dass keine Vögel deinen Samen fressen oder die jungen Pflänzchen von Dornen oder Unkraut erstickt werden. Das biblische Gleichnis vom Sämann spiegelt die realistischen Herausforderungen wider, denen wir bei Veränderungen gegenüberstehen.

Es geht um deine Grundintention, deine innere Haltung und darum, sich für ein **Growth Mindset** zu entscheiden (vgl. Kap. 2.3).

If the WHY is powerful, the HOW is easy.
Jim Rohn

> **Homeplay: Purpose**
> Was genau ist dein Warum? Was ist dein Purpose?
> Schreib ein WARUM auf: Egal was es ist. Hauptsache, es ist stimmig für dich selbst und kommt nicht von anderen.
> Ich muss/möchte das tun, weil ich …
> Übrigens … es darf auch ein gesellschaftlich nicht legitimiertes Warum sein ☺

Basierend auf den neurowissenschaftlichen Erkenntnissen sind drei Schlüssel entscheidende Hilfen: Klarheit, Energie und Mut. Erfolg ist wie ein Zahlungsschloss, du brauchst die richtigen Schlüssel und die richtige Anwendung dieser Schlüssel und du solltest dir auch Gedanken machen, in welcher Reihenfolge du die Schlüssel anwendest.

Drei neurowissenschaftliche Schlüssel für dein Mindset

1. **Schlüssel Klarheit**: Wir dürfen der Komplexität von Nachhaltigkeit unsere Klarheit entgegensetzen, aus der wir handeln. Wie bekommen wir diese Klarheit?
2. **Schlüssel Energie**: Der zweite Faktor ist die oft fehlende Energie. In der Regel haben wir sowieso schon genug zu tun. Wie sollten wir dann noch mehr investieren? Dies hört man eigentlich auch überall als die häufigste Entschuldigung: »Ich habe so viel zu tun, das geht wirklich nicht auch noch.« Also wie kommen wir zu mehr Energie bzw. wie schaffen wir es, die Energie richtig einzusetzen?
3. **Schlüssel Mut**: Und dann brauchen wir den Mut, die Dinge auch gegen Widerstände anzugehen. Den Mut, Fehler zu machen. Den Mut, allen Widrigkeiten zu trotzen. Den Mut, immer weiterzumachen.

Ergebnisse werden durch Taten erreicht. Viel wichtiger als das, was wir sagen, ist das, was wir tun. Im Folgenden gebe ich euch Strategien an die Hand, wie ihr Klarheit gewinnt, Energie und Momentum aufbaut und durch gezielte neue Gewohnheiten, den Mut gewinnt und beibehaltet, jeden Tag strukturiert und fokussiert die richtigen und zielführenden Schritte zu tun. Und das Ganze selbstverständlich gehirngerecht. Zunächst dürft ihr als Führungspersonen an euch selbst arbeiten, denn wahre Stärke und Leuchtkraft kommen von innen.

Also lass den Aufschieber endlich hinter dir, denn nichts kostet mehr Kraft, als Dinge immer wieder vor sich herzuschieben. Und wir brauchen ein klares Ziel sowie ein System, einen Rahmen, in dem wir es umsetzen. Einen Rahmen zu haben, bedeutet zu wissen, worum es geht. Stell dir vor, du darfst ein Puzzle entwerfen mit einer Erde, die nachhaltig von den Menschen erhalten und mit den Menschen belebt wird. Wie sieht das Bild des Puzzles aus? Wie würdest du dieses Puzzle entwerfen und wie würdest du es zusammenbauen? Für all dies brauchen wir freudige, spannende und vor allem praxiserprobte Tools.

Und diese Tools dürfen wir kontinuierlich anwenden, denn Konstanz siegt über Brillanz. Denn außergewöhnliche, transformierende Menschen sind die, die gewöhnliche Dinge außergewöhnlich gut und nachhaltig tun. Diese Menschen sind Leader und Vorbilder. Sie liefern Impakt für ihre direkte Umgebung und dadurch letztendlich für die Gesellschaft. Mach die Dinge zur richtigen Zeit, wenn sie wichtig sind. Heute ist der erste Tag vom Rest deines Lebens. Starte jetzt!

I never lost a game I just ran out of time.
Michael Jordan

Persönliche Neurochallenge

Frage: Was sind die Dinge, die du auf täglicher Basis tust, die dich vom Erreichen deiner Ziele abhalten, die dir Zeit rauben? Welche Gewohnheiten hast du, die dich aufhalten oder nicht voranbringen, mit denen du trotzdem auf regelmäßiger Basis Zeit verschwendest? Was sind die Dinge, die du automatisch tust? – Denke nach und schreibe auf.

Challenge: Richte dich neu aus – fasse den Vorsatz, 40 Tage zu fasten. Halte Abstand von den Dingen, die dich ablenken. Schaffe Platz für neue Gewohnheiten, für das neue System – 40 Tage lang. Dafür nutze die folgenden Tools.

Versprechen: Verpflichte dich selbst zu dieser Challenge - betrachte dein Versprechen als einen Vertrag mit dir selbst, ein verbindliches Commitment. Überlege dir etwas, was du auf keinen Fall – wirklich gar keinen Fall – tun würdest, für den unwahrscheinlichen Fall, dass du dein Versprechen nicht einhältst. Wähle eine Person deines Vertrauens, der du Rechenschaft ablegst. Du brauchst sowieso jemanden, mit dem du immer wieder überprüfst, ob du auf dem richtigen Weg bist. Hier kannst du also zwei Fliegen mit einer Klappe schlagen.

Das Leben läuft immer für uns, nicht gegen uns. Es fordert und fördert. Es fordert, dass wir wachsen und es fördert, dass wir wachsen. Die aktuelle Situation der Erde fordert von uns als Menschen nicht mehr und nicht weniger als eine radikale Transformation, ein wahres Umdenken und Handeln. Wir dürfen unser volles Potenzial und unser wahres Menschsein entfalten, wenn wir überleben wollen.

Die Notwendigkeit sorgt dafür, dass Kreativität geboren wird. Wir brauchen dazu allerdings das richtige Mindset und den richtigen Ansatz. Wir brauchen ein **Motiv – ein Bild in Bewegung** –, auf das wir zugehen. Ein Motiv in Motion. Denn dann sind wir angetrieben, auf dieses Zukunftsbild zuzugehen und es möglich zu machen. Wir sind so motiviert, dass wir die Kraft für die nächsten Schritte schöpfen und Wegbegleiter finden, die das gleiche Bild anstreben.

Nutze deine Lebenszeit und die Chancen, die du bekommst. Dabei geht es nicht um die Chancen deines Lebens, es geht um die Lebenszeit deiner Chancen. Denn die Chancen, die wir jetzt noch haben, werden bald vorbei sein. Der wichtigste Zeitpunkt zu handeln ist NOW:

N – NO

O – Opportunity

W – Wasted

Lass keine Gelegenheit, lass keine Chance mehr aus. Es geht darum, dies deinem präfrontalen Kortex sehr klar zu machen. Richte deinen rationalen Verstand aus und fülle ihn mit einer Dringlichkeitsmotivation. Verschwende keine Möglichkeiten. Dein Bild, dein Motiv muss jetzt klar sein. Dein Bild muss **JETZT** da sein. Und das »Jetzt« ist nicht dafür da, um etwas zu bekommen. »Jetzt« ist dafür da, um etwas zu geben. Denn auch hier gilt das Leadership-Gesetz: Erst kommt das Dienen und dann das Verdienen.

> ### Persönliche Neurochallenge
>
> **Frage:** Was ist das Bild, das dich antreibt?
>
> **Challenge:** Beobachte dich selbst: Wer bist du, was sind deine Gewohnheiten? Wer bist du und willst du die Person bleiben, die du gerade bist? Auf was ist dein »JETZT« ausgerichtet?

Der Compound-Effekt

Die Zeit ist eine Illusion. Da Uhren rund sind, wirkt sie unendlich. Zeit ist jedoch in der Realität nicht unendlich. Die Zeit läuft aktuell gegen uns. Wir schätzen unsere Zeit zu wenig und wir nutzen sie nicht, ja wir vergeuden sie sogar. Deshalb erkenne den **Wert der Zeit**, deiner Zeit.

Wenn du ihren Wert kennst, fängst du aufgrund dieser Wertschätzung an, zu arbeiten. Nutze deine Tage wie ein Champion. Nutze jede Stunde, jede Minute. Überlege dir, für was du deine Zeit einsetzen willst, welche Ausreden du noch für dich gelten lassen willst. Deine Einstellung ist das Geheimnis und bestimmt, welches Tempo du fahren kannst. Überprüfe deine Einstellung und ändere sie gegebenenfalls.

Deine heutige Einstellung bestimmt deine Möglichkeiten und gibt dir die Freiheit, Tempo aufzubauen. Jeder Schritt zählt und trägt zur exponentiellen Entwicklung bei. Du kannst dir den **Compound-Effekt** zunutze machen, um eine enorme Belohnung aus einer Reihe von kleinen, klugen Entscheidungen zu ernten. Obwohl das Resultat und der Effekt gewaltig sind, sind die einzelnen Schritte dorthin gefühlt unbedeutend! Es sind gerade diese kleinen, konsequenten Schritte, die zu einer radikalen Veränderung führen können. Der Compound-Effekt ist ein unheimlich mächtiger Schlüssel, mit dem du den Weg zu dauerhaftem nachhaltigem Erfolg öffnen kannst.[120]

Ich möchte ihn gern an einem Beispiel erklären:

- **Was würdest du wählen?**
- 3 Millionen Euro sofort oder einen Cent, der sich jeden Tag verdoppelt?
- Eine einmalige, sofortige 50-%-Steigerung in einer frei wählbaren Fähigkeit/Fertigkeit oder lieber eine tägliche Steigerung um 0,1 %?
- Monatlich 5.000 Euro, ohne etwas ändern zu müssen, oder wöchentlich 10 Euro mit einer Steigerung von 10 % in jeder Woche und dafür täglich 30 Minuten lernen und deine Fähigkeiten und Fertigkeiten verbessern zu müssen?[121]

Notiere dir deine Antworten, die Auflösung kommt weiter unten.

Am Anfang haben wir die Fragen aufgeworfen, warum sich Menschen so schwer ändern und warum die meisten Menschen an ihren Zielen scheitern. Neujahrvorsätze sind das beste Beispiel dafür: Zu Beginn des neuen Jahres sind wir voller Energie und Entschlossenheit, radikale Veränderungen vorzunehmen. Doch oft verfliegt diese Motivation schnell. Kennst du das? Die Vorsätze sind schnell gefasst und ebenso schnell wieder vergessen. Die Aufschieberitis ist zu gewaltig, die Prokrastination und die Entschuldigungen greifen. »Ach, ich fange doch erst morgen an oder noch besser nächste Woche, dann aber wirklich!« Das ist der Anfang vom Ende, bis zum nächsten Jahreswechsel dasselbe Spiel wieder beginnt. Viele denken, es reicht, mit dem Finger zu schnippen und die Veränderung tritt sofort und im vollen Umfang ein. Wir haben gesehen, wie unser Gehirn funktioniert und dass eine Veränderung Zeit und vor allem konsistente Wiederholung braucht. Und dazu brauchen wir Momentum, Energie und Disziplin.

- **Der Compound-Effekt geht da genau diesen Weg:**
- Er baut Momentum auf.
- Es steht ein wohlüberlegter Plan dahinter.
- Die benötigten Gewohnheiten werden Schritt für Schritt implementiert.
- Persönliche Grenzen werden bewältigt und neu definiert.

Der **Compound-Effekt in eine Formel gepackt** würde gemäß dem Buch von Darren Hardy so aussehen:

Kleine clevere Veränderungen + Konsistenz + Zeit = ein radikaler Unterschied[122]

Lass uns die obigen Auswahlfragen einmal genauer betrachten und dabei den Faktor Zeit und damit unsere kognitive Kontrolle mit berücksichtigen. Vielleicht erinnerst du dich ja noch an das Marshmallow-Experiment. Dieses Experiment, das von den Psychologen Walter Mischel und Ebbe B. Ebbesen an der Standford University durchgeführt wurde, untersuchte die Fähigkeit von Kindern, die sofortige Befriedigung eines Marshmallows aufzuschieben, um später eine größere Belohnung zu erhalten. Es verdeutlicht, wie wichtig es ist, kurzfristige Belohnungen zu überwinden, um langfristige Ziele zu erreichen. Ähnlich verhält es sich hier, wenn wir unseren Verstand einschalten:

- **3 Millionen Euro sofort oder einen Cent, der sich jeden Tag verdoppelt?**
  Nun, 3 Millionen Euro sind mit Sicherheit nicht schlecht, aber ein Cent, der sich für 30 Tage jeden Tag verdoppelt, wäre mir dann doch lieber. Denn am Ende dieser 30 Tage hättest du 10,7 Millionen Euro auf dem Konto.
- **Eine einmalige, sofortige 50-%-Steigerung in einer frei wählbaren Fähigkeit/Fertigkeit oder lieber eine tägliche Steigerung um 0,1 %?**
  Nun, eine sofortige 50 %ige Steigerung ist mit Sicherheit eine tolle Sache. Ich würde dann aber doch lieber die tägliche Steigerung um 0,1 % wählen, denn damit hättest du nach 695 Tagen sogar eine 100 %ige Steigerung.
- **Monatlich 5.000 Euro, ohne etwas ändern zu müssen, oder wöchentlich 10 Euro mit einer Steigerung von 10 % in jeder Woche und dafür täglich 30 Minuten lernen und deine Fähigkeiten und Fertigkeiten verbessern zu müssen?**
  Monatlich 5.000, Euro, ohne etwas ändern zu müssen – eine tolle Sache, oder? Naja, dann sieh dir jetzt mal diese Tabelle an:
  - Monat 1: 51 Euro vs. 5.000 Euro
  - Monat 2: 126 Euro vs. 10.000 Euro
  - Monat 3: 325 Euro vs. 15.000 Euro
  - Monat 12: 15.541 Euro vs 60.000 Euro
  - Monat 16: 86.762 Euro vs. 80.000 Euro
  - Monat 24: 2.219.271 Euro vs. 120.000 Euro

Ich denke, diese Zahlen sprechen für sich.[123]

Der Compound-Effekt erzielt also eine erhebliche nachhaltige Wirkung. **Die Zeit arbeitet quasi für dich**, sodass dein Erfolg exponentiell steigt. Wichtig sind die kontinuierliche Verfolgung deines Zieles und die **konsistente Umsetzung der richtigen kleinen Schritte**. Daher solltest du den Compound-Effekt gezielt genutzt.

Wir tun heute etwas für die Zukunft, damit die Zukunft etwas für uns tun kann. Nur wenn ich mich auf das konzentriere, was ich habe, anstatt auf das, was ich nicht habe, kann ich Möglichkeiten kreieren. Stell dir vor, du bist einer der besten Immobilienmakler. Diese kaufen für wenig Geld eine Immobilie, renovieren sie und verkaufen sie später für das Fünffache. Betrachte deinen Tag genauso: Er ist wie eine heruntergekommene Immobilie. Du darfst die Tage/Stunden renovieren. Nimm den heutigen, unbedeutenden Tag und fange an, dich physisch, emotional und mental weiterzuentwickeln, weil du den Tag, die einzelnen Stunden schätzen kannst. Du investierst in diesen Tag und in deine Zukunft. Nur wenn du in der Lage bist, den Wert dieses Tages einzuschätzen, wirst du ihn effektiv und anders nutzen. Deine Einstellung bringt dir Tempo und diese Einstellung basiert auf Wertschätzung deiner Zeit gegenüber. Du arbeitest mit dem, was du hast, damit du morgen viel mehr bekommst. Die kleinen Dinge bringen das Tempo und die große Veränderung.

Sustainiker – also zukunftsorientierte, nachhaltige, weise Menschen – strengen sich heute an, damit sie die Zeit effektiv nutzen und ihren Weg erleichtern. Sie investieren jede verbleibende Möglichkeit, pflanzen jedes Samenkorn, das noch da ist. Jede Minute, jede Stunde, jeden Tag möchten sie für die Zukunft investieren und werden dank des Compound-Effekts einen durchschlagenden Erfolg haben und die Tipping Points einholen. Sie sind sich bewusst, dass eine konsequente Verfolgung ihres Ziels zum Erfolg führen wird.

Welche Gewohnheiten prägen deinen Alltag? Welche Handlungen setzt du regelmäßig um, auch wenn sie dir nicht immer gefallen? Trotzdem führst du sie aus, da du weißt, dass gerade diese kleinen Schritte langfristig Veränderungen bewirken können. Mit der Zeit wirst du den Fortschritt sehen. Erinnere dich daran: Es genügt, einfach anzufangen und konsequent dranzubleiben. Besser, mit Unvollkommenheiten zu starten, als überhaupt nicht zu beginnen. Perfektion ist nur der kleinste Standard auf dieser Welt.

Nachhaltiger Erfolg ist wie eine Blume, sie muss wachsen und braucht unterschiedliche Nährstoffe. Wichtig ist der tägliche Schritt, ganz nach dem Kaizen-Prinzip: 1,5% am Tag ist alles, was du brauchst (vgl. Kap. 3.1.1).

Wer ein Warum hat zu leben, erträgt fast jedes wie.
Friedrich Nietsche

In den folgenden Unterkapiteln findest du nun die praktischen Möglichkeiten, wie du deine Gehirne nutzt, um das nötige Selbstvertrauen aufzubauen, um Momentum und Energie zu bekommen, um möglichst viel aus deiner Zeit zu machen, um intensiv und sinnhaft mit Spaß und **Freude** für das Wesentliche zu leben, um so den **Sinn** deines Lebens zu spüren und **glücklich** zu sein.

3.1.9 Rekalibrieren lernen – wie du dich neu programmierst

Wir hatten gesehen, dass **jedes Gehirn individuell strukturiert** ist. Die Verbindungen zwischen den einzelnen Gehirnteilen sind ein einzigartiges Mosaik, das jeder individuell im Laufe seines Lebens geschaffen hat. Die Frage, die wir uns stellen dürfen, um uns weiterzuentwickeln: Passt meine Software für das, was ich will? Wie ist mein Autopilot (Default Mode Network) eingestellt? Welche Gedanken, welche Gewohnheiten prägen mein Leben? Welche Stimmung ist für mich typisch? Auf welche Frequenz bin ich eingestellt? – All diese **Selbstreflexionsfragen** dürfen wir uns stellen. Erkunde die Perspektiven deiner fünf engsten Freunde bezüglich deiner gewohnten Stimmung. Ihre Einsichten könnten äußerst aufschlussreich sein

Biologisch haben wir alle einen bestimmten Hormonspiegel im Körper, der unsere Grundstimmung beeinflusst – einschließlich unserer aktuellen Stimmung. Die Frage ist: Bist du dein eigener Chefchemiker? Kannst du deine Stimmungen, deine Emotionen beeinflussen? Wir hatten bereits über die emotionale Intelligenz gesprochen. Deine Emotionen sind oft stärker als rationale Überlegungen, Emotionen können trotzdem durch geordnete Gedanken beeinflusst werden. So können auch die Emotionen gezielt ausgebildet werden, indem das Gehirn wie ein Muskel trainiert wird. Wie kann dies nun konkret geschehen?

Energie ist eng mit Selbstvertrauen verbunden, und Selbstvertrauen ist etwas, das du aktiv entwickeln kannst. Mit dem Aufbau von Selbstvertrauen kannst du deine Selbstzweifel, die dich oft abhalten oder behindern, überwinden.

Wir haben alle gelernt, auf eine bestimmte Art und Weise zu denken und zu kommunizieren. Es ist hilfreich, diesen antrainierten Denkweisen auf die Schliche zu kommen, um sie zu ändern: Oft denken wir in den Stimmen anderer Menschen in unserem Kopf und projizieren ihre Gedanken auf uns selbst. Das Aussprechen dieser Gedanken kann helfen, sie zu korrigieren.

Selbstvertrauen entsteht auch durch die Gewissheit der bewussten Kontrolle, die dem Training zu verdanken ist. Du hast gelernt, deine Emotionen zu kontrollieren und bewusst zu ändern. Das gibt die Sicherheit, auch in unvorhersehbaren Situationen angemessen zu handeln. Bei einem trainierten Selbstbewusstsein ist die äußere Situation irrelevant. Du bist, wer du bist, egal, was ist. Du allein bestimmst, wer Einfluss auf dich hat und wie du mit Feedback und Kritik umgehst. Gleichzeitig trainierst du auch deine **Intuition**, indem du deine antrainierten Denkweisen hinterfragst und bewusst auf deine innere Stimme achtest und auf sie vertraust.

Der Trick liegt auch in der Vokabel »Ich kann«. Uns diese anzueignen, gehört zum Training des Selbstvertrauens. Denn 50% der **Energie kommt aus dem, wie du mit dir selbst sprichst**, aus deinen Selbstgesprächen. Es geht also darum, die Art, wie wir mit uns selbst sprechen, zu durchschauen und zu ändern, wenn wir mehr Energie und Selbstvertrauen gewinnen wollen. Selbstvertrauen ist wie ein Muskel, den wir aufbauen können. Dafür müssen wir die dahinterliegenden Emotionen kennen.

Bezwinge das **Monster Selbstzweifel**, bevor es zu einem mächtigen Ungetüm heranwächst. Oft steuern die Emotionen unbewusst alles. Deshalb ist es wichtig, deine **Gedanken zu restrukturieren** und deine **Emotionen zu rekalibrieren**. Stell dich der Herausforderung und führe die weiter unten detaillierte Übung über einen Zeitraum von 30 bis 60 Tagen konsequent durch. Investiere in dein Gehirn, denn es ist deine wichtigste Ressource. Dein Verstand ist deine wertvollste Immobilie. Wenn du ihn renovierst, wirst du langfristig betrachtet eine bemerkenswerte Rendite erzielen.

Gib dir den Raum, um tiefer zu gehen. Ordne deine Ressourcen. Wenn du im Inneren startest, ordnen sich die äußeren Dinge entsprechend. Neue Gedanken und Sichtweisen eröffnen sich plötzlich.

Selbstzweifel ist oft Zweifel an der Person, die du sein könntest. Schaffe zuerst die Grundlage. Oft liegt dein Potenzial vergraben in dir. Wenn du hoch hinaus willst, solltest du zuerst ein starkes Fundament legen. Selbstbewusstsein entsteht nicht aus dem, was du weißt, sondern aus dem Dialog mit dir selbst und den dabei wach werdenden Gefühlen.

People don't care how much you know until there know how much you care.
Theodor Roosevelt

Kümmere dich zunächst um dich selbst, bevor du dich um andere kümmerst. Schaffe zuerst Grundlagen, bevor du kritisch wirst. Baue zuerst dein Selbstvertrauen auf, damit du mit der Kritik umgehen kann. Das gilt auch für deine eigene Seele. Höre dir in dich hinein, bevor du Forderungen an dich selber stellst. Dabei bestimmen Fragen die Richtung. Stelle dir selbst Fragen, um neue Möglichkeiten zu erkunden und die Qualität deiner Gefühle zu beeinflussen.

Die Frage ist jedoch: **Welche Frage müsste gestellt werden**? Es ist in Ordnung, darauf nicht sofort eine Antwort zu haben. Und es ist sehr wichtig, Fragen umzuformulieren, bevor du sie beantwortest: »Meinst du …? Ist das die Frage, die du stellen wolltest?« Ebenfalls wichtig ist es, sich ins Bewusstsein zu rufen, dass man sich oft im Inneren Personen vorstellt, deren Fragen man automatisch – rechtfertigend – beantwortet, anstatt seine eigenen Fragen zu formulieren.

Ordne deine Gedanken neu und sei bei Fragen präzise. In dem Buch »Tools der Titanen« von Tim Ferris sind wahre Meister des Debattierens zu finden.[124] Beachte, wie oft sie **Fragen umformulieren**. Sie nehmen die Fragen auseinander, bevor sie antworten. Wichtig ist immer, in die positive Formulierung zu kommen – ein simpler, aber sehr effektiver Hack, der die Energie erhöht und die Gedanken fokussiert.

Selbstvertrauen ist das beste Gegenmittel gegen Ohnmacht und Angst. Es wird dich stimulieren, etwas zu tun. Du kommst in den Selbstvertrauen-Flow und in nachhaltiges Tun mit Impakt für dich und andere. Selbstvertrauen ist quasi dein Treibstoff. Du formst und kreiervst dich selbst.

Was ist eigentlich **Selbstvertrauen**? Wann fühlst du dich so selbstbewusst, dass du Bäume versetzen kannst? Selbstvertrauen ist ein Gefühl. Ein Gefühl der Sicherheit. Dieses setzt sich aus vielen Gefühlen zusammen. Du brauchst demnach diese Gefühlszutaten und ein Rezept, um Selbstvertrauen zu entwickeln und zu stärken. Was sind nun die Zutaten? Es sind sechs Hauptrubriken. Selbstvertrauen entwickelt sich, indem du konsequent diese sechs Gefühle aufbaust. Training wird dir Sicherheit verleihen, sodass du in jeder Situation selbstbewusst eingestellt bist. Wie ein Thermostat, der die Raumtemperatur konsequent auf der derselben Temperatur hält, bleibst du immer wieder selbstbewusst eingestellt, unabhängig davon, wie die Umgebung auf dich einwirkt. Es kann dich nichts runterziehen.

Dein inneres Gefühl ist eine Einstellung. Normalerweise reagieren wir sofort, wenn im Äußeren etwas passiert. Insbesondere unsere negativen Gefühle sind sofort da: Traurigkeit, Angst, Verunsicherung, Selbstzweifel. Schöpfe Vertrauen aus dir selbst und stelle deinen Thermostat anders ein. Lerne, zu regulieren und auszugleichen. Das ist gesund und lässt dich aktiv bleiben. Du lernst, unter allen Umständen navigieren zu können. Unser Gehirn blockiert in Bedrohungssituation. Wenn dein Thermostat anders eingestellt ist, kannst du die Blockade aktiv auflösen und damit den Freiraum schaffen, entspannt zu handeln und zu wählen. Du kannst dann auch Kräfte entwickeln, die du gar nicht kanntest.

Exkurs: Glaube – die geistige Währung, mit der du alles erreichen kannst

Glaube versetzt Berge. Gerade zurzeit fällt es vielen schwer, den Glauben an sich selbst, an die Zukunft und an ein Happy End hochzuhalten. Doch gerade in Zeiten der Prüfung zeigt sich, was wahrer Glaube ist.

Viele von uns sind religiöse Analphabeten. Ein bisschen Spiritualität hier und da, vielleicht auch noch ein Ansatz Esoterik und wenn Religion, dann vielleicht Buddhismus mit Meditation und Yoga – aber Beten und einfach stille Einkehr sind verpönt, auch wenn es teilweise auch wieder in ist, eine Woche ins Kloster zu gehen.

Es ist eine Überlegung wert, sich einmal mit den alten Weisheitslehren zu befassen, die viel Erfahrung mit der Verbindung zwischen Geist und Körper haben, und vor allem damit, wie wir unseren Geist entwickeln und navigieren können.

Wenn eine Mutter ihr Kind in akuter Gefahr sieht, wenn es zum Beispiel unter einem Autoreifen eingeklemmt ist, kann sie den schweren Wagen anheben? Ja, sie hat das Selbstvertrauen, dass sie es schafft, und entwickelt die Kräfte, das Auto zu liften. Wir können Berge versetzen, wenn wir daran glauben. Die Kontrolle darüber erfolgt von innen nach außen. Du sprichst anders mit dir, sodass das Vertrauen aus dir selbst kommen kann. Deshalb sollte das **erste Gespräch des Tages mit dir selbst** das Gespräch sein, das die sechs Gefühle aktiviert, die dein Selbstvertrauen stärken (siehe Übung weiter unten).[125] Du setzt den Ton für den Tag, du stellst deine Gehirnwellen wie bei einem Radio auf eine bestimmte Frequenz ein. Unsere Stimme – auch die innere – spricht Gedanken aus und diese Gedanken formen Gefühle. Unsere größte Angst ist am Ende, dass wir unendlich kraftvoll sind – so sagt es Nelson Mandela. Lass dich nicht von dieser Angst zurückhalten – jeder von uns ist dazu bestimmt, zu strahlen und die Liebe zu leben, die uns geschenkt wurde, wenn wir es schaffen, uns von unserer eigenen Angst zu befreien.

Kommen wir nun zu der Übung, mit der du Selbstvertrauen aufbauen kannst und die du am Anfang möglichst jeden Morgen durchführen solltest, bis es sich automatisiert hat. Sie beinhaltet die sechs Gefühle, die du für Selbstvertrauen aktivieren solltest. Sie summieren ihre Wirkung zu der notwendigen Sicherheit mit Rückenwind:

1. Lebensglück und Freude
2. Lebenslust und Begeisterung
3. Positiver Stolz und Selbstachtung
4. Ausgeglichenheit und Wohlbefinden
5. Mut und Einsatzbereitschaft
6. Liebe und Hingabe

Du aktivierst diese einzelnen Gefühle durch gezielte Fragen.[126] Fragen öffnen den Raum und lassen freie Assoziationen zu. Du suchst quasi in deinem Gehirn nach Antworten und aktivierst dadurch die entsprechenden Gefühle. Am besten schreibst du die Fragen und die Antworten auf. Wer fragt, der führt, heißt es. In diesem Fall führst du dich selbst. Denn nur wer sich selber führen kann, kann auch andere führen.

Übung: Selbstgespräch zum Aufbau von Selbstvertrauen

In dieser Übung findest du Fragen zu den verschiedenen emotionalen Ebenen. Ich ermutige dich herzlich, sie auszuprobieren und zu sehen, wie sie sich auf dich auswirken.

Erste emotionale Ebene: Lebensglück und Freude

Was macht mich in meinem Leben im Moment glücklich?

Was genau löst dieses Glücksgefühl aus?

Wie fühle ich mich dadurch?

____

Zweite emotionale Ebene: Lebenslust und Begeisterung

Was finde ich in meinem Leben im Moment aufregend?

____

Was genau ist der Grund dafür, dass es so aufregend ist?

____

Wie fühle ich mich dadurch?

____

Dritte emotionale Ebene: Positiver Stolz und Selbstachtung

Worauf bin ich im Moment in meinem Leben stolz?

Was ist der Grund für diesen Stolz?

Wie fühle ich mich dadurch?

____

Vierte emotionale Ebene: Ausgeglichenheit und Wohlbefinden

Was genieße ich im Moment in meinem Leben besonders?

____

Was genau genieße ich daran?

Wie fühle ich mich dabei?

____

Fünfte emotionale Ebene: Mut und Einsatzbereitschaft

Wofür setze ich mich in meinem Leben im Moment ganz besonders ein?

Was ist der Grund für diesen Einsatz?

Wie fühle ich mich dadurch?

____

Sechste emotionale Ebene: Liebe und Hingabe

Wen liebe ich?

> Wer liebt mich?
>
> Wofür bin ich dankbar?
>
> Wie geht es dir nach der Beantwortung der Fragen? Hast du eine Verbindung zu den sechs emotionalen Ebenen aufbauen können? Wie fühlst du dich? Schwelge in diesem Gefühl und genieße den Tag.

Wenn du diese Übung über einen Zeitraum täglich wiederholst, wird dein Fokus sich verändern und damit auch deine Energie. Dein retikuläres Aktivierungssystem im hinteren Bereich deines Großhirns wird angesprochen und fängt automatisch an, nach den Antworten zu suchen. Die Routine wird stark genug, um Kraft und Energie aufzubauen. Du setzt morgens den Start für dein tägliches Navigationssystem. Du stellst dein Gehirn ein. Dazu brauchst du einfach nur eine Entscheidung. Es wird Klarheit bringen und damit Energie für die Umsetzung deiner Ziele. Das Erstgespräch am Morgen ist das wichtigste.

Ich bin gespannt, welche Wirkung diese Übung auf dein Selbstvertrauen hat, dich und die Welt nachhaltig zu verändern.

3.1.10 Tipping Point – wie kleine Dinge Großes bewirken können

Um erfolgreich nachhaltige Veränderungen zu bewirken, sind neben dem entsprechenden Mindset und dem Energieaufbau durch Selbstvertrauen auch die Startphase, der Schwungaufbau und die Faktoren wichtig, die zum Tipping-Point-Effekt führen.

Den Begriff **Tipping Point (Kipppunkt)** kennen wir aus der Klimadiskussion und gerade deshalb möchte ich anregen, ihn auch einmal für die nachhaltige Entwicklung einzusetzen. Was genau ist ein Tipping Point? Der Tipping Point bezeichnet den **entscheidenden Moment, an dem eine Idee, ein Trend oder ein Verhalten einen kritischen Punkt erreicht**, an dem sich eine plötzliche und dramatische Veränderung einstellt. Es ist der Moment, an dem eine anfänglich langsame Entwicklung oder ein schleichender Prozess durch das Zusammenwirken bestimmter Faktoren eine exponentielle Verbreitung oder einen rapiden Wandel erfährt. Der Begriff stammt aus der sozialen Dynamik und beschreibt oft den Moment, an dem eine Veränderung nicht mehr umkehrbar ist und sich unaufhaltsam ausbreitet. Wäre es nicht wunderbar, wenn eine nachhaltige Entwicklung nicht mehr umkehrbar wäre und sich unaufhaltsam ausbreitet?

Kommen wir zunächst auf den wichtigen Punkt des Momentums[127] zurück, des **Schwungaufbauens**, sodass die Dinge sich weiterbewegen müssen. Betrachte beispielsweise Golf oder Tennis: Du musst den Schläger zunächst nach hinten führen, um dann den Schwung aufzubauen, um dem Ball genau in die gewünschte Richtung zu schlagen.

Oder stelle dir vor, Usain Bolt würde auf dich zulaufen. Wenn er zu Beginn direkt vor dir steht, kannst du ihn mit relativ wenig Kraft festhalten und verhindern, dass er startet. Sobald der Sprinter jedoch seine Höchstgeschwindigkeit erreicht hat, würde er dich ziemlich sicher einfach überrennen (sofern du auf seiner Laufbahn stehst und nicht rechtzeitig zur Seite springst).[128]

Das Momentum ist umso größer, je schneller sich ein Körper bewegt und je massenreicher er ist. Je kleiner der Impuls, desto leichter lässt sich der Körper abbremsen. Je größer der Impuls, desto eher wirst du von diesem Körper überrollt. Dieses physikalische Prinzip lässt sich auf die Mehrheit der Situationen von Mensch und Wirtschaft übertragen: Auf Verkäufer, Unternehmer, Anwälte, Schauspieler, Sportler, Fußballvereine, Kryptowährungen, Politiker und viele mehr. Wenn ein Mensch Momentum hat, ist der Erfolg im Rollen. Die Energie ist nicht zu bremsen.

Was bedeutet das für deinen Start? Am Anfang gibt es eine empfindliche und wichtige Phase, in der du dich nicht ablenken lassen solltest – genauso wenig wie Usain Bolt sich bei Start ablenken lassen würde. Momentum muss aufgebaut werden. Deshalb sind **voller Fokus und besondere Energie** gefragt. Dann irgendwann gerät die Sache ins Rollen und wir können mit weniger Energie das Gleiche erreichen. Aber auch dann müssen wir dranbleiben, ansonsten durchbrechen wir den Fluss und dürfen wieder vor vorne anfangen.

Wenn du glaubst, dein Tun unterbrechen zu können, stelle dir eine Gartenpumpe vor, und zwar keine elektrische, sondern eine Handschwengelpumpe (vgl. Abbildung 14), wo du selbst von Hand den Schwengel betätigen musst. Hier in Berlin gibt es davon sogar einige am Straßenrand. Bevor überhaupt Wasser kommt, musst du mehrfach den Schwengel auf und nieder bewegen mit entsprechender Kraft, um den Druck aufzubauen, so dass ein Wasserfluss zustande kommt. Und du weißt auch nicht, wann das Wasser kommt, also wie oft du pumpen darfst, bevor das erste Wasser fließt. Wenn es einmal fließt, musst du nur gleichmäßig mit weit weniger Kraft weiter den Schwengel auf- und niederbewegen, um das Wasser am Laufen zu halten.

Abb. 14: Handschwengelpumpe (eigene Darstellung nach https://www.hornbach.de/p/handschwengelpumpe-75-mm-1-1-4/1640160/?)

Das Wasser fließt fast von allein. Wehe jedoch, wenn du aufhörst, zu pumpen, dann versiegt der Wasserfluss und du darfst wieder von vorne anfangen. Manche Menschen geben sogar schon am Anfang auf, weil kein Wasser kommt und sie ja auch nicht wissen, wann der ausreichende Unterdruck aufgebaut ist, damit das Wasser fließt.[129] Genauso ist es im Ablauf und der Anstrengung, wenn wir unser Verhalten in Richtung Nachhaltigkeit verändern. Zunächst sehen wir nichts und wir wissen auch oft nicht, wann die Wirkung eintritt, aber wenn es einmal losgeht, dann ist die Entwicklung nicht zu stoppen. Es sei denn, wir hören mit unserer geänderten Verhaltensweise auf. Das Ganze ist reine Physik.

Be Water, My Friend.
Bruce Lee

Wenn wir konsequent bleiben und eine effektive Strategie verfolgen, können wir den **Tipping Point** erreichen. Dieser kritische Moment entscheidet über den Erfolg oder Misserfolg einer Idee, eines Produkts oder eines Verhaltens. Das Konzept, das von Malcolm Gladwell in seinem Buch »The Tipping Point: Wie kleine Dinge Großes bewirken können« aus dem Jahr 2000 eingeführt wurde,[130] hat weitreichende Auswirkungen auf die Art und Weise, wie wir Veränderungen in der Gesellschaft verstehen.

Der Tipping Point markiert den Punkt, an dem eine scheinbar marginale Veränderung plötzlich eine Lawine von Wirkungen auslöst und eine Idee, einen Trend oder ein Verhalten exponentiell an Popularität gewinnen lässt. Gladwell argumentiert, dass dieser Wendepunkt nicht einfach durch lineare Fortschritte erreicht wird, sondern oft durch das Zusammenwirken verschiedener Faktoren, die sich plötzlich zu einem kritischen Punkt summieren.

Eine der Schlüsselkomponenten des Tipping Points sind die **Personen**, die Gladwell als »**Mavern**«, »**Connectors**« und »**Salesmen**« bezeichnet. Diese individuellen Akteure spielen eine entscheidende Rolle dabei, Ideen zu verbreiten und ein breites Publikum zu erreichen. Die »Mavern« sind Experten oder Meinungsführer, die aufgrund ihres Wissens und ihrer Autorität großen Einfluss ausüben können. Die »Connectors« verfügen über ein ausgedehntes soziales Netzwerk und können Menschen miteinander verbinden, während die »Salesmen« überzeugend genug sind, um Ideen effektiv zu verkaufen und zu verbreiten.

Ein weiterer wichtiger Aspekt ist die »**Stickiness**« einer Idee oder eines Produkts. Diese Stickiness beschreibt, wie faszinierend oder anziehend etwas ist und wie stark es im Gedächtnis bleibt. Wenn eine Idee »sticky« ist, ist sie eher dazu geeignet, sich schnell und weit zu verbreiten, da Menschen dazu neigen, sie weiterzuerzählen und zu teilen.

Neben den individuellen Akteuren und der Stickiness spielt auch die Umgebung eine entscheidende Rolle beim Erreichen des Tipping Points. **Soziale Normen, technologische Entwicklungen und wirtschaftliche Bedingungen** können den Kontext schaffen, der eine Veränderung begünstigt oder hemmt.

Letztendlich ist der Tipping Point der Moment, in dem eine Idee von einem langsamen, schleichenden Wandel zu einer rasanten und weitreichenden Veränderung übergeht. Durch das Verständnis dieser Dynamik können Unternehmen, Aktivisten und Innovatoren effektiver darauf abzielen, Veränderungen herbeizuführen und einen positiven Einfluss auf die Gesellschaft auszuüben.

Die Ideen und Faktoren, die Gladwell nennt, sollten wir beim Anschieben einer nachhaltigen Idee oder eines nachhaltigen Produktes berücksichtigen. Vor allem beim Faktor »Stickiness« haben wir im Nachhaltigkeitsbereich noch einiges nachzuholen. Auch hier gilt, dass wir genügend Zeit für die Analyse verwenden sollten, um alle diese Faktoren zumindest mit einzuplanen und anzuschieben. Denn nur dann bietet sich die Chance, die kritische Masse für den Tipping Point zu erreichen.

3.1.11 Deine Entscheidung – wie du deine Bremsen löst

Wenn Sie irgendwo ein erfolgreiches Unternehmen sehen, dann liegt es daran, dass irgendwann irgendjemand eine mutige Entscheidung getroffen hat.
Peter Drucker

Auf Veränderung zu hoffen, ohne selbst etwas dafür zu tun, ist wie am Bahnhof zu stehen und auf ein Schiff zu warten.
Albert Einstein

Es geht eindeutig um Veränderung und um nachhaltige Entwicklung, wenn wir überleben und eine menschwürdige Zukunft gestalten wollen. Dennoch zögern viele und bleiben beim Alten. Auch Führungskräfte tun dies, obwohl sie eigentlich die Weitsicht haben sollten, anders zu denken. Deshalb hier noch einmal der klare Hinweis darauf, dass **dein neues Tun einer klaren Entscheidung bedarf.** Alle Tools, die wir bisher besprochen haben, werden nicht greifen oder höchstens zu einem kurzen Aufblitzen führen, wenn du nicht eine klare Entscheidung triffst.

Weitermachen und die konsequente Entschuldigung unseres Nichtstuns bringt uns nicht weiter. Viel zu oft entschuldigen wir unser destruktives Verhalten.

Kennst du den Spruch »Wer tut, was er immer getan hat, wird bekommen, was er immer bekommen hat.«? Bestimmt, oder? Es bedarf nur einer Entscheidung, diesen Teufelskreis zu unterbrechen. **Change** ist jederzeit möglich. Stell dir vor, was alles möglich ist, wenn du die nächsten 365 Tage richtig Gas gibst, dich 100% hineinkniest. Ich rede nicht von Überanstrengung, sondern von der Freude am Kreieren. Unser Gehirn und auch unser Körper sind dazu gebaut, sich immer weiter zu entwickeln und zu erneuern. Ein erwachsener Mensch besteht aus 10^{14} oder 100 Billionen oder 100 000 000 000 000 einzelnen Zellen. Davon sterben 50 Millionen pro Sekunde und fast genauso viele werden wieder neu aufgebaut.[131] Veränderung ist also ein normaler Zustand. Wir sollten ihn uns bewusst machen und bewusst gestalten. Heute ist der erste Tag vom Rest deines Lebens. Metakognition – also das Denken über unser Denken – ist gefragt. Nimm dir Zeit dafür, denn genau dies ist ausschlaggebend.

Wie kannst du dazu vorgehen? Wichtig ist – wie wir gesehen haben –, Energie und Momentum aufzubauen, dann einen guten **Plan** zu entwickeln, neue **Perspektiven** aufzubauen und mit ganz viel **Power und Kooperation** daran zu arbeiten.

New Leadership
Die klare Entscheidung sollte als Erstes von den Führungspersönlichkeiten gefällt und umgesetzt werden. Ich unterstütze die Kernaussage des Buches »Los, jetzt nach-

haltig führen und Zukunft gewinnen« von Anabel Ternès[132] aus meiner Erfahrung voll. Jetzt sind Führungspersönlichkeiten gefragt, die die neuen Green Skills beherrschen und Vorbildfunktion einnehmen. Es geht zunächst um **nachhaltiges Self-Leadership**, um dann nachhaltig andere führen zu können. Denn nur, wer sich selbst führen kann, kann auch andere führen. Führe dir eine deine zukünftige nachhaltige Vision vor Augen. Lerne, zu sehen und einzusehen. **Nutze deine Sprache gezielt**, um diese Vision weiterzugeben.

Es gibt mehr als eine Möglichkeit zu sehen. Das Sehen mit den Augen nennt man Sehen. Mit dem Verstand zu sehen nennt man Einsehen. Es ist für Menschen möglich, die Augen zu schließen und zu sagen: »Ich sehe es, ich sehe es.« Sagen Sie, wie es möglich ist, mit geschlossenen Augen zu sehen? Sie wissen, dass es eine andere Möglichkeit gibt, Menschen können mit dem Geist sehen. Das ist es, was Sie mit Ihrer Sprache tun können, um den Menschen zu helfen, etwas zu sehen.

Jim Rohn

Entscheide dich dazu, nachhaltig und zukunftsorientiert zu führen, und leiste die innere nachhaltige Arbeit, die dafür nötig ist. Du wirst einzigartige Vorteile für die Zukunft für dich persönlich und für deine Mitarbeitenden gewinnen. Die Arbeits- und Organisationskultur des Unternehmens wird sich dem anpassen müssen. So entsteht eine **Unternehmenskultur**, die die Werte und nachhaltigen Überzeugungen widerspiegelt und ein agiles und vertrauenswürdiges Klima befördert.

Ein ungeübtes Gehirn ist schädlicher für die Gesundheit als ein ungeübter Körper.

George Bernard Shaw

Trainiere deine Gehirne mit den Methoden und Einsichten, die ich in den vergangenen Kapiteln aufgeführt habe. Dies ist nicht nur eine nachhaltige Chance, sondern auch die einzige Chance, langfristig im Zeitalter der künstlichen Intelligenz den menschlichen Faktor als existenzielle Evidenz für alle Technologien zu bewahren. Und es ist die einzige Chance, das Leben auf dieser Erde für uns Menschen zu sichern.

Die Führungskräfte von heute brauchen die Philosophie von gestern, gepaart mit der Wissenschaft und der Technologie von morgen.

Anders Indset[133]

Der Klimawandel ist nur ein Faktor, dem wir uns heute gegenübergestellt sehen. Wir stehen insgesamt vor der Herausforderung, uns mit dem Unbekannten, dem Unerklärlichen und dem Unbewussten auseinanderzusetzen. Jeder Aspekt unseres Lebens, inklusive unserer moralischen Werte, wird zunehmend von Technologie beeinflusst.

Dies führt zwangsläufig zu einer permanenten Veränderung unserer Zukunft, die nicht mehr linear von der Vergangenheit projiziert werden kann. Um dieser **Disruption** zu begegnen, müssen wir bereit sein, uns von festgefahrenen Denkmustern und deduktiven Schlussfolgerungen zu lösen. Dies erfordert **Vertrauen, Verletzlichkeit, Risikobereitschaft** und die Bereitschaft, Fehler zu machen. Manche mögen dies als störend empfinden, während andere es als Soft Skills betrachten. Doch es ist unerlässlich, wenn wir neue Wege erkunden wollen. Wir dürfen als Menschen intelligenter werden, wir dürfen lernen, anders zu sehen, einzusehen, und dazwischen zu lesen (von lateinisch intellegere »erkennen«, »einsehen«, dazwischen lesen[134]). Dies ist ein Weg.

Es ist an der Zeit, sich auf eine transformative Reise zu begeben, die eine neue Atmosphäre, eine neue Kultur und eine Lebendigkeit schafft. Diese Reise ermöglicht es uns, Antworten auf aufregend neue Fragen zu finden, die unser gegenwärtiges Verständnis von Realität infrage stellen. Neue Fragen entstehen aus dem, was wir für selbstverständlich halten, aber letztendlich doch nicht vollständig verstehen. Es geht auch darum, Unternehmen rückhaltlos offen zu gestalten für Veränderungen und die Zukunft der Ökonomie.

Es geht um Einfachheit, **Freude und Lebensgenuss**. Es geht darum, Veränderungen, Wissen, Ideen und Kreationen besser zu verstehen und den Wandel von Wahrnehmung, Gefühl und Emotionen zu erforschen. Es geht letztendlich darum, Mensch zu sein und zu erkennen, was dies für uns bedeutet. Es geht um die Entwicklung unseres Bewusstseins, unserer Urteilsfähigkeit und unserer Menschlichkeit, die uns von Maschinen unterscheidet.

Es geht nicht nur darum, Wissen anzuhäufen, sondern auch **Weisheit** zu erlangen. Es geht darum, die Grenzen unseres Denkens zu erkennen und zu überschreiten, um wirklich Mensch zu sein. Wir müssen uns unserer eigenen Fehler bewusst werden und die großartigen Möglichkeiten erkunden, die uns zur Verfügung stehen. Es geht darum, eine bewusste und reflektierte Lebensweise zu führen und die Kunst des Denkens zu kultivieren.

Die Verbindung von Wirtschaft, Biologie und Philosophie – ja, sogar Theologie – spielt eine entscheidende Rolle bei der Schaffung neuer, lebendiger Unternehmen für die wahren neuen Menschen von morgen. Es geht um das tiefe Empfinden und das Verstehen von Gefühlen. Es geht darum, die Kunst des Denkens wiederzuentdecken und Selbstreflexion zu praktizieren.

Nur durch reflektiertes Denken und das Wissen um unser menschliches Bewusstsein können wir Weisheit erlangen und die Herausforderungen der Zukunft bewältigen. Es geht um das Streben nach Klarheit und das Öffnen von Türen zu neuen Erkenntnissen. Es geht darum, sich selbst zu erkunden und ein **Leben voller Neugierde** zu führen. Es geht um die Selbstreflexion und die Suche nach Weisheit. Es geht darum, die Kontrolle über das Chaos zu erlangen und kreative Lösungen zu finden.

Die **Reise der Selbsterkenntnis** ist eine persönliche Erfahrung, die es jedem ermöglicht, eine tiefere Verbindung zu sich selbst herzustellen und eine klarere Sicht auf die Welt zu gewinnen. Dann können wir gemeinsam **Brücken zwischen den Menschen** bauen und gemeinsam eine bessere Zukunft für uns alle gestalten. Es geht darum, Mensch zu sein – jetzt und in der Zukunft. Es geht um die Integration von biologischem Lebenswissen und die Suche nach Weisheit für ein erfülltes Leben.

Der erste Schritt dahin ist eine Entscheidung, die jede und jeder für sich persönlich treffen darf, um seine Bremsen zu lösen und die Reise in eine neue unbekannte und gleichseitig höchst spannende und wohltuende Zukunft anzutreten.

Neurotraining Entscheidung
Wenn ich mich selbst im Jahr 2030 wieder treffen würde …
Beantworte folgende vier Fragen schriftlich:

1. Blicke zurück. Was ist passiert? Was hat dazu geführt, dass du nun mit allem zufrieden sein kannst, ja sogar Begeisterung verspürst?
2. Was waren die größten Gefahren und Hindernisse, denen du auf dem Weg dorthin ausgesetzt gewesen bist?
3. Was sind die bisher größten Möglichkeiten, die du heute hast und die du umsetzen musst, um den begeisterten Zustand in 2030 zu erreichen?
4. Welche Stärken musst du ausbauen, welche Ressourcen darfst du nutzen und was musst du neu lernen, um diese Möglichkeiten wahrnehmen zu können?

3.1.12 Meine Chefin: die KI – wie sich Führung verändert

Wir investieren inzwischen mehr in künstliche als in menschliche Intelligenz.
Will.i.am, Rapper und Musikproduzent, Davos WEC 2024

Ein letztes Kapitel möchte ich noch den Methoden anschließen, und zwar zum Thema **ergänzende künstliche Intelligenz (KI)**. Ich betone das Wort »ergänzend«, da dies genau die Herausforderung sein wird. KI ergänzt die lebendige biologische Intelligenz der Menschen. Wir nutzen die KI als **Sparringspartner**, im Dialog, um so Futter und Impulse für das eigene Denken zu erhalten. Dies bedeutet, dass wir als Menschen uns ebenfalls mindestens genauso schnell weiterentwickeln dürfen, um ein entsprechender Sparringspartner zu sein bzw. zu bleiben. Auch wenn künstliche Intelligenz den Menschen nicht ersetzen wird, wie Miriam Meckel und Léa Steinacher in ihrem Buch schildern.[135] Damit der Mensch von KI optimal profitieren kann, wäre ein Biosiegel des

Denkens nötig, meinen sie.[136] Sie sind überzeugt, »**Denken ist ein Handwerk**« und damit eine gute Nachricht für uns Menschen. Wir werden nämlich gebraucht: mit unserem Denken, unseren Gefühlen, unserer Intuition und Kreativität. KI braucht uns als **Quelle der Originalität, der Überraschung**, um nicht zu kollabieren und unsere Kultursysteme in eine Abwärtsspirale der Mittelmäßigkeit hinabzureißen.[137]

Wenn wir eintauchen in die sich wandelnde Welt der Führungsstrukturen, die zunehmend von künstlicher Intelligenz geprägt wird, finden wir uns in einer spannenden Diskussion wieder. Es geht hauptsächlich um die **dynamische Beziehung zwischen menschlichen Führungskräften und den auf KI basierten Systemen**, die zunehmend Einzug in Unternehmen halten. Wir dürfen uns Fragen nach den Herausforderungen und Möglichkeiten stellen, die diese Entwicklung auch für das Thema Nachhaltigkeit mit sich bringt. Wie müssen sich traditionelle Führungskompetenzen anpassen, um mit dem Einfluss von **KI** Schritt zu halten und die damit verbundenen Potenziale **nachhaltig zu nutzen**? Welche Auswirkungen hat die Integration von KI auf die Effizienz und Innovationskraft von Organisationen? Diese Auseinandersetzung bietet einen faszinierenden Einblick in die Zukunft der Unternehmensführung und die sich stetig verändernde Beziehung zwischen Mensch und Technologie in der Arbeitswelt. Auch hier dürfen Nachhaltigkeitsfragen direkt mitgedacht werden. Wie hoch ist der Energiebedarf der neuen Systeme? Wie lässt sich dies ressourcenmäßig gut lösen?

Die Zeitschrift »brand eins« widmete ihr Heft aus dem November 2023 der **künstlichen Intelligenz als Chefin**.[138] Und in der Tat wird sich Führung immens anpassen und verändern. Niels Van Quaquebeke, Professor für Leadership and Organizational Behavior an der Kühne Logistics University in Hamburg glaubt, das Technik immer mehr Führungsaufgaben in Firmen übernehmen wird. Seine These lautet »KI ist besser als durchschnittliche Führungskräfte«.[139] Kann sie Firmen auch nachhaltiger machen? Und wenn ja, wie? Wie muss man sich eine KI-Chefin vorstellen?

Die traditionelle Vorstellung einer Chefin, die durch Büros geht, Meetings abhält und strategische Entscheidungen trifft, könnte bald der Vergangenheit angehören. Im Zeitalter der KI übernehmen **intelligente Systeme zunehmend die Führungsverantwortung**. Diese KI-Chefinnen analysieren riesige Mengen an Daten, identifizieren Muster und treffen Entscheidungen auf Basis von Algorithmen und maschinellem Lernen.

Ein entscheidender Aspekt dieser Entwicklung ist die **Effizienzsteigerung**. KI-Chefinnen können Aufgaben automatisieren, Routinearbeiten übernehmen und so menschliche Ressourcen für kreative und strategische Aufgaben freisetzen. Dies könnte zu einer Verschiebung von repetitiven, zeitintensiven Tätigkeiten hin zu anspruchsvolleren und bedeutungsvolleren Aufgaben führen.

Die Interaktion zwischen Mitarbeitern und KI-Chefinnen erfolgt oft über digitale Plattformen und Chatbots. Diese Technologien sind darauf ausgelegt, sofortige Rückmeldungen zu geben, Ratschläge zu erteilen und sogar Fortbildungen anzubieten. Teams werden durch diese neuen Formen der Kommunikation in die Lage versetzt, schneller auf Veränderungen zu reagieren und flexibler zu agieren.

Jedoch müssen auch Herausforderungen überwunden werden. Die Akzeptanz von KI als Führungskraft kann auf Widerstand stoßen, da einige Mitarbeitende traditionelle menschliche Führung bevorzugen. Gibt KI Sicherheit? Gelegentlich könnte es sogar weniger emotional belastend sein, Kritik von einer KI zu erhalten, anstatt von einem Menschen, von dem man behaupten kann, dass er einen nicht mag. Datenschutz und ethische Fragen bezüglich der Verwendung von persönlichen Informationen sind in jedem Fall zu berücksichtigen. Eine wesentliche Frage ist auch, ob man menschliche Qualitäten in dem gleichen Umfang voranbringt wie die künstliche Intelligenz. **Zum richtigen Umgang mit der KI gehörte eine sehr gut entwickelte biologische Kompetenz.**

In dieser Ära der digitalen Transformation sollten Unternehmen nicht nur darauf vorbereitet sein, ihre Führungsdynamik anzupassen, sondern auch ihre Mitarbeitenden darauf vorbereiten, mit KI-Chefinnen zu interagieren. Schulungen zur digitalen Kompetenz und zur Zusammenarbeit mit KI sind daher von entscheidender Bedeutung.

Fazit: Die Ära der KI-Chefinnen hat begonnen und verändert die Art und Weise, wie Unternehmen geführt werden. Mit der richtigen Anpassung und Vorbereitung können Unternehmen die Vorteile dieser technologischen Revolution nutzen und gleichzeitig sicherstellen, dass menschliche Qualitäten wie Kreativität, Empathie und strategisches Denken weiterhin einen wesentlichen Platz in der Führungsebene einnehmen.

Auf dem Word Economic Forum in Davos 2024 zeigten sich zwei Tendenzen, die in dem Kontext zu berücksichtigen sind. Einmal die grundlegende Frage nach Sicherheit und hier insbesondere die Frage, wie wir der zunehmenden **Zukunftsangst der Jungen Generation** begegnen, auf die die Londoner Professorin für kognitive Neurowissenschaften Tali Sharot hinwies. Und zum anderen die Frage, die sich auf einem Podium von Salesforce zu KI auftat: »Was aber, wenn die Menschen immer dümmer würden, während die KI immer besser werde?«, so Will.i.am, Rapper und Musikproduzent. »Wir investieren inzwischen mehr in künstliche als in menschliche Intelligenz.« – **Software bekommt ein besseres Funding als Menschen**, war sein Fazit. Und damit sind wir wieder sehr entfernt von allem, was wir bisher über Neurowissenschaften, die biologische Intelligenz und die Umsetzung von zukunftsorientierten nachhaltigen Prinzipien erfahren haben. Wir sollten schon in unserem eigenen Überlebensinteresse begreifen, dass wir hier die Investments anders setzen müssen.[140]

Neuroculturehack #4: Fragen zu deiner KI-Chefin

1. Wie lange verbringst du täglich vor dem Bildschirm? Findest du, dass diese Zeit im Verhältnis zu den Ergebnissen angemessen ist?
2. Wie würdest du dein Verhältnis zur KI beschreiben?
3. Was hältst du von einer KI-Chefin?
4. Wie viel Zeit und Energie wendest du für die Bildung deiner eigenen menschlichen Intelligenz auf?

3.2 Wie Führungskräfte und Teams durch Zusammenarbeit und Kollaboration nachhaltiges Handeln unterstützen können

Im nächsten Jahrhundert werden diejenigen Leader sein, die andere fördern.
Bill Gates

Zusammenarbeit und Kollaboration sind Schlüsselelemente, wenn es darum geht, nachhaltiges Handeln in Organisationen zu fördern. Führungspersonen spielen dabei eine entscheidende Rolle, indem sie eine Kultur der Offenheit, des Engagements und der Innovation fördern. Indem sie Nachhaltigkeit als integralen Bestandteil der Unternehmensstrategie und -ziele positionieren, setzen sie den Rahmen für gemeinsame Bemühungen. Teams profitieren von einer transparenten Kommunikation und einem offenen Austausch über nachhaltige Initiativen.

Aus dem bisher Gesagten ergibt sich, dass eine grundlegende Entscheidung am Anfang der Zusammenarbeit über die Zukunft des gemeinsamen Handelns und Wirkens von zentraler Bedeutung ist. Das Fundament muss gelegt werden, der Sinn, die Ziele und die Strategie müssen klar definiert sein. Es ist wichtig, vorhandene Widerstände und Blockaden anzusprechen und zu überwinden. Vor allem muss festgelegt werden, wie die Zusammenarbeit, die Kollaboration und die Co-Creation konkret aussehen sollen. Fragen wie »Welche Fähigkeiten sind im Team vorhanden und wer übernimmt welche Verantwortlichkeiten?« müssen beantwortet werden. Effiziente Kommunikation, klare Navigation und die Möglichkeit zur Kurskorrektur sind unabdingbar. Im Folgenden werde ich einige wichtige Grundlagen und Fähigkeiten hervorheben, damit du als Führungsperson gemeinsam mit deinem Team Nachhaltigkeit leben kannst. Dazu werden verschieden Methoden, Ansätze und praxiserprobte Konzepte aufgezeigt. Auch für diese gelten die im vorherigen Kapitel betonten Prinzipien: a) vom ich zum wir und b) von innen nach außen. Du als Führungskraft musst vorangehen. **Ein starkes Wir braucht ein starkes ICH.** Dies gilt im zweiten Schritt auch für deine Teammitglieder.

3.2.1 Gemeinsam unternehmen – Entrepreneur Spirit

Unsere normalen Gehirnfunktionen lassen uns, wenn wir sie gewähren lassen, zu Treibenden, zu Passagieren werden. Wenn du das Fahrzeug selbst steuern möchtest, darfst du zu der Person werden, die am Steuer sitzt. Dazu musst du **aus dem Passagierraum ins Cockpit** wechseln. Dafür benötigst du andere Fähigkeiten. Wir haben gesehen, dass es notwendig ist, dafür Energie aufzuwenden und den sicheren (Flug-) Hafen zu verlassen. Es macht aber auch einfach Spaß, Pilotin zu sein. Ich durfte einmal beim Anflug auf Montreal vorne im Cockpit sitzen. Es war einfach riesig, wie die Pilotin nach einem interkontinentalen Flug den schweren Flieger sicher auf die Landebahn brachte.

Um das Steuer zu übernehmen, musst du dein Gehirn besonders trainieren. Der erste Schritt, um zu wissen, wohin es gehen soll, ist innezuhalten, um immer wieder **Klarheit in die Komplexität** zu bringen. Etabliere diese Gewohnheit, finde – wie oben besprochen – eine Morgenroutine und eine Abendstrategie. Neue Gewohnheiten bieten Sicherheit und fördern Spaß an der Veränderung. In der Sprache der Wirtschaft formuliert, förderst du den Unternehmergeist in dir selbst und deinem Team, unabhängig davon, ob du angestellt oder selbstständig bist. Für nachhaltige Entwicklungen und Transformationen kann man in jeder Lage und Situation etwas unternehmen. Man darf das Unternehmen Nachhaltigkeit führen. Was genau beinhaltet der Unternehmergeist? Welche Zutaten braucht es?

Entrepreneurial Skills beinhalten einige grundlegende Fähigkeiten, die für erfolgreiche Unternehmende allgemein wichtig sind. Zunächst gehört die Fähigkeit, innovative Ideen zu generieren und kreative Lösungen für Probleme zu finden, zu den Fundamenten. Dies ist nachhaltig entscheidend und dafür darfst du die oben genannten Tools aus Kap. 3.1 anwenden und im zweiten Schritt dies zusammen mit deinem Team umsetzen. Nutze die Spiegelneurone und die Multiplizierbarkeit, die aus vielen Gehirnen entsteht. Etabliere dies als fortlaufenden Prozess. Denn die einzige Konstante im Leben eines Unternehmenden ist, genauso wie in der Natur, die Veränderung.

Unternehmende müssen in der Lage sein, **schnell und fundiert** Entscheidungen zu treffen, um Chancen zu nutzen und Herausforderungen zu bewältigen. Trainiere deine Intuition und die deines Teams. Nutze und praktiziere die Weiterentwicklungschancen.

Denke mit Weitblick – fordere dich und dein Team immer wieder heraus. Dies gibt dir die Fähigkeit, Chancen zu erkennen, Risiken zu bewerten und eine unternehmerische Vision zu entwickeln, um langfristige nachhaltige Ziele zu erreichen. Klarheit führt. Eine klare Vision für das Unternehmen zu entwickeln, ist ein Kernaspekt unternehmerischen Denkens. Dies ermöglicht es, im System vernetzt zu denken und den konkreten Weg zu planen.

Der Weg zum nachhaltigen Erfolg ist oft mit Herausforderungen und Rückschlägen gespickt. Entwickle auch dafür einen Weitblick, simuliere, welche Schwierigkeiten im System stecken könnten und entwirf dafür möglich Lösungen – denn Vorbereitung hilft. Nachhaltige Unternehmende müssen die Motivation und das Durchhaltevermögen haben, um Schwierigkeiten zu überwinden. Dazu gehört auch, **sich der Realität zu stellen und die aktuellen Marktbedingungen zu kennen, um dafür geeignete Strategien** zu entwickeln. Dazu musst du flexibel und anpassungsfähig sein. Es darf aber Spaß machen, immer wieder Neues auszuprobieren. Genau dahin darfst du dein Team mitnehmen, inspirieren und motivieren.

Und es ist wichtig, die **ökonomischen Begrifflichkeiten bezüglich Finanzen, Marketing und Verkauf** zu beherrschen. Lerne die Erfolgsregeln und wende sie gezielt auf Nachhaltigkeit an. Wie Arnold Schwarzenegger sagte: »Kenne die Regeln und breche sie.« Nichts ist wichtiger, als die Realität zu verstehen und mit ihr umzugehen. Lerne, das Spiel zu spielen und die Regeln in deinem Sinne anzuwenden. In den nächsten beiden Kapiteln stelle ich dir zwei Spiele vor, die dabei helfen können, die Mechanismen zu verstehen, denn Idealismus und Träume sind nur mit klarem Realitätsbezug umsetzbar.

Neben dem sehr realistischen Blick sollten wir uns auch die Fähigkeit zum **Überzeugen und Verhandeln** aneignen. Wir dürfen die Kunst der Verhandlung erlernen und uns richtig gut darin üben. Es geht darum, **Manipulationstechniken** zu durchschauen und ihnen etwas entgegenzusetzen. Wir dürfen weder dem Glaubwürdigkeitstrick noch der Verzettelungstaktik erliegen. Es geht auch nicht um Gut und Böse oder um Perfektion und schon gar nicht um Nebenkriegsschauplätze oder Ablenkungsmanöver. Wir sollten auch nicht auf die Präzisionsfalle oder den Trivialitätstrick hereinfallen.[141] Übe, mit Manipulationstechniken umzugehen. Es gibt verschiedene Methoden und Bücher, die es lehren. So zum Beispiel das Standardwerk von Caldini[142] oder das Buch des ehemaligen Verhandlungsführers des FBI Chris Voss.[143] Er verhandelte international bei Geiselnahmen und gibt seine Methoden des kompromisslosen Verhandelns weiter.

Wichtig ist es, dir Unternehmerqualitäten anzueignen und dein Team entsprechend zu führen. Voraussetzung ist das Erlernen der aufgeführten Fähigkeiten und eine klare Analyse. Dabei können dich die beiden folgenden Spiele unterstützen. Teamplay zeigt dir dein inneres und äußeres Team in all seinen Qualitäten und wie du es erfolgreich managt. Ökolopoly und ecopolicy helfen dir, komplexe nachhaltige Situationen zu simulieren und Entscheidungen und Strategien zu testen.

3.2.2 Coachen und Trainieren – Teamplay

Wie lassen sich **gehirngerechte Methoden und Veränderungen im Team etablieren**? Auf jeden Fall auf möglichst spielerische Art und Weise, sodass man direkt über den Zaun des Torwächters im Gehirn springt und ans »Eingemachte« kommt. Denn das schafft Klarheit und Klarheit führt.

Ein Spielset dazu möchte ich euch vorstellen, da es unglaublich vielseitig einsetzbar ist und ihr als Führungskraft, Coach und Moderator sehr gut den Frieden und die Balance im Team herstellen könnt. Ihr wisst genau, wer gerade spielt, wer spielen sollte und wer vielleicht mal eine Auszeit braucht.

Ich spreche von Teamplay, einem wirklich einfachen Spiel, das schnell und bei allen Menschen funktioniert. Teamplay wurde von dem Trainer Dirk Rosomm entwickelt und ist eine Art Universalschlüssel für alle Themen und Probleme, die du in dir trägst oder mit anderen Menschen hast. Auch für eine Teamaufstellung ist es wunderbar geeignet.[144]

Teamplay bringt auf eine einfache, schnelle und spielerische Art das Problem auf den Tisch und macht es für unsere Augen deutlich sichtbar und für unser Bewusstsein (be-)greifbar. Alles, was wir begreifen, was uns bewusst wird, können wir auch ändern und transformieren. Nur wer sich selbst versteht, kann andere verstehen. **Denn Impathie – die Fähigkeit, an den eigenen Gefühlen teilzuhaben und sie zu verstehen – ist der Schlüssel zur Empathie.**

Teamplay besteht aus einem Spielfeld und 21 Karten mit Persönlichkeitsanteilen. Die Basis für diese Persönlichkeitsanteile sind verschiedene Zutaten:

+ Persönlichkeitsprofile
+ Inneres Team von Schultz von Thun
+ Archetypen nach Carl Gustav Jung
+ Gewaltfreie Kommunikation
+ Systematik der Familienaufstellung

Auf Basis dieser 21 Spielkarten können wir unser eigenes inneres Team, oder Zweierbeziehungen oder auch die Spieler in einem Team managen. Auch schon für Kinder und Jugendliche ist es sehr gut geeignet. Es ist ein Türöffner für die Bedürfnisse und Motivationen jedes Einzelnen. Eigenbild und Fremdbild können spielerisch und mit viel Spaß abgeglichen werden – ein sehr einfaches, schnelles und effektives Erkenntnistool.

Teamplay lässt sich sehr gut als **Führungstool, Recruitingtool und bei Teamwork** einsetzen, und natürlich bei Stress, Konflikten oder Verzettelungen. Teamplay hilft nicht nur dabei, Aufgaben besser zu verteilen, sondern auch Störungen in Abläufen zu identifizieren. Es löst Konflikte schnell auf und befähigt alle, noch empathischer zu werden. Teamplay erhöht die Entscheidungsgeschwindigkeit und die Selbstverantwortung, schafft also echte Harmonie und Leistung.

Auch für die **Selbstentwicklung und Entwicklung der einzelnen Teammitglieder** lässt sich Teamplay gut anwenden. Welcher meiner inneren Spieler braucht mehr Spielzeit? Welche Anteile möchte ich entwickeln? Welcher Anteil braucht eine Pause? Und welcher Spieler, welche Spielerin steht mir vielleicht im Weg? In wenigen Minuten wird klar, wie wir unser eigenes Potenzial und das von anderen entfalten können.

Teamplay lässt sich besonders **gut bei nachhaltigen Transformationen** nutzen. Fehlende Empathie ist einer der Hauptgründe, warum Transformationen scheitern. Menschen müssen an ihren Bedürfnispunkten aktiviert werden. Und das möglichst nicht unter Stress, sondern auf einer Frequenz, die Veränderung zulässt. Unter Stress kommt das Gehirn in den Abwehrmodus und die emotionale Reaktion auf Veränderung ist dann in der Regel: »Ne, lass mal, hab schon genug.« Wir dürfen Brücken zu den Bedürfnissen der Menschen bauen, damit Transformation gelingt. Und vor allem muss die Frage beantwortet werden: »What's in it for me?« Teamplay weckt spielerisch Aufmerksamkeit auf die dahinter liegenden Bedürfnisse und ermöglicht so Kommunikation und Engagement.

Teamplay ist ein **vielseitig verwendbarer Gehirnöffner**. Es bringt schnell Offenheit und schafft so die Bedingungen, um über Dinge zu sprechen, die wirklich wichtig sind. Man braucht sich nicht lange mit Vorgeplänkel aufhalten. Das Spiel ist effektiv und zeiteffizient und macht Spaß. Du wirst es lieben. Es gibt einen modularen Baukasten, den du vielseitig verwenden kannst.[145]

Abb. 15: Teamplay (Foto zur Verfügung gestellt von High5 2Rise AG)

3.2.3 Ökolopoly/ecopolicy – gemeinsam Spielen

Der deutsche Biochemiker und Systemforscher Frederic Vester entwickelte bereits in den 1980er-Jahren ein Spiel, mit es auf unterhaltsame Weise möglich war, sich mit den **komplexen Zusammenhängen in unserer Welt auseinanderzusetzen.** Ökolopoly lag zunächst der Zeitschrift Nature bei und wurde 1984 als Ravensburger-Spiel auf dem Markt gebracht. Später wurde auch ein Computerspiel dazu entwickelt.[146]

Die Online-Variante ecopolicy wurde von Gabriele Harrer-Pucher, die lange mit Frederik Vester zusammenarbeitete, weiterentwickelt. Ecopolicy ist ein einzigartiges Simulationsspiel und läuft als webbasierte Online-Version auf allen gängigen Plattformen. Die Zugangslizenzen sind bei System Logics T.T. GmbH in St. Gallen erhältlich.[147]

Mit diesem Spiel lassen sich offline oder online verschiedene Nachhaltigkeitsszenarien in allen ihren vernetzten Auswirkungen erfassen. Ökolopoly bzw. ecopolicy ist nicht nur ein unterhaltsames Spiel, sondern auch ein wertvolles pädagogisches Instrument. Durch das Spiel erwerben die Teilnehmenden Wissen über Umweltfragen, erforschen nachhaltige Praktiken und entwickeln ein tieferes Verständnis für die Verflechtung zwischen menschlichen Aktivitäten und der Umwelt.

Ökolopoly ist ein Spiel, das aktuell wieder auf der Spiele-Hitliste auftaucht[148] und sich in vielen Kontexten anbietet. Gerade auch in Workshops und beim Durchspielen diverser Unternehmensmöglichkeiten ist es gut einsetzbar. Auch zum Testen der systemischen Auswirkungen bestimmter Entscheidungen bietet es sich an. Komplexe Situationen können spielerisch erlebt und bewältigt werden. Eigene Strategien lassen sich im Hinblick auf Nachhaltigkeit und Verhaltensänderung entwickeln und ausprobieren. Das Spiel ist bereichernd und gespickt mit wertvollen Erkenntnissen. Es bietet nach wie vor einen einzigartigen Zugang zum Umgang mit Komplexität und Nachhaltigkeit. Ich bin gespannt, ob es zukünftig auch eine VR-Umgebung dafür geben wird.

3.2.4 Co-Creation – gemeinsam Denken

Co-Creation ist die Fähigkeit zweier oder mehr Systeme, sich in einem Anliegen zum Wohle aller zu verbinden, dabei ihre Verschiedenartigkeit zu nutzen und so Wunder möglich zu machen.

Veit Lindau

Co-Creation ist ursprünglich ein **biologisches Prinzip**. Alle Lebensformen praktizieren dieses Prinzip. Alles Leben ist in irgendeiner Weise aufeinander angewiesen und miteinander verbunden. Insofern ist Co-Creation ein sehr nachhaltiges und lebendiges Prinzip. Es ist ein systemisches Beziehungsnetzwerk mit speziellen Regelungs- und Steuermechanismen. Die Kybernetik erforscht diese Mechanismen in belebten und unbelebten Systemen, d. h. in Organismen und Maschinen, aber auch in sozialen, organisatorischen, ökonomischen und politischen Gebilden. Alles ist voneinander abhängig und vernetzt. Viele Regelungs- und Steuermechanismen sind universell und gelten in unterschiedlichen Systemen. Wenn wir diese Prinzipien kennen und effektiv nutzen, dann entsteht Großartiges. Auch jede Zelle deines Körpers praktiziert Co-Creation, auch wenn dir dies nicht bewusst ist. Dein Körper wäre keine Minute funktions- und überlebensfähig, wenn sich nicht deine Milliarden spezialisierten Zellen in einem einzigen Anliegen – dich am Leben zu halten – miteinander verbinden würden. Auch dein Gehirn funktioniert vernetzt und nach ähnlichen Prinzipien. Der deutsche Kybernetiker und Biochemiker Frederic Vester hat bereits in den 1970er-Jahren auf unser vernetztes Denken hingewiesen.[149] Es ist eine Kunst, das normalerweise unbewusste vernetzte Denken bewusst für uns zu nutzen. Dies auch noch mit anderen gemeinsam zu tun, ist eine besondere Herausforderung, aber auch die einzig mögliche für eine nachhaltige Zukunft, in der wir unser Menschsein auf ein neues Level bringen dürfen.[150]

Co-Creation ist ein Konzept, um **gemeinsam die Zukunft in Organisationen zu gestalten**. Grundlage hierfür ist die menschliche Verbindung – Kopf, Herz und Bauch dürfen zusammenspielen. In der Co-Creation verbinden sich Menschen zu einem gemeinsamen Bewusstsein, um die Zukunft sichtbar werden zu lassen. Die drei wichtigsten Werte sind Verbindung, Verbindlichkeit und Vertrauen. Der Aufbau menschlicher Beziehungen ist das wichtigste Fundament von Co-Creation. Der Prozess dazu ist, sich selbst zu erkennen, sich mit anderen zu verbinden und ein gemeinsames Ziel zu verfolgen. Co-Creation ist eine Haltung und eine Einstellung. Insofern ist die Entwicklung eines Co-Mindsets die Voraussetzung. Dieses beinhaltet Offenheit, Vertrauen und Transparenz. Denn nur so können komplexe Probleme gelöst werden. Co-Creation kann Unternehmenskulturen verändern, sie aus der alten in die neue Welt führen.[151]

Co-Creation ist mehr als bloße Zusammenarbeit. Co-Creation verbindet Menschen so, dass sie ihre gemeinsame Realität anerkennen, sich ein vereinbartes Ziel geben, um daraus für alle verbindliche Handlungen abzuleiten. Die Idee der Co-Creation möchte die Lücke zwischen Möglichkeiten und nachhaltigen Lösungen schließen. Sie beinhaltet eine andere Sichtweise auf die Kooperation von Menschen. Sie verbindet Menschen wirklich, die emotionale Ebene ist nicht nur präsent, sondern wird wirkungsvoll eingesetzt.

Die Anwendung von Co-Creation kann äußerst effektiv sein, wenn Organisationen eine zukunftsorientierte Form der Wertschöpfung anstreben. Um große Ziele und eine nachhaltige Vision zu verwirklichen, ist es wichtig, dass die Teams mit den Techniken der Co-Creation vertraut sind. Ein Kick-off-Workshop bietet die Möglichkeit, die Grundlagen wie das Co-Creation-Mindset, -Werte und -Prinzipien einzuführen, um dann die entsprechenden Tools anzuwenden. Co-Creation stellt also den Rahmen dar, um die Menschen und die Verbindungen untereinander wirklich ins Zentrum zu stellen. Auf Basis dessen können weitere Methoden wesentlich kreativer und aktiver angewendet werden, da ein angstfreier, vertrauensvoller Rahmen entsteht. Co-Abhängigkeitsmuster dürfen durchbrochen werden.

Gemeinsames Denken vervielfältigt die Möglichkeiten des gemeinsamen Schaffens exponentiell. Menschen brauchen das Gefühl des Gemeinsamen und können dann herausragende Leistungen bringen und über sich hinauswachsen. Es entstehen unglaubliche Ideen und eine hohe Umsetzungsdynamik, denn Menschen stecken sich gegenseitig an. Wichtig ist, den Prozess anzuleiten und die klaren Rahmenbedingungen zu schaffen. Es geht darum, Verschiedenartigkeit nicht nur zu respektieren, sondern zu feiern.[152] Co-Creation setzt die Wirkung von Diversität und Inklusion erst frei. So können wir die Krisen, die wir gerade erfahren, als die Möglichkeit, zu einer reiferen Menschheit zu werden, wahrnehmen.

Auf den genauen Prozess kann ich im Rahmen dieses Buches nicht näher eingehen und verweise gern auf meine Trainings. Viele der Methoden, die ich in diesem Kapitel anführe, sind Teil oder Inhalt dieses Prozesses.

3.2.5 Green Teams und Lernreisen – neue Formen nachhaltigen Zusammenarbeitens

Einige weitere Tools und Formen des nachhaltigen Zusammenarbeitens, die neue Horizonte ermöglichen, möchte ich hier noch nennen. Oft ist disziplin- oder abteilungsübergreifendes Zusammenarbeiten nicht etabliert. Auch die sinnvolle **Kombination menschlicher und künstlicher Intelligenz** gehört dazu. Grundsätzlich gilt: Sei als Führungsperson offen für alles Neue, teste und prüfe alles. Hole dir das Wissen und das Know-how und sei gut im Zuhören.

Teams sollten aus verschiedenen Fachbereichen und Perspektiven bestehen, um innovative Lösungen für nachhaltige Probleme zu entwickeln. Führungspersonen können die Zusammenarbeit zwischen verschiedenen Abteilungen und Fachgebieten fördern, um vielseitige und ganzheitliche Lösungen zu generieren.

Informationen und Best Practices sollten auf regelmäßiger Basis geteilt werden. Der Austausch von Wissen und bewährten Praktiken innerhalb und zwischen Teams sollte gezielt gefördert werden. Durch regelmäßige Treffen, Schulungen oder Plattformen für den Wissensaustausch können Teams voneinander lernen und erfolgreiche nachhaltige Initiativen teilen.

Empowerment der Mitarbeitenden ist ein weiteres wichtiges Element. Führungspersonen sollten den Teammitgliedern Verantwortung und Befugnisse übertragen, um eigenständig nachhaltige Entscheidungen zu treffen und Maßnahmen umzusetzen. Indem sie ihre Teams ermächtigen, tragen sie dazu bei, dass Mitarbeitende sich stärker mit nachhaltigen Zielen identifizieren und sich engagieren.

Auch bei Entscheidungsprozessen sollten die Mitarbeitenden aktiv einbezogen und ermutigt werden, Ideen und Vorschläge für nachhaltige Initiativen zu äußern. Dies fördert ein Gefühl der Beteiligung und stärkt das Engagement der Mitarbeiter für die Umsetzung von nachhaltigen Lösungen.

Durch die Förderung der Kollaboration können Führungskräfte und Teams effektiver zusammenarbeiten, um innovative und nachhaltige Lösungen zu entwickeln und umzusetzen. Dies trägt dazu bei, eine Kultur des nachhaltigen Handelns im gesamten Unternehmen zu etablieren.

Unternehmen können außerdem spezielle Projekte initiieren, die sich auf nachhaltige Initiativen konzentrieren. Dabei könnten **Green Teams** gebildet werden, die sich aus Mitarbeitenden verschiedener Abteilungen zusammensetzen und gemeinsam an konkreten Nachhaltigkeitsprojekten arbeiten.

Design Thinking Workshops sind sehr spannende Elemente, die Innovation und das Zusammenarbeiten mit viel Spaß fördern.[153]

Diese kreativen Workshops fördern die Zusammenarbeit und den innovativen Ideenaustausch. Sie ermöglichen es den Teams, gemeinsam Lösungen für Nachhaltigkeitsprobleme zu entwickeln, indem sie auf empathischem Verständnis, Ideengenerierung und Prototyping basieren.

Der **Cradle-to-Cradle-Ansatz** kann ebenfalls neue Denkprozesse und Fragestellungen initiieren. Dieser Ansatz fördert das Konzept der Kreislaufwirtschaft, bei dem Produkte und Materialien so gestaltet werden, dass sie am Ende ihres Lebenszyklus wiederverwendet oder recycelt werden können. Unternehmen können Cradle-to-Cradle-Prinzipien in ihren Produktionsprozessen anwenden und Teams in diesen nachhaltigen Designansätzen schulen.

Stakeholdermanagement, Partnerschaften und externe Kooperationen können wichtige Treiber sein. Die Zusammenarbeit mit anderen Unternehmen, gemeinnützigen Organisationen oder Forschungseinrichtungen ermöglicht es Führungspersonen und Unternehmen, ihr Wissen zu erweitern und gemeinsame Nachhaltigkeitsprojekte zu initiieren. Solche Partnerschaften bieten die Möglichkeit, Ressourcen zu bündeln und innovative Lösungen zu entwickeln.

Auch wenn nicht gern gesehen aufgrund der vielen Verordnungen dazu sind **Nachhaltigkeitsberichterstattung und -bewertung** durchaus ein gutes Tool. Aufgrund der erforderlichen Kommunikation sollten interne Bewertungssysteme eingeführt werden, um die Fortschritte bei nachhaltigen Initiativen zu verfolgen und zu bewerten. Die regelmäßige Berichterstattung über Nachhaltigkeitsziele und -ergebnisse fördert die Transparenz und das Bewusstsein für nachhaltiges Handeln.

Grundsätzlich gilt es, alle **innovativen Technologien und Lösungen** zu nutzen. Sie sind durchaus prüfenswert und können gewaltige Fortschritte bringen. Die Integration innovativer Technologien wie IoT (Internet of Things), KI (Künstliche Intelligenz) oder Blockchain in nachhaltige Projekte ermöglicht es zum Beispiel, die Effizienz zu steigern und den Ressourcenverbrauch zu minimieren. Die Implementierung solcher Lösungen erfordert oft die Zusammenarbeit verschiedener Teams und Abteilungen, was wiederum neue Fragen und Lösungen ermöglicht sowie die Zusammenarbeit fördert.

Hörtipp: Podcast MAGIC BRAIN KICKS #127 –Blockchain

Sucht euch Verbündete! Das können **Mastermind-Gruppen** und **Lernreisen** sein oder auch Kongresse und Online-Seminare. Inzwischen gibt es sehr viele Möglichkeiten,

Menschen mit ähnlichen unternehmerischen Herausforderungen zu treffen und sich gezielt fortzubilden. Zum Beispiel organisierten wir in Hamburg regelmäßige Treffen von CSR-Verantwortlichen. Diese Zusammenkünfte waren sehr intensiv und fanden auf vertraulicher Basis statt, sodass auch kritische Punkte offen und ehrlich angesprochen werden konnten. Wir trafen uns jeweils in einem anderen Unternehmen, um so vor Ort in andere Unternehmenskulturen hineinschnuppern zu können und die entsprechenden Lösungsmöglichkeiten für die nachhaltigen Herausforderungen kennenzulernen. Dies war immer sehr bereichernd. Auch über **Volunteering,** also Freiwilligenarbeit, lassen sich neue Umgebungen und Denkansätze kennenlernen. Viele Unternehmen bieten diese neuen **Lernelemente** für ihre Führungskräfte und Mitarbeitenden an. Und wenn es dies nicht gibt, rege es an.

3.2.6 Nachhaltige Narrative

»Ein kleiner Vogel flog wegen des Winters in den Süden. Er war jedoch spät dran und es war schon sehr kalt. Und so kam es, dass der Vogel steif gefroren auf den Boden fiel. Während er so da lag, kam eine Kuh des Weges und ließ einen Fladen auf ihn fallen. Der tiefgefrorene Vogel begann aufzutauen und merkte, wie schön warm es in dem Kuhfladen war. Er war darüber so froh, dass er einen Freudengesang anstimmte. Eine vorbeikommende Katze, hörte ihn, folgte dem Gesang, fand den Vogel, holte ihn unter dem Kuhfladen hervor und … fraß ihn auf. – Die Moral der Geschichte: Nicht jeder, der auf dich scheißt, ist dein Feind. Nicht jeder, der dich aus der Scheiße holt, ist dein Freund. Und wenn du in der Scheiße sitzt, halt bloß den Schnabel.«[154]

Erzähle Geschichten, möglichst tierische. Anhand von **Storytelling oder der guten alten Fabel lassen sich viele Dinge eingängiger und einprägsamer** vermitteln. Ich möchte dir drei Beispiele geben, die zeigen, wie du selbst Dinge klarer und mit allen Sinnen erleben und weitergeben kannst. Sie sprechen das Herz und den Bauch an und erreichen so das Gehirn in neuen Dimensionen. Die Geschichten handeln von 1. Hirten und Schafen, 2. Pinguinen und 3. Erdmännchen.

Nachhaltige Narrative sind so etwas wie die Superheldengeschichten der Umweltbewegung: Sie erzählen von Helden, die den Planeten retten, von epischen Abenteuern gegen Umweltverschmutzung und soziale Ungerechtigkeit. Diese Geschichten sind jedoch nicht nur Fiktion – sie sind real und inspirieren Menschen dazu, sich für eine bessere Welt einzusetzen. Stell dir vor, Spiderman schwingt nicht nur von Gebäude zu Gebäude, sondern sammelt auch Plastikmüll ein, während er das tut! Das ist sozusagen eine nachhaltige Superheldengeschichte in Aktion.

Exkurs: Biologische Narrative

Biologische Narrative sind im eigentlichen Sinn des Wortes Erzählungen oder Geschichten, die sich um biologische Konzepte, Prozesse oder Phänomene drehen. Diese Erzählungen können auf wissenschaftlichen Fakten basieren und sie in einer zugänglichen und verständlichen Weise präsentieren, um ein breiteres Publikum anzusprechen und komplexe biologische Themen zu erklären. Biologische Narrative können in verschiedenen Formen auftreten, darunter Bücher, Filme, Dokumentationen, Podcasts und Lehrmaterialien. Ihr Ziel ist es oft, das Verständnis für die biologische Vielfalt, die Evolution, ökologische Zusammenhänge, die menschliche Anatomie und andere Bereiche der Biologie zu fördern. Durch die Verwendung von Geschichten und Erzählungen können komplexe biologische Konzepte auf eine **fesselnde und unterhaltsame Weise** vermittelt werden, die das Interesse und die Neugierde der Zuhörer weckt und das Verständnis für die Naturwissenschaften vertieft. Kinderbücher sind wunderbare Beispiele dafür.

Hörtipp: Podcast MAGIC BRAIN KICKS #90 Neue Narrative

3.2.6.1 Das Hirtenprinzip

Der gute Hirte lässt sein Leben für die Schafe. Der Knecht aber, der nicht Hirte ist, dem die Schafe nicht gehören, sieht den Wolf kommen und verlässt die Schafe und flieht – und der Wolf stürzt sich auf die Schafe und zerstreut sie –, denn er ist ein Knecht und kümmert sich nicht um die Schafe. Ich bin der gute Hirte und kenne die Meinen, und die Meinen kennen mich, wie mich mein Vater kennt, und ich kenne den Vater. Und ich lasse mein Leben für die Schafe.

Joh. 10, 11-15

Hast du schon einmal ein Schaf gekauft? Oder einen Mitarbeiter eingestellt? Das »Hirtenprinzip« zeigt, wie sich die Führung einer Schafsherde und die Mitarbeiterführung gleichen. Das Management einer Herde und modernes Personalmanagement haben mehr gemeinsam, als mancher vielleicht denkt.

Das Bild der Führungskraft als guter Hirte ist seit Jahrtausenden bekannt und übermittelt nonverbal viele Aspekte der Führung durch schöne Geschichten. Es veranschaulicht, worum es bei der Führung von Menschen geht.

Was sind die sieben Erfolgsrezepte guter Menschenführung? Das Buch »Das Hirtenprinzip« von Kevin Leman und William Pentak beschreibt kurz und prägnant, worauf es bei Menschenführung ankommt. Dabei werden nicht einfach nur standardisiert die verschiedenen Führungsstile von autoritär bis Laissez-Faire aufgezeigt. Vielmehr liegt der Fokus darauf, wie wichtig es ist, seine Mitarbeiter zu verstehen und auch Energie in sie zu investieren.

Was sind die Grundsätze der Kunst des Hirten?[155]

1. Kenne immer genau den **Zustand** deiner Herde.
2. Entdecke das **Format** deiner Schafe.
3. Hilf deinen Schafen, sich mit dir zu **identifizieren.**
4. Gewährleiste die **Sicherheit** deines Weideplatzes.
5. Dein Stab, mit dem du führst, also die **Führungsperson als Wegweiser.**
6. Dein Stecken, mit dem du korrigierst, wobei der *Fokus auf Schutz*, Zurechtweisung und Prüfung liegt.
7. Das **Herz des Hirten**, was bedeutet, dass Führungsqualität keine Technik, sondern ein Lebensstil ist.

Das Buch lässt sich wie ein Roman lesen und inspiriert durch die Analogien und sein Storytelling sehr gehirngerecht.

3.2.6.2 Das Pinguin-Prinzip

Der Harvard-Professor John Kotter hat bereits 2006 gemeinsam mit Holger Rathgeber in einer Tiergeschichte beleuchtet, wie Führungskräfte unvermeidbare Veränderungen erfolgreich gestalten können. Es erklärt anhand einer kurzweiligen und schön illustrierten Fabel über existenzbedrohte Pinguine in der Arktis, wie sich Organisationen dem Wandel stellen und Veränderungen offen, optimistisch und nachhaltig angehen.[156]

»Unser Eisberg wird niemals schmelzen«, behaupten alle Pinguine, die in dieser Fabel in einer Kolonie zusammenleben. Alle, bis auf Fred. Er hat aufgrund seiner Neugierde und vieler Dokumentationen herausgefunden, dass der Lebensraum in absehbarer Zeit gefährdet ist. Fred, weder Anführer noch Experte, hat die erfolglosen Versuche anderer beobachtet, die Kolonie auf die drohende Gefahr hinzuweisen. In seiner Verzweiflung sucht er Unterstützung bei der zielstrebigen und zugleich zugänglichen Alice, die dem Zehnerrat angehört, der die Kolonie führt. Gemeinsam überzeugen sie die meisten Ratsmitglieder, dass dringender Handlungsbedarf besteht, obwohl es Widerspruch von Einzelnen gibt, darunter NoNo, ein typischer Gegenspieler.

Fred und Alice formen gemeinsam mit Louis (dem erfahrenen Oberhaupt des Rates), Buddy (charmant und vertrauenswürdig) und dem Professor (logisch denkend, intellektuell) ein Team, das den Wandel herbeiführen soll. Trotz zahlreicher Rückschläge und Hindernisse gelingt es ihnen schließlich, nicht nur die Kolonie auf einen anderen Eisberg zu führen, sondern auch eine kulturelle Veränderung herbeizuführen. Es stellt sich heraus, dass dies nicht der letzte Umzug war.

Diese fesselnde Geschichte verdeutlicht acht Schritte für eine erfolgreiche Veränderung:

1. Die Notwendigkeit des Handelns verdeutlichen, idealerweise anhand eines anschaulichen Beispiels, das für alle verständlich ist.
2. Ein Leitungsteam formen, das effektiv zusammenarbeiten kann und aufgrund seiner Diversität optimal ausgestattet ist.
3. Eine Strategie für die Zukunftsvision entwickeln.
4. Möglichst viele Menschen für die Vision begeistern.
5. Hindernisse überwinden und Unterstützern Handlungsfreiräume geben.
6. Kurzfristige, sichtbare Erfolge zeigen und gebührend feiern.
7. Mit Engagement an der kontinuierlichen Weiterentwicklung arbeiten, um die Dynamik aufrechtzuerhalten.
8. Die Welt verändert sich ständig, daher muss die Veränderungskultur nachhaltig etabliert werden.

Ich erinnere mich, dass mein damaliger Vorstandsvorsitzender ein absoluter Fan dieser Fabel war und sie zu Weihnachten an alle Führungskräfte verschenkte. Die Fabel ist nach wie vor ein ausgezeichneter Denkanstoß, direkt gekoppelter mit einer Strategie für nachhaltige Veränderungen.

3.2.6.3 Das Erdmännchen-Prinzip Leerzeile einfügen

Von den gleichen Autoren folgte dann 2017 das Erdmännchen-Prinzip, denn Erdmännchen sind Spezialisten für schwierige Zeiten. Sie zeigen, wie man aus Krisen als Gewinner hervorgehen kann.[157]

Das gleichnamige Buch wirft einen faszinierenden Blick auf die Welt der Erdmännchen und leitet daraus wertvolle Lehren für schwierige Zeiten ab. In der Erdmännchen-Fabel erzählen die Autoren von einer Gemeinschaft, die lange Zeit optimale Lebensbedingungen genoss, bis plötzlich eine schwere Dürre und Geierangriffe ihre Existenz bedrohen. Dies führt zu Chaos im Management des Clans, mit Schuldzuweisungen, zahlreichen Besprechungen, Task-Force-Einrichtung und verstärkten Kontrollmaßnahmen als Reaktion auf die Krise – ein Szenario, das vielen von euch sicherlich bekannt vorkommt.

Die Hauptfiguren Nadia und Ayo zeigen jedoch, wie man in solchen Krisensituationen Management und Führung erfolgreich miteinander verbinden kann. Innovativ, verlässlich und effizient bewältigen sie die Herausforderungen. Unterstützt vom Clan-Chef, der mit einem positiven Feedback-Ansatz neue Projekte fördert, erlangen ihre Initiativen schnell Akzeptanz und führen zu positiven Veränderungen in der Arbeitsweise.

Die Erdmännchen-Fabel regt zum Nachdenken an – über Anpassungen an eine sich verändernde Umwelt, die Herausforderungen des Wachstums, Teamwork zwischen verschiedenen Abteilungen, die Schaffung eines offenen Umfelds für innovative Ideen, die Bereitschaft zum kontinuierlichen Lernen innerhalb einer Organisation, den Umgang mit Widrigkeiten und die Entwicklung von Führungsstärke. Die Autoren John Kotter und Holger Rathgeber betonen in ihrem Buch den Unterschied zwischen Führung und Management und plädieren für ein »Sowohl-als-auch« im Umgang mit Freiheit und Kontrolle innerhalb einer Netzwerkstruktur, unterstützt durch eine klare Vision.

Ein Buch, das viele biologische Lehren und fundierte Prinzipien zu Management und Führung auf sehr schöne und merk(!)-würdige Weise wiedergibt. Ein gutes Beispiel für ein gehirngerechtes Narrativ.

4 Erfolgsfaktoren nachhaltiger Unternehmensführung

Die fünf Kerninfos zum Klimawandel in nur 20 Worten:

- *Er ist real.*
- *Wir sind die Ursache.*
- *Er ist gefährlich.*
- *Die Fachleute sind sich einig.*
- *Wir können noch etwas tun.*

Deutsches Klima-Konsortium[158]

Der Klimawandel ist real und gefährlich, wie das Deutsche Klima-Konsortium in den oben genannten zwanzig Worten zusammenfasst – immerhin mit der klaren Aussage abschließend, dass wir noch etwas tun können. Aus diesem und aus dem Grund, dass wir uns auch im Sinne unserer eigenen Gesundheit sehr schnell darum kümmern sollten, ist es sinnvoll, sich die Erfolgsfaktoren nachhaltiger Unternehmensführung genauer anzusehen. Denn der Klimawandel hat bereits jetzt **gesundheitliche Folgen** für uns, wie das Buch »**Überhitzt** – Die Folgen des Klimawandels für unsere Gesundheit« von Claudia Traidl-Hoffmann und Katja Trippel eindrucksvoll beschreibt.[159] Es wird vor allem belegt, welche neurologischen Auswirkungen die hohen Temperaturen haben können, die wir bisher noch nicht erwähnt haben. Unser Gehirn hält nur eine bestimmte Temperatur aus. Somit machen auch diese »**Health Issues**« einen nachhaltigen Erfolg in den Unternehmen unabdingbar. Um ein paar Themen zu nennen: Die zunehmenden Hitzewellen gefährden nicht nur die körperliche Gesundheit, sondern können auch psychische Belastungen verursachen. Dabei werden auch die Auswirkungen auf die Verbreitung von Krankheiten wie beispielsweise die abweichende Ausbreitung von Infektionskrankheiten aufgrund veränderter Umweltbedingungen betrachtet. Darüber hinaus beleuchtet das Buch die psychologischen Auswirkungen von Naturkatastrophen, die durch den Klimawandel verursacht werden, und diskutiert Strategien zur Bewältigung dieser Herausforderungen. Die dringende Notwendigkeit von Maßnahmen zur Anpassung und Minderung der Gesundheitsrisiken, die mit dem Klimawandel verbunden sind, wird betont. Auch bei diesem Thema begegnen uns wieder die komplexen Wechselwirkungen zwischen Klimawandel und Gesundheit und zeigt noch einmal die Bedeutung einer ganzheitlichen Herangehensweise zur Bewältigung dieser globalen Herausforderung. Dies ist neben den bereits genannten Gründen ein weiterer, diese Aspekte in die Nachhaltigkeitsstrategie für Unternehmen mit auszunehmen.

Die Erfolgsfaktoren für nachhaltige Unternehmensführung sind wie die Zutaten für ein erfolgreiches Rezept: Jede Komponente muss perfekt abgestimmt sein, um das gewünschte Ergebnis zu erzielen. Das Fundament bildet eine **klare Vision** und Strategie, die Nachhaltigkeit als integralen Bestandteil des Unternehmens definiert. Doch ohne das **Engagement der Führungsebene** bleibt diese Vision nur ein Wunschtraum. Es ist die Führung, die den Weg vorgibt und sicherstellt, dass Nachhaltigkeit in jedem Aspekt des Unternehmens verankert ist.

Ein weiterer Schlüssel zum Erfolg ist das Einbeziehen aller **relevanten Interessengruppen**, von den Mitarbeitenden bis zu den Lieferanten. Denn Nachhaltigkeit betrifft nicht nur das Unternehmen selbst, sondern die gesamte Wertschöpfungskette. Messbare Ziele und transparente Berichterstattung sorgen dafür, dass der Fortschritt überwacht und bewertet werden kann.

Innovation und Technologie spielen ebenfalls eine entscheidende Rolle, um nachhaltige Lösungen zu entwickeln und Effizienzgewinne zu erzielen. Unternehmen, die bereit sind, Risiken zu managen und sich kontinuierlich zu verbessern, sind besser gerüstet, um den Herausforderungen der Zukunft zu begegnen.

Kurz gesagt: **Nachhaltigkeit ist kein einmaliges Projekt, sondern ein kontinuierlicher Prozess der Anpassung und Verbesserung**. Unternehmen, die diese Prinzipien beherzigen, haben die besten Chancen, langfristig erfolgreich zu sein – und vielleicht sogar die Welt ein Stückchen besser zu machen.

Die Gehirnforschung kann ein Erfolgsfaktor sein, indem die in den vorangegangenen Kapiteln besprochenen Strategien und Ansätze in die Trainings und vor allem in die Kommunikation mit einfließen. Das menschliche Verhalten und die Motivation können besser nachvollzogen und berücksichtigt werden.

Priming

Ein wichtiger Punkt dazu sind **Priming-Faktoren**, die sich auf die Vorerfahrungen der Menschen beziehen. Da dieser ein wirkungsvoller Aspekt ist, den ich bisher nicht explizit erwähnt habe, hier ein kleiner Exkurs dazu:

Wir hatten gesehen, dass sich unser Gehirn immer wieder neu vernetzt und die vorangegangenen Erfahrungen nutzt, um aktuelle neue Ereignisse einzuordnen und zu bewerten. Jedes Gehirn hat andere Kindheitserfahrungen und verarbeitet auch Reize individuell. Insofern hat jeder Mensch Vorerfahrungen, die seine aktuellen Wahrnehmungen beeinflussen und oft auch begrenzen. Dies verläuft unbewusst. Deshalb möchte ich dies hier bewusst noch einmal in den Fokus rücken, da Priming gerade, wenn wir individuelle und kulturelle Verhaltensweisen ändern wollen, eine enorme Rolle spielt.

Der Duft eines spezifischen Parfüms, ein bestimmtes Lied im Radio, eine vertraute Geste, ein spezielles Getränk oder der Geschmack eines Gerichts und in Sekunden erinnerst du dich an einen geliebten Menschen, einen wichtigen Moment, ein Kindheitserlebnis. Spontan, unwillkürliche magische Momente. Wir sind auf diese Dinge geprimt. Die Grundierung, der erste Anstrich unseres Gehirns erkennt die Muster sofort und reagiert unbewusst mit einer entsprechenden Emotion und Erinnerung. Priming bildet den Rahmen unseres Denkens, Handelns und Fühlens und ist ein alltägliches Phänomen.[160]

Wir können uns **Priming-Faktoren** nur schwer entziehen, da sie überall vorhanden sind und meist unbewusst wirken. Es gibt eine Vielzahl von Faktoren in unserer Umwelt, die eine entscheidende unbewusste Wirkung auf uns haben – sei es durch politische Slogans, die Werbung, die Wortwahl im Verkaufsgespräch oder die Musik im Kaufhaus. Aber auch das Thema Selbst-Priming spielt eine wichtige Rolle. Wie wir schon gesehen haben, ist Sprache sehr machtvoll, vor allem, wie wir mit uns selber sprechen. Es macht einen Unterschied, ob du zu dir sagst: »Ich möchte nicht mehr so viel Süßes essen« oder »Wenn ich das nächste Mal in Versuchung gerate, etwas Süßes zu essen, dann sage ich mir, dass ich gesund essen will«. Untersuchungen zeigen, dass deine Chancen bei der zweiten Aussage maßgeblich steigen, dein Verhalten zu ändern. Meist sind wir festen Glaubens, dass wir selbstbestimmte Entscheidungen treffen. Zahlreiche Studien belegen jedoch, dass dem nicht ausschließlich so ist. Wörter, Objekte und ihre Beschaffenheit, die Temperatur eines Getränks oder Raums, Farben, Gerüche, die Art der Darbietung von Nahrungsmitteln – das alles wirkt auf uns. Es werden spezifische kognitive und affektive Gedächtnisspuren in uns ausgelöst, die wiederum unsere Reaktionen subtil bahnen. Wir werden stetig unbewusst beeinflusst. Deshalb ist es wichtig, die Faktoren zu kennen, um die Einflüsse konstruktiv nutzen zu können und destruktive Einflüsse zu minimieren.

Dies funktioniert übrigens offline und auch online. Man hat festgestellt, dass auch Hintergrundbilder in Onlinemeetings die Wahrnehmung und Kommunikation maßgeblich beeinflussen. So hat eine Bibliothek am Hintergrundbild zu einer sehr formellen Kommunikation geführt, während der Hintergrund »Kaffeehaus« zu einer wesentlich offeneren und lockereren Kommunikation beitrug. Eigentlich nur eine Kleinigkeit, aber mit großer Wirkung. In kreativ gestalteten Seminarräumen werden signifikant mehr kreative Ideen geboren. Einige Workspaces hier in Berlin haben das bereits sehr gut umgesetzt. Wenn man diese »Space-Workstations« betritt, ist auch direkt das eigene Grundgefühl ein anderes. Man spürt sofort, dass sich jemand darum gekümmert hat, dass man sich wohlfühlt. Das Gastgeberverhalten, das sich darin zeigt, ist elementar und sehr stark in allen Kulturen verankert, in anderen Ländern weit mehr als in Deutschland. In der Praxis der Gastfreundschaft finden sich positive Modelle der Integration und affektiven Differenzierung. Die Aufnahme von Fremden in den eigenen Haushalt oder das eigene Territorium (*Oikos*) und das Bieten von Schutz und eines

Raumes des Vergnügens und des informellen Austauschs sind die Kennzeichen von Kultur und Kultivierung.[161] Diese Elemente sollten von Unternehmen für die eigene Kultur übernommen werden, denn Gastfreundschaft ist ein wesentliches Element, das bei jedem Menschen geprimt ist. Das menschliche Dasein ist ein Gasthaus, so sagt es auch der persische Dichter Rumi.

Grundsätzlich ist es wichtig, die Priming-Faktoren zu kennen, die für Führung und Verhandlungen ausschlaggebend sind. Viele Studien zeigen, dass Sprache, die Art der Formulierungen, die Reihenfolge der Fragen, die Wortwahl, manchmal sogar ein passendes oder unpassendes Wort ein Prime sein kann, der neue Lösungen ermöglicht oder eben nicht. Die Sitzanordnung beeinflusst, ob eher Mehrheits- oder Minderheitsmeinungen gehört werden. Die Gestaltung von Räumen hat Einfluss auf das Ergebnis eines Brainstormings. Selbst das Einschalten einer simplen Glühbirne kann die Wahrscheinlichkeit neuer Einsichten steigern. Sogar die Beschaffenheit eines Stuhls hat – so unglaublich es scheinen mag – Einfluss auf dein Verhandlungsverhalten. Dazu kommen noch Power-Posen, die Nutzung von Kleidern, Bildern und Gegenständen als Prime, die dich selbst und auch andere unterstützen können.

Verstehen und Anwenden dieser Priming-Faktoren bilden zusammen mit der guten Kenntnis über den Zustand des Teams und der einzelnen Mitglieder (vgl. das »Hirtenprinzp«) den Grundpfeiler für gute Führung und das erfahrbare Erleben der Unternehmenskultur.

Neuroculturehack #5

- Beobachte und nutze die Priming-Faktoren, insbesondere diejenigen, die dein Team betreffen.
- Entwickle die Unternehmenskultur nach den Prinzipien der Gastfreundschaft.

4.1 Erfolgsmodelle nachhaltiger Unternehmen

We need two things more than anything else: leaders and trees.
Ehemaliger Unilever CEO Paul Polman

Wie schafft man eine teamfördernde, nachhaltige Unternehmenskultur? Ich möchte zwei mögliche Herangehensweisen für Führungspersonen und Unternehmer kurz darstellen, die Wege und – vor allem beim Konzept von Frédéric Laloux empirisch belegte – Möglichkeiten zur Veränderung von Teams und Organisationen aufzeigen.

Anders Indsets »Quantenwirtschaft« und Frédéric Lalouxs Konzept der »Reinventing Organizations« sind zwei Ansätze zur Neugestaltung von Organisationen und

Wirtschaftssystemen. Obwohl sie einige Ähnlichkeiten aufweisen, betonen sie unterschiedliche Aspekte und Ideen (vgl. auch Kap. 4.1.1 und 4.1.3).

Die Quantenwirtschaft, entwickelt von dem Norweger Anders Indset, verfolgt eine philosophische Herangehensweise an Wirtschaft und Gesellschaft, die auf den Prinzipien der Quantenphysik basiert. In ihrem Fokus stehen Vernetzung, Interdependenz und die Bedeutung von Ganzheitlichkeit in wirtschaftlichen Prozessen. Die Quantenwirtschaft setzt sich für Kreativität, Innovation und soziale Verantwortung in Organisationen und Gesellschaften ein.

Frédéric Laloux' Konzept der »Reinventing Organizations« hingegen basiert auf empirischer Erforschung von Organisationen, die neue Organisationsmodelle entwickelt haben. Es identifiziert verschiedene Entwicklungsstufen von Organisationen und hebt hervor, wie diese auf die »Teal«-Stufe übergehen können. Diese Stufe zeichnet sich durch Selbstverwaltung, Zweckorientierung und ganzheitliches Denken aus. Laloux betont die Transformation von Hierarchien in selbstorganisierte, sinnorientierte und evolutionäre Organisationen.

Obwohl beide Ansätze ähnliche Werte und Ziele, wie die Betonung von Ganzheitlichkeit, sozialer Verantwortung und einer vernetzten Sichtweise, teilen, unterscheiden sie sich in ihrer Herangehensweise. Die Quantenwirtschaft neigt eher zu einer philosophischen und metaphorischen Perspektive, während »Reinventing Organizations« konkrete Modelle zur Neugestaltung von Organisationen bietet. Die Umsetzung beider Ansätze kann in der Praxis unterschiedlich aussehen und hängt von den spezifischen Zielen und Herausforderungen ab, denen eine Organisation oder Gemeinschaft gegenübersteht. In den weiteren Kapiteln werde ich die beiden Ansätze, neben anderen Prinzipien der nachhaltigen Unternehmungskultur, detailliert schildern.

4.1.1 Reinventing Business and Leadership

In seinem bahnbrechenden Buch »Reinventing Organizations« aus dem Jahr 2014 beschreibt der ehemalige McKinsey-Berater Frédéric Laloux eine faszinierende Evolution des menschlichen Bewusstseins und deren Auswirkungen auf Organisationsmodelle. Der Belgier Laloux identifiziert verschiedene Bewusstseinsstufen, die im Laufe der Geschichte des Menschen aufgetreten sind, wobei jedes Mal ein neues und »radikal produktiveres« Organisationsmodell entstand.[162]

Die Quintessenz dieses Konzepts wird im Laloux-Kulturmodell deutlich, das auf fünf Farben basiert. Jede davon repräsentiert eine Stufe der menschlichen und organisatorischen Entwicklung. Dieses Modell beruht auf den Prinzipien des Farbmodells des menschlichen Bewusstseins, das von dem Philosophen Ken Wilber entwickelt wurde.

Im Folgenden werden die Schlüsselstufen des Kulturmodells von Laloux beschrieben:

- **Rote Organisationen:**
  - Charakterisiert durch starke Hierarchien und Machtausübung, ähnlich Wolfsrudeln.
  - Kontrolle und Autorität werden durch Angst aufrechterhalten.
  - Beispiel: Straßengangs.
- **Bernstein-Organisationen:**
  - Strikte Hierarchien und klare Rollen.
  - Gemeinsamer Glaube oder Ansicht wird durch Selbstdisziplin, Scham und Schuldgefühle aufrechterhalten.
  - Beispiele: Die katholische Kirche, das Militär.
- **Orange Organisationen:**
  - Leistungs- und ergebnisorientiert, vergleichbar mit Maschinen.
  - Fokussiert auf Prozesse und Systeme zur Erzielung und Belohnung von Ergebnissen.
  - Beispiele: Universitäten, große Unternehmen wie Banken.
- **Grüne Organisationen:**
  - Betonung von Einbeziehung, Empowerment und gemeinsamem Ziel.
  - Hierarchien bestehen, aber alle Interessengruppen werden einbezogen.
  - Entscheidungen werden im Konsens getroffen.
  - Beispiele: Ben&Jerry's, gemeinnützige Organisationen.
- **Teal-Organisationen (petrol):**
  - Die radikalste Form der Organisation, in der jeder aufgrund seiner einzigartigen Stärken und Potenziale einen Beitrag leistet.
  - Entscheidungsbefugnisse sind organisch auf verschiedene Teams und Einzelpersonen verteilt.
  - Keine Hierarchien, sondern selbstorganisierte Teams, die alle Entscheidungen treffen können.
  - Beispiele: Patagonia, The John Lewis Partnership.

Das Laloux-Kulturmodell bietet einen faszinierenden Einblick in die Evolution organisatorischer Denkweisen und verdeutlicht, wie Teal-Organisationen eine neue Ära der Selbstorganisation und Verantwortlichkeit repräsentieren.

Frédéric Laloux hat in seiner umfassenden Untersuchung festgestellt, dass Organisationen, ungeachtet ihrer Branchen oder Unternehmensstrukturen, bestimmte gemeinsame Merkmale aufweisen. Diese Merkmale bilden heute die drei zentralen Prinzipien von Teal-Organisationen:

1. **Selbstorganisation:** Teal-Organisationen brechen mit konventionellen Hierarchien und Organigrammen. Stattdessen setzen sie auf selbstorganisierte Teams und dezentrale Entscheidungsprozesse. Dies bedeutet, dass Strukturen und Verfahren geschaffen werden, die den Teammitgliedern Autonomie in ihrem jeweili-

gen Bereich gewähren. Jeder hat die Möglichkeit, Verantwortung zu übernehmen und Entscheidungen zu treffen. In den Worten von Laloux: »Entscheidungsrechte und -befugnisse gehen auf alle über, die über das nötige Fachwissen, Interesse oder die Bereitschaft verfügen, Kontrolle über die jeweilige Situation zu übernehmen. Fließende, natürliche Hierarchien treten an die Stelle der starren Machthierarchien einer Pyramide.«

2. **Ganzheit:** Der zweite Grundsatz von Teal bezieht sich darauf, wie Menschen bei der Arbeit auftreten. Teal-Organisationen fördern nicht nur das »berufliche« Selbst, sondern schaffen auch eine Umgebung, die die Entfaltung der gesamten Persönlichkeit und die »innere Ganzheit« unterstützt. Der Gedanke dahinter ist, dass Mitarbeiter so ein »beispielloses Maß an Energie, Leidenschaft und Kreativität« am Arbeitsplatz entfalten können.
3. **Evolutionärer Sinn:** Gemäß Laloux richten Teal-Organisationen ihre Strategien danach aus, was die Welt von ihnen verlangt. Im Gegensatz zu starren Plänen und Zielvorgaben setzen Teal-Organisationen auf flexible Verfahren, die schnell an unterschiedliche Szenarien angepasst werden können. Laloux betont, dass »Teal«-Organisationen in der Regel bessere finanzielle Ergebnisse erzielen als ihre Konkurrenz, da sie sich nicht mehr nur auf vordefinierte Pläne verlassen, sondern sich agil an die sich ändernde Umwelt anpassen können.

Diese Prinzipien bilden das Herzstück von Teal-Organisationen und verdeutlichen ihren innovativen Ansatz zur Schaffung agiler, selbstorganisierter und menschenzentrierter Arbeitsumgebungen.

Das Buch »Reinventing Organizations« hat einen tiefgreifenden Einfluss auf die Diskussion über Organisationsentwicklung und bietet einen Rahmen für die Schaffung von sinnstiftenden und evolutionären Organisationen. Es inspiriert Führungskräfte und Organisationen, ihre bisherigen Modelle und Praktiken zu überdenken und neue Ansätze zu entwickeln, um den Herausforderungen des 21. Jahrhunderts gerecht zu werden.

Auf einen Aspekt möchte ich im Rahmen unseres neurowissenschaftlichen Ansatzes noch besonders eingehen, da die Erkenntnisse, die ich oben dargelegt habe, voll mit einbezogen wurden und real sind: **das umfassende Menschenbild**, das seinem Konzept zugrunde liegt. In seinen Vorträgen erläutert Frédéric Laloux sein Konzept von Ganzheit noch einmal deutlicher als im Buch.[163]

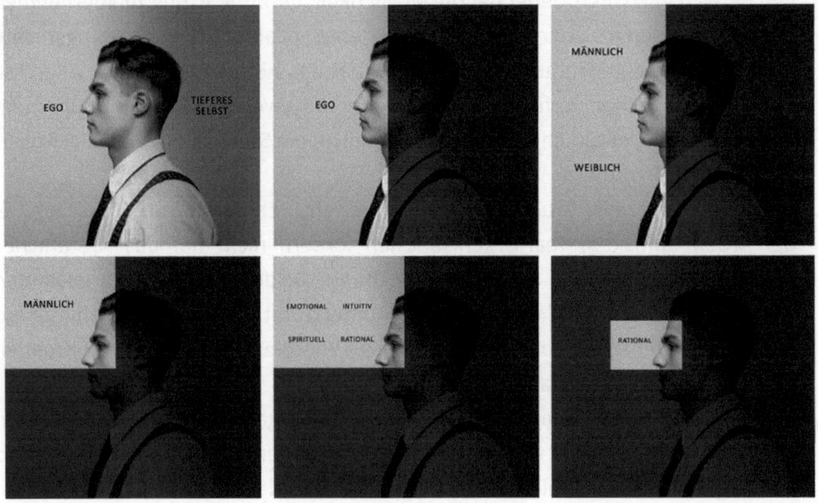

Abb. 16: Die Ganzheit des Menschen (eigene Darstellung gemäß Quellen: Buch Reinventing Organisations und https://youtu.be/gcS04BI2sbk?feature=shared auf englisch abgerufen 20.1.2024)

Seiner Ansicht nach werden Menschen im Business nur mit einem Sechzehntel ihrer Anteile wahrgenommen, nämlich mit dem rationalen Teil. Damit bringen Menschen aber auch ein Sechzehntel ihrer Kreativität und Energie in den Job ein (vgl. Abbildung 16). Eigentlich sollte man den ganzen Menschen mit all seinen Anteilen ansprechen. Dazu benötigt man allerdings einen »Safe Space« – den Unternehmen bzw. Führungspersonen bieten müssen. Wir sind also auch hier wieder bei dem fundamentalen Prinzip von Sicherheit als wichtigster Rahmen, um Ganzheitlichkeit und Bewusstseinsentwicklung überhaupt möglich zu machen. Folgende Punkte verdeutlichen den innovativen und evolutionären Ansatz des Modells:

Ganzheitliche Menschenbilder: Das Konzept der Ganzheitlichkeit in »Reinventing Organizations« geht von einem umfassenden Menschenbild aus. Es erkennt an, dass Mitarbeiter nicht nur durch ihre beruflichen Fähigkeiten definiert sind, sondern auch durch ihre persönlichen Interessen, Werte und Emotionen. Die Organisationen fördern daher eine Kultur, die die Vielfalt und Ganzheitlichkeit der Menschen respektiert und nutzt.

Einbindung von persönlichen Zwecken (Evolutionary Purpose): Das System der Ganzheitlichkeit umfasst auch die Idee des »Evolutionary Purpose« oder des persönlichen Zwecks. Organisationen in dieser Phase werden durch einen übergeordneten Zweck angetrieben, der über rein finanzielle Gewinne hinausgeht. Dieser Zweck berücksichtigt die Auswirkungen der Organisation auf die Gesellschaft und die Umwelt und integriert eine ganzheitliche Perspektive.

Ganzheitliche Ansätze zur Problemlösung: In Teal-Organisationen werden Probleme nicht mehr isoliert betrachtet. Stattdessen werden ganzheitliche Ansätze zur Lösung von Herausforderungen bevorzugt. Dies bedeutet, dass die Organisationen versuchen, die zugrunde liegenden Ursachen von Problemen zu verstehen und nicht nur oberflächliche Symptome zu behandeln.

Anerkennung der Interdependenz: Das System der Ganzheitlichkeit in »Reinventing Organizations« erkennt die Interdependenz von allen Teilen der Organisation an. Es betont, dass jede Entscheidung und Aktion Auswirkungen auf das gesamte System hat. Die Organisationen fördern daher ein Bewusstsein für die Wechselwirkungen zwischen den verschiedenen Aspekten und Akteuren.

Zusammenfassend kann man sagen, dass das System der Ganzheitlichkeit in »Reinventing Organizations« nicht nur eine organisatorische Struktur beschreibt, sondern eine grundlegende Verschiebung in der Art und Weise darstellt, wie Organisationen sich selbst und ihre Mitglieder sehen. Es betont die Integration von persönlichen und organisatorischen Aspekten sowie die Berücksichtigung von Zweck, Werten und Interdependenzen in allen Entscheidungen und Aktivitäten.

Die Reise hin zu einem solchen selbstorganisierten profitablen Unternehmen begleitet Laloux auf einer speziell dafür kreierten Website. Die Hauptfrage, die zu stellen ist, ist: »Are you ready, to say: Yes?« Auf der Website »The journey« betont Laloux, dass es sich vor allem zunächst um persönliches Wachstum der CEOs und Führungskräfte handelt. Die Transformation ist eine Chance, zu wachsen. Zahlreiche Videos unterstützen den Prozess. Laloux selbst gibt »Thoughts für Top Leaders.«[164]

4.1.2 Holacracy – agiler Prozess statt Hierarchie

Probleme kann man niemals mit derselben Denkweise lösen, durch die sie entstanden sind.
Albert Einstein

Holacracy ist ein Organisationskonzept und ein alternatives Modell für die Unternehmensführung. Es wurde von Brian J. Robertson entwickelt und zielt darauf ab, herkömmliche hierarchische Strukturen durch ein flexibleres, transparenteres und dynamischeres System zu ersetzen. In einer Holacracy gibt es keine traditionellen Hierarchien mit festen Rollen und Befugnissen.

Stattdessen basiert Holacracy auf einer »Holarchie«, bei der die Organisation in selbstverwaltete Teams, sogenannte Kreise, unterteilt ist. Jeder Kreis hat klar definierte Zwecke und Verantwortlichkeiten, die regelmäßig überprüft und angepasst werden können. Innerhalb der Kreise gibt es Rollen, die von den Mitgliedern selbstbestimmt übernommen werden und sich je nach den Bedürfnissen der Organisation ändern können.

Entscheidungen werden in Holacracy durch formale, strukturierte Meetings getroffen, die darauf abzielen, Klarheit und Effizienz zu fördern. Die Hierarchie wird durch einen Prozess ersetzt, der auf der Verteilung von Macht und Verantwortung basiert, wodurch die Organisation agiler und anpassungsfähiger wird. Holacracy betont auch Transparenz und klare Kommunikation, um die Zusammenarbeit und das Verständnis innerhalb der Organisation zu fördern.

Laut Robertson sind die wichtigsten Punkte:[165]

1. Effiziente Kommunikation,
2. Effektive Meetings,
3. Weniger Bürokratie und Hindernisse sowie
4. Klar verteilte Verantwortlichkeiten und Erwartungen.

Hörtipp: Podcast MAGIC BRAIN KICKS #136 – Soul Bottles

4.1.3 Quantopia – Wirtschaft mit Quanten

In diesem Abschnitt möchte ich auf das schon erwähnte Zukunftsmodell der Wirtschaft von Anders Indset eingehen, dass die Prinzipien der Quantenphysik auf die Lösung der aktuellen Themen anwendet und ein utopisches Modell dazu entwirft. Die dargelegten Prinzipien sind sehr gehirnfreundlich aufgesetzt und stellen den Menschen in den Mittelpunkt. »Quantopia« ist zudem sehr nachhaltig unterwegs und bietet Raum für die Lösung aller disruptiven Themen in der Zukunft.

In seinem Buch »Quantenwirtschaft – was kommt nach der Digitalisierung« bietet Anders Indset eine provokante Perspektive auf die potenziellen Veränderungen der kommenden Jahre. Basierend auf den Prinzipien der Quantenphysik entwirft er ein utopisches, neues Wirtschaftsmodell. Das alte führe in den Klimakollaps. Er schlägt ein neues Betriebssystem für die Wirtschaft vor und belegt dies mit vielen Beispielen aus der Philosophie, Mathematik und Physik.[166]

Die Quantenwirtschaft (»Q-Economy«) ist eine Denkweise, die sich von herkömmlichen wirtschaftlichen Modellen unterscheidet und eine holistische Sicht auf Wirtschaft und Gesellschaft fördert. Sie fordert ein Umdenken und eine Anpassung der Geschäftspraktiken, um den Herausforderungen der modernen Welt besser gerecht zu werden. Indset erläutert, dass seine »Q-Economy« als Katalysator für gesellschaftlichen Wandel nur über eine »Bewusstseinsrevolution« entstehen kann. Hoffnung macht ihm die junge Generation »der Erwachten«, eine Generation, die gestaltet und Politiker und Unternehmen mit Fragen konfrontiert, die sich die Gesellschaft viel intensiver stellen sollte – etwa, wie wir mit neuen Technologien zusammenleben wollen. Als Beispiel nennt er die »Fridays for Future«-Bewegung.

In der Quantenwelt gilt das »Sowohl-als-auch«. Ein Verschmelzen und Überlappen von Raum, Zeit und Wahrscheinlichkeiten. In diesem interdependenten System sind auch Menschen untereinander verbunden wie Energiepartikel. In der Quantenwirtschaft sind sich die Akteure dieser Wechselwirkung bewusst und handeln entsprechend. So gibt es keine Sieger und Verlierer, sondern eine solidarische Gemeinschaft, die nachhaltig produziert. Die »Q-Economy« ist »eine perfekte Kreislaufwirtschaft«, gestützt durch neue Formen eines Grundeinkommens.

Basis von »Quantopia« sind die **Unsicherheit und Unschärfe**: In der Quantenwirtschaft wird akzeptiert, dass die Realität unscharf und von Unsicherheit geprägt ist, ähnlich wie in der Quantenphysik. Unternehmen und Entscheidungsträger werden dazu angehalten, dieser Unsicherheit bewusst zu begegnen und flexibel auf Veränderungen reagieren. Die Quantenwirtschaft erkennt an, dass **alles miteinander verbunden** ist und in Wechselwirkungen zueinander befindet. Unternehmen sollten **vernetztes Denken** anwenden und verstehen, wie ihre Handlungen Auswirkungen auf andere haben.

Die Quantenwirtschaft betont die **Anpassungsfähigkeit und Flexibilität** in einer zunehmend unsicheren und komplexen Welt. Dies ist besonders relevant in Zeiten schneller Veränderungen, wie sie beispielsweise durch technologische Entwicklungen und globale Krisen hervorgerufen werden.

Die Quantenwirtschaft fördert einen **ganzheitlichen Ansatz**, der ökonomische, soziale, ökologische und emotionale Faktoren berücksichtigt. Dies ist wichtig, um den wachsenden Anforderungen an Nachhaltigkeit und soziale Verantwortung gerecht zu werden.

Die Quantenwirtschaft betont die **Bedeutung von Kreativität und Intuition** in wirtschaftlichen Entscheidungsprozessen. Sie ermutigt dazu, innovative Ideen zu fördern und nicht nur auf rationale, analytische Ansätze zu setzen. Dies ist entscheidend in einer Welt, in der disruptive Technologien und Ideen immer häufiger auftreten.

Die Quantenwirtschaft legt großen **Wert auf Nachhaltigkeit und soziale Verantwortung**. Sie fordert Unternehmen auf, langfristig zu denken und umwelt- und sozialverträgliche Praktiken zu verfolgen. Dies entspricht dem wachsenden Bewusstsein für Umweltprobleme und soziale Ungerechtigkeiten, was zu einer steigenden Nachfrage nach nachhaltigen Geschäftspraktiken führt.

In der Quantenwirtschaft wird zudem die **menschliche Seite der Wirtschaft betont**. Empathie, zwischenmenschliche Beziehungen und emotionale Intelligenz werden als wichtige Faktoren für den Erfolg angesehen. Die **Förderung zwischenmenschlicher Beziehungen** kann außerdem dazu beitragen, das Wohlbefinden der Mitarbeiter zu steigern und eine positivere Arbeitsumgebung zu schaffen.

Aufgrund dieser Aspekte gilt die Quantenwirtschaft als eine vielversprechende Zukunftsvision, die auf innovative Weise auf die aktuellen Herausforderungen und Entwicklungen in der Wirtschaft und der Gesellschaft eingeht. Die Punkte sind sowohl nachhaltig und zukunftsorientiert als auch sehr gehirngerecht, und zwar ganzheitlich auf allen drei biologischen Hirnebenen. Das Potenzial der menschlichen Intelligenz wird in seiner Gesamtheit gesehen. Zudem wir ein Quantenraum kreiert, in dem wir mit den Zukunftsthemen nicht nur wirtschaftlich gut umgehen, sondern auch menschlich daran wachsen können. Ich halte das – wenn auch noch utopische – Konzept der Quantenwirtschaft für eine interessante und inspirierende Vision für die Zukunft der Wirtschaft.

Bei der Realisierung der »Q-Economy« besteht die Herausforderung darin, aus tief verwurzelten Denkweisen oder deduktiven Mustern auszubrechen, die nur die eine Schlussfolgerung in Bezug auf die Realität zulassen. Um weiter zu denken und um diesen Zustand infrage zu stellen, braucht es Vertrauen, Verletzlichkeit, Risikobereitschaft und den Mut, zu scheitern.[167]

4.1.4 Ökonomische Ansätze aus Oxford und Cambridge

Namhafte Ökonomen haben verschiedene Modelle für eine nachhaltige Wirtschaft entwickelt, die die Bedürfnisse der Menschen und die ökologischen Grenzen des Planeten berücksichtigen. Sie bieten auch Lösungswege und Methoden zur praktischen Umsetzung dieser Modelle an.

Einige der Ideen und Modelle möchte ich hier aufführen, damit ihr euch wie bei einem Buffet eine Idee, eine Vorgehensweise oder ein Modell heraussuchen könnt. Auf jeden Fall inspirieren die enthaltenen Gedanken dazu, eigene Wege und Möglichkeiten zu finden. Sie führen zu mehr Klarheit inmitten der Komplexität.

Die beiden im Weiteren vorgestellten Modelle sind die **Theorie U** und die **Donut-Ökonomie**. Die Theorie U kann helfen, ein tiefes Verständnis für die Prinzipien der Donut-Ökonomie zu schaffen. Sie kann dazu beitragen, bestehende Denkmuster und Annahmen zu überwinden, um ein Bewusstsein für die sozialen und ökologischen Herausforderungen zu entwickeln, denen unsere Gesellschaft gegenübersteht. Die

Theorie U kann dabei helfen, den Mindset-Wandel zu unterstützen, der erforderlich ist, um die Grundprinzipien der Donut-Ökonomie zu internalisieren und umzusetzen.

4.1.4.1 Theorie U – von der Zukunft her führen

Die Theorie U ist eine faszinierende Idee, die sich darauf konzentriert, wie wir als Menschen und Organisationen echten Wandel bewirken können. Stell dir vor, du stehst vor einem großen »U«, das den Prozess des Wandels symbolisiert (vgl. Abbildung 17). Die Theorie U wurde von dem deutschen Ökonom Claus Otto Scharmer entwickelt. Er ist Aktionsforscher am Massachusetts Institute of Technology (MIT) in Cambridge und Gründer des dortigen Presencing Institute.[168]

Der Buchstabe »U« repräsentiert eine Reise, auf die wir uns begeben, um wirklich tiefgreifende Veränderungen in uns selbst, in unseren Gemeinschaften und in der Welt um uns herum zu bewirken. Es ist eine Reise des Lernens, der Reflexion und des Handelns.

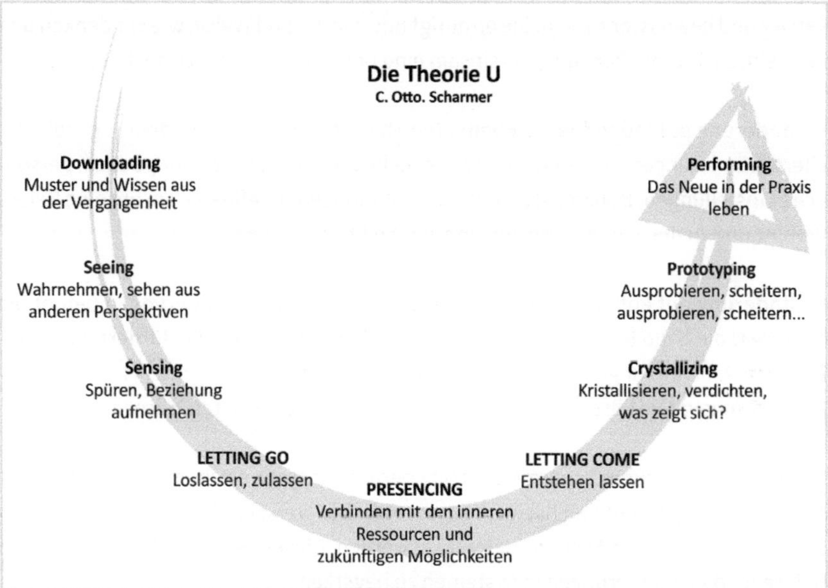

Abb. 17: Theorie U (Eigene Darstellung nach C. Otto Scharmer in Anlehnung an Quelle: Theorie U | school of facilitating

Zu Beginn der Reise befinden wir uns oben auf dem »U«. Hier nehmen wir uns Zeit, um uns zu verlangsamen, um wirklich zuzuhören und zu beobachten. Wir versuchen, die Welt um uns herum klarer zu sehen, indem wir unsere Gewohnheiten, Vorannahmen und Muster hinterfragen.

Wenn wir den unteren Teil des »U« erreichen, ist es, als ob wir in eine tiefere Ebene eintauchen. Hier geht es darum, loszulassen, uns von alten Denkweisen zu trennen und uns für neue Perspektiven zu öffnen. Es geht auch um das Verbinden mit unseren inneren Quellen der Kreativität und Weisheit.

Und wenn wir dann die vertikale Linie des »U« wieder hinaufsteigen, stehen wir am anderen Ende der Reise. Hier geht es darum, das Gelernte zu nutzen, um echte Veränderungen in der Welt umzusetzen. Wir testen Ideen, experimentieren und bringen Veränderungen in die Praxis.

Die Theorie U ist nicht nur auf individueller Ebene relevant, sondern sie kann auch auf Organisationen und die Gesellschaft angewendet werden. Sie fördert eine offene Haltung, tieferes Verständnis, kreative Lösungen und kooperatives Handeln, um Probleme anzugehen, sei es in Unternehmen, Gemeinschaften oder auf globaler Ebene.

In einer Welt, die sich ständig verändert, kann die Theorie U uns helfen, flexibler, innovativer und bewusster zu sein. Sie ermutigt uns, die Art und Weise, wie wir denken und handeln, zu überdenken, um gemeinsam eine positivere Zukunft zu gestalten.

Veränderung auf individueller Ebene: Die Theorie U betont die Bedeutung individueller Veränderungen für den Wandel auf kollektiver Ebene. Sie ermutigt dazu, persönliche Einstellungen, Denkmuster und Wahrnehmungen zu reflektieren, um eine tiefere Verbindung zu den eigenen Werten und zur Welt herzustellen.

Veränderung auf kollektiver Ebene: Neben individuellen Veränderungen betont die Theorie U auch die Bedeutung von kollektiven Veränderungen. Sie fördert die Schaffung von Räumen für gemeinsames Lernen, in denen Menschen gemeinsame Ziele erkunden, innovative Lösungen entwickeln und zusammenarbeiten können.

Systemisches Denken: Scharmers Ansatz beruht auf systemischem Denken, bei dem die Verbindungen und Wechselwirkungen zwischen verschiedenen Ebenen und Akteuren innerhalb eines Systems betrachtet werden. Dieses Verständnis ist wichtig, um tiefgreifende Veränderungen in Systemen zu bewirken.

Prototyping und Handeln: Die Theorie U ermutigt dazu, Ideen und Konzepte durch Prototyping und Handeln zu testen und umzusetzen. Durch Experimentieren und Anpassen können neue Wege und Lösungen gefunden werden.

Diese Punkte verdeutlichen die Kernaspekte von Scharmers Theorie U, die darauf abzielt, individuelle und kollektive Transformationen durch einen tiefgreifenden Prozess des Lernens und des Wandels zu ermöglichen. Das folgende Donut-Modell kann bei der Festlegung eines Ziels für den Wandel hilfreich sein.

4.1.4.2 Donut-Ökonomie – eine Vision für eine nachhaltige Zukunft

Die Donut-Ökonomie ist ein innovativer Ansatz, der von der britischen Ökonomin Kate Raworth entwickelt wurde. Sie präsentiert ein Modell für eine nachhaltige Wirtschaft, das darauf abzielt, sowohl die Bedürfnisse der Menschen zu erfüllen als auch die ökologischen Grenzen des Planeten zu respektieren – und das in der köstlichen Form eines Donuts, das unseren Dopamin-Spiegel in die Höhe schnellen lässt.[169]

Kate Raworth, die in Oxford und Cambridge lehrt, sah die **Begrenzungen traditioneller wirtschaftlicher Modelle** und ihre Unfähigkeit, die tatsächlichen Bedürfnisse der Gesellschaft und den Zustand des Planeten angemessen zu berücksichtigen. Sie erkannte, dass diese Modelle nicht den realen Herausforderungen wie Umweltverschmutzung, Klimawandel, soziale Ungleichheit und Armut gerecht wurden. Sie untersuchte verschiedene alternative Ansätze und Ideen, die sich mit nachhaltiger Entwicklung, Umweltökonomie und sozialer Gerechtigkeit beschäftigten. Sie zog Erkenntnisse aus einem breiten Spektrum von Forschungsfeldern, um ein neues Modell zu entwickeln, das den Herausforderungen des 21. Jahrhunderts gerecht wird.

Die Konzepte der planetaren Grenzen, die von Wissenschaftlern wie Johan Rockström und anderen vorgeschlagen wurden, inspirierten Kate Raworth. Ebenso beeinflusste sie die Idee der sozialen Grundbedürfnisse, die als fundamentale Anliegen der Menschheit definiert wurden. **Und vor allem visualisierte sie ihr Konzept einfach und wirkungsvoll.** Sie entwickelte die Donut-Form als eine visuelle Darstellung, die verdeutlicht, wie eine wirtschaftliche Entwicklung sowohl die sozialen Grundbedürfnisse erfüllen als auch die planetaren Grenzen respektieren kann (vgl. Abbildung 18).

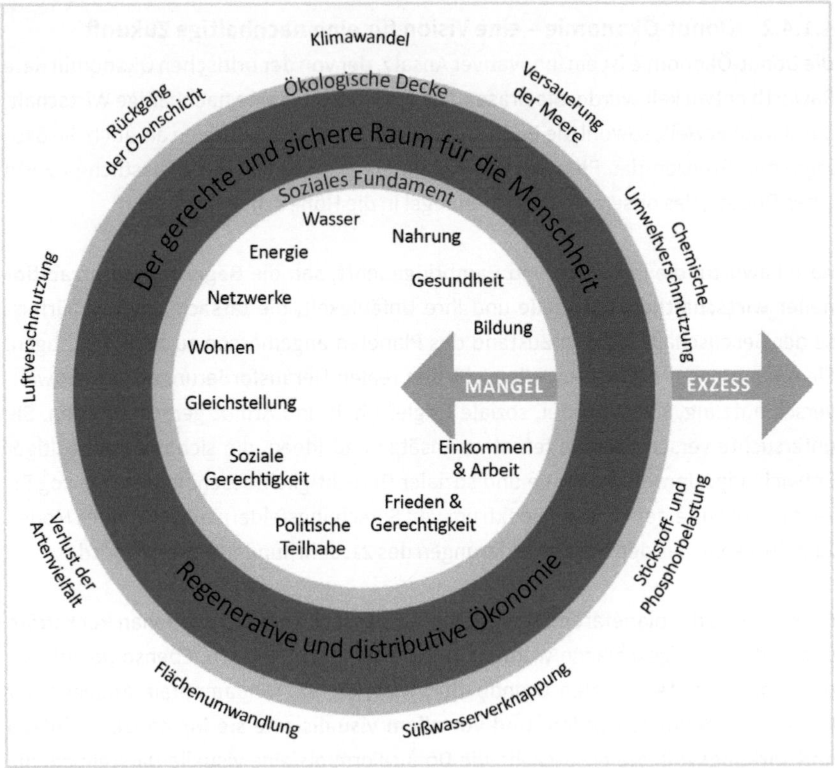

Abb. 18: Die Donut-Ökonomie (eigene Darstellung in Anlehnung an About Doughnut Economics | DEAL)

Stell dir einen Donut vor – also diese süße Leckerei –, der als Modell eine Wirtschaftsweise neu definiert. In der Mitte des Donuts liegen die sozialen Grundbedürfnisse der Menschen: Nahrung, Wasser, Bildung, Gesundheitsversorgung und ein angemessener Lebensstandard. Diese Zone repräsentiert den Bereich, in dem die Bedürfnisse aller Menschen erfüllt werden sollen, ohne dass jemand in Armut oder Mangel lebt. Doch während wir uns um die Befriedigung dieser sozialen Bedürfnisse bemühen, müssen wir auch die ökologischen Grenzen unseres Planeten respektieren. Der äußere Rand des Donuts symbolisiert diese planetaren Grenzen: Klimawandel, Biodiversitätsverlust, Luft- und Wasserverschmutzung sowie der Verbrauch begrenzter Ressourcen. Wenn wir diese Grenzen überschreiten, gefährden wir die Stabilität unseres Planeten.

Die Herausforderung besteht darin, in der »Donut-Zone« zu bleiben – dem sicheren Raum zwischen den sozialen Grundbedürfnissen und den planetaren Grenzen. Hier streben wir danach, die Bedürfnisse der Menschheit zu erfüllen, ohne dabei die Umwelt zu überlasten.

Das Modell der Donut-Ökonomie vertritt, dass herkömmliche ökonomische Modelle, die nur auf unendlichem Wachstum beruhen, neu überdacht werden müssen. Es fordert eine Wirtschaft, die nicht nur auf finanziellen Gewinnen beruht, sondern auch auf einer gesunden Umwelt und dem Wohlstand aller Menschen. Um dies zu erreichen, werden neue Indikatoren für den Wohlstand eingeführt, die über das reine Bruttoinlandsprodukt (BIP) hinausgehen. Die Wirtschaft soll nicht nur auf finanziellen Gewinnen basieren, sondern auch anhand von Faktoren wie Lebensqualität, Zugang zu Bildung und Gesundheitsversorgung, Umweltqualität und sozialer Gerechtigkeit bewertet werden.

Die Donut-Ökonomie birgt also einen Aufruf zur Veränderung in sich. Es wird eine neue Art, zu denken und zu handeln, gefordert – eine Wirtschaft, die die Grenzen des Planeten respektiert und gleichzeitig das Wohlergehen aller Menschen fördert. Es ist eine Vision für eine nachhaltige Zukunft, in der Mensch und Umwelt im Einklang existieren können.

4.1.5 Wissen heißt: macht! – Aufbruch in eine intelligentere Ökonomie

In der Welt des Unternehmertums hat Günther Faltin, renommierter Professor für Entrepreneurship, mit seinen bahnbrechenden Konzepten »**Kopf statt Kapital**«, »**Wissen heißt: macht!**« und dem Prinzip »**David gegen Goliath**« eine neue Ära eingeläutet. Diese drei Ansätze bieten nicht nur eine alternative Sichtweise auf die Gründung und Führung von Unternehmen, sondern stellen auch eine transformative Kraft dar, die die traditionellen Vorstellungen von Erfolg und Ressourcenerwerb herausfordert.

Faltins Prinzip »Kopf statt Kapital« betont, dass es nicht ausschließlich auf vorhandenes Kapital ankommt, sondern vielmehr auf die kreativen Ideen, Fähigkeiten und das Wissen der Unternehmer. Die Skizze dieses Konzepts zeigt, wie Ideenpriorisierung, kreative Lösungen, Netzwerkaufbau, Prototyping und Iteration sowie **Nachhaltigkeit und Sinnhaftigkeit zentrale Elemente des unternehmerischen Handelns** werden. Dieser Ansatz eröffnet insbesondere Personen mit begrenzten finanziellen Ressourcen neue Möglichkeiten, um erfolgreich ein Unternehmen zu gründen und zu führen.[170]

Ergänzend dazu betont Faltins erweitertes Konzept »Wissen heißt: macht!« die zentrale Rolle von Bildung und Wissen für unternehmerischen Erfolg. Durch kontinuierliches Lernen, den Austausch von Wissen und die Anwendung von neu erworbenem Wissen können Unternehmer ihre Fähigkeiten verbessern und innovative Lösungen entwickeln. Dieses Konzept fördert den **Zugang zu Bildung für alle** und unterstreicht die **Bedeutung von Innovation und Forschung als Treiber des Fortschritts.**[171]

Das Prinzip »David gegen Goliath« vervollständigt Faltins revolutionären Ansatz, indem es die Idee des strategischen Vorgehens gegenüber größeren Wettbewerbern hervorhebt. Unternehmer werden ermutigt, ihre Stärken zu nutzen, um sich in einem

Markt zu positionieren, der von etablierten Größen dominiert wird. Durch **Flexibilität, Anpassungsfähigkeit und gezielte Innovation** können auch kleinere Unternehmen erfolgreich sein und gegenüber den »Goliaths« bestehen.[172]

Indem Faltin diese drei Konzepte zusammenführt, schafft er eine umfassende Vision für ein neuartiges Unternehmertum, das auf Kreativität, Wissen, strategischem Denken und sozialem Engagement basiert. Durch die Nutzung dieser Prinzipien können Unternehmer nicht nur erfolgreiche Unternehmen aufbauen, sondern auch eine positive Veränderung in der Gesellschaft bewirken. Faltin inspiriert damit eine Generation von Unternehmern, die bereit sind, die Grenzen des herkömmlichen Denkens zu überschreiten und eine nachhaltige, wissensbasierte Wirtschaft zu schaffen.

4.2 Erfolgsfaktoren nachhaltiger Unternehmensführung und wie Führungskräfte diese umsetzen können

Erfolg ist die Fähigkeit, von einem Misserfolg zum anderen zu gehen, ohne seine Begeisterung zu verlieren.
Winston Churchill

Was sind **Erfolgsfaktoren oder besser Erfolgsprinzipien**, die unabhängig von Person, Ort und Organisation funktionieren. Ein Beispiel für ein **Prinzip**: Was passiert, wenn ich einen Stift zwischen Zeigefinger und Daumen nehme und dann die Finger löse? Was denkst du? Der Stift fällt zu Boden? Warum? Aufgrund der Schwerkraft. Was würde geschehen, wenn nun Elon Musk einen Stift auf diese Weise halten würde und loslassen würde? Der Stift würde ebenfalls hinunterfallen. Egal ob der Papst in Rom, ein kleines Kind in Madagaskar oder Michelle Obama in den USA ihn halten und die Finger öffnen würde – es wird immer dasselbe Resultat geben. Es handelt sich also um ein physikalisches Gesetz, ein Naturgesetz, um ein Prinzip, das unabhängig von der Person oder dem Ort immer funktioniert.

Wir benötigen Prinzipien, die universell gültig sind und stets zuverlässig funktionieren. Zusätzlich sollten wir **Faktoren** berücksichtigen, die individuell durchaus unterschiedlich ausfallen können, jedoch eine hohe Wahrscheinlichkeit für Erfolg bieten. Diese sollten auf unseren biologischen Parametern basieren, also auf unseren natürlichen Potenzialen.

Damit stellen die Menschen mit ihren unterschiedlichen diversen Gehirnen und Potenzialen einen wichtigen Erfolgsfaktor jeglicher Entwicklung dar. Nur – **wie werden Menschen zu Erfolgsfaktoren nachhaltiger Entwicklung**? Kunden werden begeistert, Mitarbeitende eher weniger. Aus eigener Erkenntnis oder eigenem Erleben kann jeder jedoch bestätigen: Wer sich in einem positiven emotionalen Zustand befindet, wer freudig ist, sinnerfüllt sein »Warum« kennt und begeistert ist, arbeitet auch deutlich besser. Die Person ist produktiver, engagierter, motivierter. Sie ist interessierter, kreativer und innovativer. Sie kann aufgeschlossen sein und fühlt sich durch die etablierte Unternehmenskultur gestützt. Dies entspricht natürlich den dargelegten Erkenntnissen aus den Neurowissenschaften. Da Mitarbeitende genauso wie Kunden Menschen sind, sollten sie gleichermaßen als Zielgruppe für Begeisterung betrachtet werden. Schließlich achten Kunden auch darauf, wie Mitarbeitende behandelt werden und ob dies dem Unternehmensimage entspricht. Mitarbeiterinnen und Mitarbeiter fungieren als die besten Botschafter ihres Unternehmens, was jedoch oft übersehen wird. Daher ist es wichtig, auf diesen fundamentalen Erfolgsfaktor hinzuweisen.

Nachhaltige Unternehmensführung ist ein multidimensionales Konzept, das die Integration von ökologischen, sozialen und ökonomischen Aspekten in die Geschäftsstrategie und -praktiken umfasst. Erfolgsfaktoren für eine nachhaltige Unternehmensführung umfassen:

Langfristige Ausrichtung: Nachhaltigkeit erfordert eine langfristige Perspektive, die über kurzfristige Gewinnziele hinausgeht. Führungskräfte müssen eine Vision für das Unternehmen entwickeln, die langfristiges Wachstum und Widerstandsfähigkeit gegenüber Umwelt- und sozialen Risiken fördert.

Ganzheitliche Integration: Nachhaltigkeit sollte integraler Bestandteil der Unternehmensstrategie und -kultur sein. Es ist wichtig, Nachhaltigkeitsziele in alle Unternehmensbereiche einzubetten, von der Produktentwicklung über die Lieferkette bis hin zum Kundenservice.

Stakeholder-Engagement: Eine nachhaltige Unternehmensführung erfordert eine enge Zusammenarbeit mit verschiedenen Stakeholdern, einschließlich Mitarbeitenden, Kunden, Lieferanten, Gemeinden und Investoren. Führungspersonen sollten die Bedürfnisse und Erwartungen dieser Stakeholder verstehen und in ihre Entscheidungsprozesse einbeziehen.

Messbare Ziele und Leistungskennzahlen: Um den Fortschritt in Richtung Nachhaltigkeitsziele zu verfolgen, müssen klare Ziele und Leistungskennzahlen festgelegt werden. Führungskräfte sollten regelmäßig die Leistung des Unternehmens in Bezug auf Umwelt- und Sozialkriterien überwachen und Bericht erstatten.

Innovation und Technologie: Die Entwicklung und Anwendung innovativer Technologien und Geschäftsmodelle kann dazu beitragen, nachhaltige Lösungen zu fördern. Führungspersonen sollten Innovationen unterstützen und in Technologien investieren, die die Umweltbelastung verringern und soziale Gerechtigkeit fördern.

Risikomanagement: Nachhaltige Unternehmensführung beinhaltet auch das Management von Umwelt-, sozialen und Governance-Risiken. Leader müssen Risiken identifizieren, bewerten und Maßnahmen ergreifen, um diese Risiken zu mindern und zu vermeiden.

Transparenz und Kommunikation: Offene und transparente Kommunikation über Nachhaltigkeitsbemühungen ist entscheidend, um das Vertrauen der Stakeholder zu gewinnen und zu erhalten. Führungskräfte sollten regelmäßig über die Fortschritte und Herausforderungen bei der Umsetzung von Nachhaltigkeitsinitiativen berichten.

Führungskräfte können diese **Erfolgsfaktoren umsetzen**, indem sie eine klare Vision für Nachhaltigkeit entwickeln, die Integration von Nachhaltigkeitszielen in die Unternehmensstrategie fördern, Stakeholder-Engagement fördern, messbare Ziele festlegen, Innovationen unterstützen, Risiken managen, transparent kommunizieren und eine Kultur der Nachhaltigkeit im Unternehmen fördern. Indem sie diese Prinzipien in ihre Führungspraxis integrieren, können Führungspersönlichkeiten dazu beitragen, langfristigen Unternehmenserfolg zu sichern und einen positiven Beitrag zur Gesellschaft und für die Umwelt zu leisten. Dies sind die allgemeinen nachhaltigen Erfolgsfaktoren, die meist ohne gravierende Transformationen auskommen. Lass uns noch etwas tiefer gehen.

Im Folgenden möchte ich genauer auf die Erfolgsprinzipien eingehen, die sich aus unseren **mulitplen Gehirne**n, also den »Gehirnen« in unserem Kopf, Herz und Bauch, ableiten. Einige erprobte Wege und Prinzipien gibt es bereits, die wirklich beim Menschen ansetzen und die Arbeitsweise, die Organisationsstruktur und die Unternehmenskultur entsprechend anpassen.

Vorher aber noch einen Neuroculturehack zum Öffnen des Gehirns mit qualitativen Fragen zum **Prinzip Hoffnung** von Max Frisch. Brauchen wir Hoffnung, um nachhaltige Entwicklung voranzutreiben? Was ist deine grundlegende intrinsische Motivation? Es wird behauptet: »Die Hoffnung stirbt zuletzt.« Ist das so? Sei herzlich dazu eingeladen, das Prinzip Hoffnung mit den Fragen von Max Frisch tiefer zu ergründen. Ist es ein Erfolgsprinzip?

Neuroculturehack #6 zum Nachdenken und Diskutieren

Auszug aus dem Fragebogen Nr. 4 von Max Frisch[173]

1. Wissen Sie in der Regel, was Sie hoffen?
2. Wie oft muss sich eine bestimmte Hoffnung (z. B. eine politische) nicht erfüllen, damit Sie die betroffene Hoffnung aufgeben, und gelingt Ihnen dies, ohne sich sofort eine andere Hoffnung zu machen?
3. Beneiden Sie manchmal Tiere, die ohne Hoffnung auszukommen scheinen, z. B. Fische in einem Aquarium?

4. …
5. Welche Hoffnung haben Sie aufgegeben?
6. …
7. Kann Hass eine Hoffnung erzeugen?
8. Hoffen Sie angesichts der Weltlage:
   a) auf die Vernunft?
   b) auf ein Wunder?
   c) dass es weitergeht wie bisher?
9. Können Sie ohne Hoffnung denken?
10. …
11. Was erfüllt sie mit Hoffnung?
    a) die Natur?
    b) die Kunst?
    c) die Wissenschaft?
    d) Die Geschichte der Menschheit?
12. …

4.2.1 New Work needs Inner Work

Wer nicht weiß, dass er eine Maske trägt, trägt sie am vollkommensten.
Theodor Fontane

Wie lassen sich die biologisch menschlichen Fähigkeiten in neuen Arbeitsformen und in neuen Führungsszenarien erfolgreich anwenden? Viele Unternehmen und Organisationen machen sehr gute und sehr erfolgreiche Erfahrungen mit den neuen Formen der Selbstorganisation. Sie erweisen sich als ein guter Weg zur nachhaltigen Transformation.[174]

In ihrem Buch »New Work needs Inner Work« geben die Mitgründerin der Spendenplattform betterplace.org Joana Breidenbach und die Team- und Organisationsberaterin Bettina Rollow einen sehr inspirierenden Überblick über die möglichen **praktischen Strategien**, um sich auf die Veränderungen einzustellen. Sie bezeichnen ihr Buch als Handbuch für Unternehmen auf dem **Weg zur Selbstorganisation** und nennen **sieben wichtige Eckpunkte,** um in der neuen Arbeitswelt erfolgreich zu sein. Ich möchte diese wirklich wegweisenden Eckpunkte im Folgenden näher erläutern, da sie auch im Hinblick auf eine nachhaltige neue Arbeitswelt grundlegend sind.

4.2.1.1 Standortbestimmung des Teams first Leerzeile einfügen

Was nützt mir in Rom der beste Stadtplan von Paris?

Walter Ludin

Bevor Unternehmen sich auf den Weg der Veränderung oder gar Transformation begeben, ist eine gründliche Standortbestimmung unerlässlich. Ähnlich wie bei der Nutzung eines Stadtplans oder Navigationsgeräts müssen Teams, die New-Work-Konzepte umsetzen wollen, ihren aktuellen Standpunkt klären, um ihre Ziele effektiv zu erreichen.

Die Herausforderung besteht darin, zu verstehen, wie ein Team derzeit arbeitet und welche Veränderungen überhaupt sinnvoll sind. In diesem Kontext können Modelle als wertvolle Werkzeuge dienen. Ein Beispiel ist das **AQAL-Modell** (All Quadrants, All Levels) von Ken Wilber, das eine umfassende Standortbestimmung ermöglicht. Das AQAL-Modell basiert auf vier gleichwertigen Lebensdimensionen, die parallel existieren und sich gegenseitig beeinflussen: die **kollektive, individuelle, äußere und innere Dimension**. Diese Dimensionen sind nicht nur auf individueller Ebene relevant, sondern können auch auf Unternehmen und Teams angewendet werden. Die kollektive Dimension bezieht sich auf die gemeinsamen Werte und Ziele des Teams, während die individuelle Dimension die Fähigkeiten und Perspektiven jedes Teammitglieds berücksichtigt. Die äußere Dimension betrachtet die äußeren Strukturen und Prozesse, während die innere Dimension auf die kulturellen und emotionalen Aspekte des Teams fokussiert.

Die Anwendung des AQAL-Modells befähigt Unternehmen dazu, ihre Ausgangssituation zu klären und gezielte Veränderungen einzuleiten. Es schafft eine umfassende Perspektive, die es ermöglicht, sowohl auf individueller als auch auf organisatorischer Ebene effektive Maßnahmen zu ergreifen (vgl. Abbildung 19). In der Welt der New Work, in der Flexibilität und Anpassungsfähigkeit entscheidend sind, wird die Bedeutung einer genauen Standortbestimmung immer größer. Das AQAL-Modell bietet eine Struktur, um Teams auf ihrem Weg der Veränderung zu leiten und sicherzustellen, dass alle relevanten Dimensionen berücksichtigt werden.

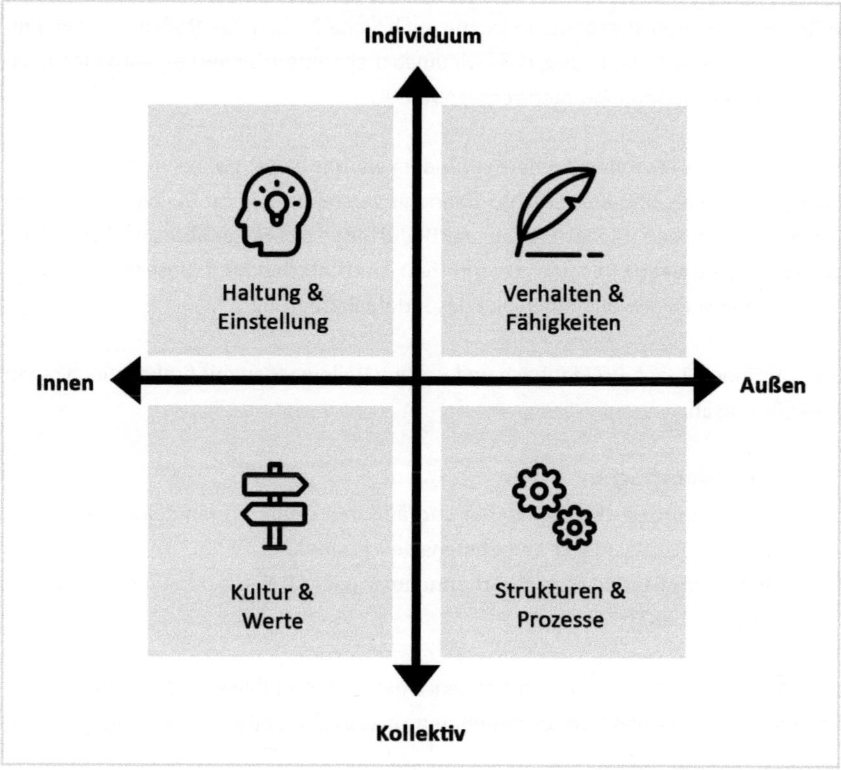

Abb. 19: AQAL-Modell (eigene Darstellung nach https://media.licdn.com/dms/image/C4D12AQGmBZeh5M7HVQ/article-inline_image-shrink_1000_1488/0/1566293394899?e=1710979200&v=beta&t=YAUGtePQTDTx0Cs_QKck8l1uYNfXeowGbExQw50Ixgo)

In Unternehmen gibt es mehr als nur die offensichtlichen Arbeitsabläufe und das sichtbare Verhalten der Mitarbeitenden. Hinter den sichtbaren Handlungen verbirgt sich eine unsichtbare, innere Dimension. Ein Mitarbeiter stellt seine Kaffeetasse in die Spüle statt in den Geschirrspüler – sichtbar. Doch die Motive dafür sind unsichtbar. Auf kollektiver Ebene spiegelt die Unternehmenskultur die innere Dimension wider, während auf individueller Ebene die Erwartungen und Wünsche einzelner Mitarbeiter zählen.

Die Frage, ob Veränderungen bei der äußeren oder inneren Dimension ansetzen sollten, stellt sich oft. Sollten Arbeitsprozesse dezentralisiert und Hierarchien abgebaut werden, oder ist es sinnvoller, zuerst eine neue Kommunikationskultur einzuführen und die Selbstorganisation zu verbessern? Die Antwort scheint simpel: Beide Ansätze können erfolgreich sein, aber in der Praxis zeigen sich Veränderungen, die im Inneren beginnen, oft nachhaltiger. Äußere und innere Dimension beeinflussen sich ohnehin gegenseitig und stehen in einem dynamischen Gleichgewicht. In traditionellen Unternehmen sind die äußeren kollektiven Strukturen stark ausgeprägt – viele Regeln und klare Ansagen. Das bietet Orientierung und Sicherheit. Bei New Work werden diese äußeren Strukturen abgebaut, und somit auch Sicherheiten. Das Modell vom dynamischen Gleichgewicht legt nahe, dass wir umso mehr innere Sicherheit aufbauen müssen, je weniger äußerer Rahmen vorgegeben ist.

Wie finden wir diese innere Sicherheit? Indem wir uns selbst gut kennen, unser mentales, psychisches und körperliches Befinden verstehen und im Dialog mit Anderen Orientierung suchen. Die Interessen und Bedürfnisse des Gegenübers nachzuvollziehen und unsere eigene Position zu vermitteln, sind entscheidend. Unsere individuelle innere Dimension gewinnt daher eine besondere Bedeutung.

Die Autorinnen Joana Breidenbach und Bettina Rollow regen mit praktischen Fragen zur Reflexion an:

> **Reflexionsfragen**
> A. Wie würdest du die inneren und äußeren Dimensionen deines Arbeitsplatzes, Teams oder Unternehmens beschreiben?
> B. Wie würdest du dich als Arbeitnehmer oder Chef in beiden Dimensionen beschreiben?[175]

Die Antworten auf diese Fragen können einen tiefen Einblick in die Dynamik und Potenziale eines Teams oder Unternehmens bieten und helfen, gezielte Maßnahmen zur Verbesserung einzuleiten.

4.2.1.2 Teammitglieder müssen ihre inneren Dimensionen kommunizieren können

Ein Meeting, das eigentlich als abgeschlossen gilt, nimmt eine unerwartete Wendung, als ein Kollege beharrlich darauf besteht, einen vermeintlich übersehenen Aspekt zu diskutieren. Während für die meisten Teilnehmer die Sachlage bereits geklärt ist, scheint dieser Kollege tiefer liegende Emotionen in die Diskussion einzubringen. Konflikte am Arbeitsplatz können oft von persönlichen Bedürfnissen und Gefühlen beeinflusst werden, und es stellt sich die Frage, wie Teams autonom und ohne strikte Hierarchien solche Situationen bewältigen können.

Studien belegen, dass die sichtbaren Konflikte und Diskussionen in einem Team lediglich die Spitze des Eisbergs darstellen. Unter der Oberfläche verbergen sich zahlreiche Schichten, die von individuellen Werten und tief verwurzelten Bedürfnissen geprägt sind. Liebe, Sicherheit und Zugehörigkeit sind Beispiele für solche Bedürfnisse, die unser Verhalten und unsere Entscheidungen maßgeblich beeinflussen.

Wenn Teams wirklich effektiv Konflikte lösen und kontroverse Themen angehen wollen, ist es notwendig, Emotionen und persönliche Bedürfnisse in die Kommunikation zu integrieren. Dies erfordert oft eine Offenheit, die im beruflichen Umfeld ungewohnt sein kann. Das Verständnis füreinander auf einer persönlichen Ebene kann jedoch dazu beitragen, dass Teams konstruktiver und effizienter arbeiten.

In der modernen Arbeitswelt, die von flachen Hierarchien und eigenständigen Teams geprägt ist, gewinnt die Integration von Emotionen in die Kommunikation zunehmend an Bedeutung. Ein offener Dialog über Werte und Bedürfnisse kann nicht nur Konflikte entschärfen, sondern auch das Teamklima stärken und die Zusammenarbeit nachhaltig verbessern.

4.2.1.3 Teams müssen klären, was sie unter Führung verstehen

Führung ist ein zentraler Faktor, wenn es darum geht, bei der Arbeit ein Gefühl von Sicherheit zu empfinden. Wie viel Sicherheit jemand braucht, ist unterschiedlich – deshalb gibt es auch nicht den einen Führungsstil für New Work. Stattdessen müssen Teams selbst erarbeiten, welche Art der Führung sie als Einzelne und als Gruppe bevorzugen.

Aber was genau versteht man überhaupt unter guter Führung? Es haben sich einige Grundelemente guter Führung herauskristallisiert. Eine erste Idee bekommt man, wenn man sich die Ergebnisse von Googles Aristoteles-Projekt ansieht: Google hat erforscht, was Teams erfolgreich macht, und dabei fünf Faktoren ermittelt, die offenbar entscheidend für Höchstleistungen sind.[176] Diese Spezialmischung (»Special Sauce«) besteht aus:

1. Verlässlichkeit
2. Struktur und Sicherheit
3. Sinnhaftigkeit
4. Wirksamkeit
5. Psychologischer Sicherheit

Nun könnte man meinen, dass sich alleine aus diesen Grundelementen schon ein konkretes Führungs- und Zusammenarbeitsmodell ableiten ließe. Doch so einfach ist es nicht, denn hinter jedem Begriff versteckt sich ein ganzes Arsenal von Möglichkeiten.

Teams dürfen sich bei ihrer Standortbestimmung nicht mit unscharfen Oberbegriffen zufriedengeben, sondern sollten tiefer gehen. Was genau ist uns wichtig und welche Annahmen und Prozesse verbergen sich in unserer Arbeitspraxis ganz konkret hinter den Begriffen.[177] Wichtig ist auch hier wieder die Klarheit der Begrifflichkeit. Was versteht jeder Einzelne konkret unter einem Wort? Was verbindet er oder sie emotional mit einem Begriff?

Ein Beispiel ist die »psychologische Sicherheit«. Hier verbirgt sich das grundlegende Prinzip, dass wir als Menschen im Leben grundsätzlich zwischen unserem Bedürfnis nach Zugehörigkeit und dem nach autonomem Selbstausdruck pendeln. Auf der einen Seite brauchen wir Sicherheit, Planbarkeit und Orientierung, sehnen uns aber auf der anderen Seite auch nach Freiheit, Wandel und Wachstum. Dies kann individuell sehr unterschiedlich sein.

Hilfreich ist die Beantwortung folgender Reflexionsfrage:

> **Reflexionsfrage**
> Was brauchst du in deinem Arbeitsalltag, damit Sicherheit/Zugehörigkeit und Wachstum/Selbstausdruck in einem guten Gleichgewicht stehen?[178]

4.2.1.4 Push- und Pull-Faktoren helfen, Veränderung im Alltag zu verankern

Der Wunsch nach Veränderung in der Arbeitswelt wird häufig von sogenannten Pull- oder Push-Faktoren angetrieben. Unter »Push« versteht man, dass die aktuelle Situation eine so hohe innere Spannung erzeugt, dass die Notwendigkeit zur Veränderung entsteht. Hingegen bedeutet »Pull«, dass eine inspirierende Vision für die Zukunft uns motiviert, den Weg der Veränderung einzuschlagen.

Unabhängig davon, ob ein Team von Push oder Pull angetrieben wird, wenn es New Work implementieren möchte, sollten die Mitglieder sich bewusst sein, was ihr Verhalten antreibt. Oft glauben wir, dass wir uns auf etwas Positives zubewegen, während wir möglicherweise lediglich psychologische Baustellen umgehen wollen. Wenn persönliche Konflikte, auch als psychologische Schatten bekannt, nicht gelöst werden, bleibt die Weiterentwicklung des Teams blockiert. Wie äußern sich solche inneren psychologischen Konflikte?

Die Dynamik zwischen Push und Pull verdeutlicht die Vielschichtigkeit der Triebkräfte hinter Veränderungsprozessen. Das Bewusstsein für die eigene Motivation ist entscheidend, um eine erfolgreiche Umsetzung von New Work zu gewährleisten und individuelle sowie kollektive Entwicklungshürden zu überwinden.

> **Reflexionsfragen**
> Kennst du aus deinem Leben Beispiel für Push- und Pull-Effekte?
> Wo begegnen dir Push- und Pull-Effekte im Unternehmen? Kennst du Situationen, in denen Push für Pull gehalten wurde?[179]

4.2.1.5 Innere Sensoren anstelle von äußeren Regeln

Ein selbstorganisiertes und flexibles Unternehmen gilt als besonders attraktiv, da es besser in der Lage ist, sich den Herausforderungen des Marktes zu stellen und sich schnell auf Veränderungen einzustellen. Die Theorie verspricht, dass Verantwortung und Kreativität in solchen Strukturen verteilt sind, wodurch Herausforderungen effizienter bewältigt werden können. Doch in der Praxis ist der Erfolg davon abhängig, dass die Mitarbeitenden lernen, ihre inneren Sensoren zu schärfen.

Dies bedeutet, dass sie die Körpersprache, Stimmlage und Mimik ihrer Kolleginnen und Kollegen genau verstehen lernen müssen. Gleichzeitig sollte ein Raum geschaffen werden, in dem es möglich ist, Dinge anzusprechen und zu hinterfragen, um Missverständnisse auszuräumen.

Selbstorganisierte Unternehmen werden oft mit einem Mobile verglichen. Die einzelnen Teile bewegen sich ständig, verheddern sich jedoch idealerweise nicht ineinander. Bei New Work gibt es weniger feste Regeln für die Zusammenarbeit, was zu schnellen Missverständnissen und Konflikten führen kann. Daher ist es unerlässlich, dass Teammitglieder sich auf subtile Signale wie Körpersprache oder Stimmlage orientieren, die sie bei sich selbst, Kollegen und anderen Stakeholdern wahrnehmen.

Es ist entscheidend, sich Fragen zu stellen, zum Beispiel: Warum stresst mich diese Aufgabe? Welches Bedürfnis steht hinter dem fordernden Tonfall der Kollegin? Die Kunst der Selbstorganisation liegt nicht nur in der flexiblen Struktur des Unternehmens, sondern auch in der Fähigkeit der Mitarbeitenden, aufmerksam auf die feinen Nuancen der Kommunikation zu achten und diese für eine effektive Zusammenarbeit zu nutzen.

4.2.1.6 New Work braucht Perspektivwechsel

In der Welt der Teamarbeit gleicht die Zusammenarbeit oft einer Tanzfläche – ein lebhaftes Gedränge, in dem jeder darauf achtet, nicht mit anderen zusammenzustoßen, während man den Fokus auf den eigenen Tanzpartner richtet. Die Übersicht geht dabei leicht verloren. Doch besonders Unternehmen benötigen einen klaren Überblick, um wirtschaftlich erfolgreich zu sein.

Ronald Heifetz, Professor an der Harvard University, greift auf das sogenannte Balkon-Modell zurück, um zu verdeutlichen, dass erst aus der Distanz Muster und Zusammenhänge deutlich werden. Der Blick vom Balkon erleichtert es, Prioritäten zu setzen und fundierte Entscheidungen zu treffen. In der Vergangenheit lag diese Aufgabe oft in den Händen von Führungskräften. In selbstorganisierten Teams entfällt diese feste Position. Die Verantwortung ist so verteilt, dass jeder zwischen Tanzfläche und Balkon wechseln muss, um einen ganzheitlichen Blick zu gewährleisten.

> **Reflexionsfrage**
> Wähle eine konfliktträchtige Erfahrung im Team aus. Kannst du »vom Balkon aus« neue Informationen wahrnehmen, die zum Konflikt geführt oder beigetragen haben?[180]

4.2.1.7 Teams müssen die Balance zwischen Reflexion und Umsetzung finden

Die offene Ansprache von Problemen und die Wertschätzung der eigenen Bedürfnisse am Arbeitsplatz können auf Teams eine befreiende Wirkung haben und zu einem deutlichen Produktivitätsschub führen. Doch in einigen Teams kann diese Wirkung ins Gegenteil umschlagen – insbesondere, wenn es zu viel Reflexion und Kommunikation gibt.

Dies trifft besonders auf Teams zu, die von Natur aus entscheidungsschwach sind. Diese Teams neigen dazu, sich in der Innenschau zu verlieren. Statt wichtige Entscheidungen zu treffen, verharren sie in Diskussionen über Befindlichkeiten und Bedürfnisse. Daher sollte Reflexion im Kontext von New Work kein Selbstzweck sein.

Die erfolgreiche Einführung von New Work erfordert also mehr als nur die Auflösung von Hierarchien und die Neuaufteilung von Führungsverantwortung. Der entscheidende Schlüssel zur Transformation in ein selbstorganisiertes Unternehmen liegt in der inneren Arbeit jedes Einzelnen. Denn mit dem Wegfall äußerer Strukturen gewinnen interne Strukturen an Bedeutung, um Sicherheit und Orientierung zu bieten. Teammitglieder müssen sich ihrer Bedürfnisse und Interessen bewusst werden und lernen, diese im Dialog mit anderen zu kommunizieren.

> **Reflexionsfrage**
> Wie sieht für dich ein gutes Gleichgewicht zwischen Reflexion und Umsetzung aus? Woran merkst du, ob du im Gleichgewicht bist oder nicht?[181]

4.2.1 New Sustainable Work ist das neue New Work

Wie wir gesehen haben, bietet das Konzept »New Work« sehr gute innovative Ansätze für eine Neugestaltung der Arbeitswelt und für eine nachhaltige Unternehmenskultur – insbesondere dann, wenn eine gründliche Auseinandersetzung mit den von Joana Breidenbach und Bettina Rollow in ihrem Konzept der »Inner Work« dargelegten Eckpunkten erfolgt. Innovative Arbeitskonzepte zielen auf Veränderung und sind somit sehr gut geeignet, die bisher beschriebenen nachhaltigen Transformationen in Gang zu bringen. Zwei Begriffe, die in diesem Zusammenhang oft fallen, sind »New Work« und »New Sustainable Work«. Obwohl sie auf den ersten Blick ähnlich klingen mögen, verbergen sich dahinter unterschiedliche Philosophien und Zielsetzungen, die das Potenzial haben, die Arbeitswelt grundlegend zu verändern.

New Work ist ein Konzept, das ursprünglich von dem Sozialphilosophen Frithjof Bergmann entwickelt wurde.[182] Es entstand als Antwort auf die Automatisierung und den damit einhergehenden Wandel der Arbeitswelt. New Work steht für eine tiefgreifende Transformation unserer Einstellung zur Arbeit. Es geht darum, Arbeitsmodelle zu schaffen, die den Menschen in den Mittelpunkt stellen. Die zentralen Ideen von New Work umfassen die Selbstverwirklichung der Individuen in ihrer Arbeit, flexible Arbeitsmodelle und eine starke Betonung der Sinnhaftigkeit und Erfüllung durch Arbeit. New Work plädiert für eine Neugestaltung der Arbeitswelt, in der Menschen Arbeit nicht mehr als belastende Pflicht, sondern als Quelle der Freude und der persönlichen Entwicklung betrachten. Zu den Schlüsselelementen gehören:

- **Flexibilität:** Flexible Arbeitszeiten und -orte (wie Homeoffice und Remote Work).
- **Autonomie:** Mehr Selbstbestimmung und Entscheidungsfreiheit für die Mitarbeitenden.
- **Sinnstiftung:** Arbeit soll nicht nur dem Lebensunterhalt dienen, sondern auch persönlich erfüllend sein.

New Sustainable Work baut auf den Ideen von New Work auf, setzt jedoch einen expliziten Fokus auf Nachhaltigkeit und ökologische Verantwortung innerhalb der Arbeitswelt. Dieses Konzept berücksichtigt zusätzlich zu den menschlichen Bedürfnissen nach Erfüllung und Flexibilität die langfristigen Auswirkungen von Arbeit auf die Umwelt und die Gesellschaft. New Sustainable Work zielt darauf ab, eine Arbeitskultur zu fördern, die sowohl für die Mitarbeitenden als auch für den Planeten gesund und nachhaltig ist. Dazu gehören:

- **Ökologische Nachhaltigkeit:** Integration von Umweltschutzmaßnahmen in die Arbeitsprozesse, z.B. durch die Reduzierung von Ressourcenverbrauch und die Förderung von grünen Technologien.
- **Soziale Verantwortung:** Förderung fairer Arbeitsbedingungen und sozialer Gerechtigkeit sowohl innerhalb des Unternehmens als auch in der globalen Lieferkette.
- **Ökonomische Nachhaltigkeit:** Entwicklung von Geschäftsmodellen, die langfristigen ökonomischen Erfolg mit sozialer und ökologischer Verantwortung verbinden.

Beide Konzepte teilen die Überzeugung, dass ein Wandel in der Arbeitswelt notwendig ist. Sie unterscheiden sich jedoch in ihren Ansätzen und Schwerpunkten. Während New Work hauptsächlich auf die Verbesserung der Arbeitsbedingungen und die Steigerung der Mitarbeiterzufriedenheit abzielt, fügt New Sustainable Work eine weitere Dimension hinzu: die der ökologischen und sozialen Verantwortung.

In der Praxis bedeutet dies, dass New Sustainable Work Unternehmen herausfordert, nicht nur darüber nachzudenken, wie sie ihre Mitarbeitenden glücklicher und produktiver machen können, sondern auch, wie sie ihre Geschäftsmodelle und Arbeitsprozesse umweltfreundlicher und sozial gerechter gestalten können.

Letztendlich könnten New Work und New Sustainable Work als zwei Seiten derselben Medaille betrachtet werden: Beide streben nach einer besseren Arbeitswelt, aber New Sustainable Work nimmt zusätzlich die Herausforderung an, diese Welt auch nachhaltig zu gestalten. In einer Zeit, in der Klimawandel und soziale Ungleichheiten immer drängendere Probleme darstellen, bietet New Sustainable Work damit einen Weg, diese globalen Herausforderungen direkt in unseren Alltag zu integrieren – durch die Arbeit, die wir täglich ausüben.

5 Nachhaltigkeit als Teil der Unternehmenskultur

Kultur=Werte+Verhalten

Führungskräfte müssen mehr tun, als nur ein Umfeld schaffen, in dem man unbeschadet die Wahrheit sagen darf. Sie müssen mit gutem Vorbild vorangehen … Eine vertrauensbasierte Kultur aufzubauen, ist ein hartes Stück Arbeit.

Simon Sinek, »Das unendliche Spiel«[183]

Es ist entscheidend, eine Kultur zu schaffen, die Werte wie Umweltbewusstsein, soziale Verantwortung und ethisches Handeln fördert. Dies bedeutet in der Regel einen Kulturwandel. Dieser Wandel kann über eine konsequente nachhaltige Transformation erreicht werden. Nachhaltigkeit beginnt mit einer klaren Vision, die von der Unternehmensführung gemeinsam mit den Mitarbeitenden entwickelt wird. Dabei sollte Nachhaltigkeit nicht als separater Aspekt betrachtet werden, sondern als Fundament in die Unternehmensstrategie eingebettet sein. Die Mitarbeiterinnen und Mitarbeiter spielen eine zentrale Rolle bei der organisatorischen und kulturellen Transformation entsprechend den Nachhaltigkeitszielen und sollten aktiv in den Prozess einbezogen werden. Dabei ist Fairness ein entscheidender Faktor, ob Change-Prozesse gelingen. Auch die Angstfreiheit ist eine sehr wichtige Bedingung. Im Folgenden werde ich dir einen Prozess aus acht Stufen vorstellen, mit dem der Wandel zu einer nachhaltigen Unternehmenskultur auf Basis der menschlichen Neurobiologie wirklich gelingt.

5.1 Wie Nachhaltigkeit als Grundlage für eine erfolgreiche Unternehmenskultur genutzt werden kann

Das tiefgreifende Verständnis von Nachhaltigkeit liefert die Grundpfeiler für eine Kultur, die es Menschen und Unternehmen ermöglicht, zu wachsen und sich zukunftsorientiert zu entwickeln. Eine authentische Nachhaltigkeitsstrategie berücksichtigt die biologischen Grundlagen des menschlichen Verhaltens. Das biologische Wissen kann weiterentwickelt werden, wenn der kulturelle Rahmen es zulässt. Unternehmen sind soziale Systeme, die es Menschen ermöglichen sollten, ihre primären Bedürfnisse nach sinnvollem Zusammenleben und -arbeiten auf der einen Seite und selbstwirksamen kreativen Arbeiten auf der anderen Seite zu verwirklichen. Die Frage, wie eine nachhaltige Unternehmenskultur geschaffen werden kann, führt uns zur Erkenntnis, dass dieser Wandel aktiv angeleitet, also geführt werden muss.

Wir haben auch gesehen, dass aktuell noch zu viel **Selbstgefälligkeit** zugelassen wird – ein Fehler, den John P. Kotter als den **bei weitem größten Fehler** bezeichnet, der beim Versuch der Veränderung gemacht wird.[184] Selbstgefälligkeit bezieht sich auf eine übertriebene Zufriedenheit mit sich selbst, die oft zu einem Mangel an Selbstkritik und Selbstreflexion führt. Dies kann zu einem Gefühl der Selbstzufriedenheit führen, dass die Motivation zur persönlichen Weiterentwicklung und Verbesserung beeinträchtigt. Menschen und Leader, die selbstgefällig sind, neigen dazu, sich in ihrer Komfortzone wohlzufühlen und Veränderungen oder Herausforderungen zu vermeiden, da sie glauben, dass sie bereits erfolgreich oder gut genug sind. Dies kann zu einem Stillstand in der persönlichen Entwicklung sowie im Unternehmen führen und die Fähigkeit zur Anpassung und zum Wachstum einschränken. Diese Selbstgefälligkeit findet man nach wie vor in vielen Unternehmen. Deshalb ist es wichtig, sich nicht einfach in die Veränderung zu stürzen, sondern Klarheit und genügend Dringlichkeit unter Führungskräften und Mitarbeitenden zu schaffen. Ohne genügend Dringlichkeit der wichtigen Themen erreichen Transformationen niemals ihr Ziel, vor allem wenn der Grad der Selbstgefälligkeit zu hoch ist.

Das Handelsblatt schrieb über die Belastung **vieler Mittelmanager. Sie beklagen Zusatzarbeit durch Change-Prozesse, schwindende Privilegien und das Gefühl, zwischen oben und unten aufgerieben zu werden.** »Es gibt da eine Überlastung oder zumindest eine Belastung. Oben wollen alle ständig alles ändern. Unten ist die Fluktuation hoch. Die Leute wollen mehr Homeoffice oder Teilzeit, das gilt übrigens auch für viele Führungskräfte selbst. Die Vorteile, die früher noch ein Trost waren, gibt es nicht mehr: die Direktorenkantine, der Dienstwagen, die Bonusmeilen [...]. Gleichzeitig sind auch viel CEOs von ihrem Mittelmanagement tierisch genervt.«[185] Das alte selbstgefällige Management-Denken scheint auch aktuell noch effektiv seine Wirkung zu verbreiten. Mit dieser Einstellung funktioniert aber logischerweise eine nachhaltige Transformation nicht. Daher ist es entscheidend, zunächst ein Gefühl der Dringlichkeit zu schaffen, um Handlungen zu ermöglichen und der Selbstgefälligkeit entgegenzuwirken.

5.1.1 Der Acht-Stufen-Prozess des nachhaltigen Wandels

Im Folgenden stelle ich dir die acht Schritte vor, wie du die Unternehmenskultur erfolgreich nachhaltig verändern kannst, wenn du dein Mindset entsprechend vorbereitet und ausgerichtet hast. Wichtig ist die **Sequenzierung** – also die Reihenfolge – des Vorgehens. Wenn man erfolgreich sein will, darf man den dritten Schritt nicht vor dem ersten ausführen, da sonst Widerstand vorprogrammiert wäre. Die Reihenfolge hat eine hohe Bedeutung. Wie wir gesehen haben, müssen wir die Menschen und ihre Nervenzellen wirklich abholen und mit einbinden – auf eine glaubhafte und ehrliche Weise –, um letztendlich erfolgreich eine lebbare und erlebbare neue Unternehmenskultur zu schaffen.

Der Acht-Stufen-Prozess des nachhaltigen Wandels[186]

1. **Ein Gefühl für die Dringlichkeit erzeugen**
   - Realitätscheck – Nummer-1-Thema
   - rationale Darstellung der Faktenlage, Klima, Markt – und Wettbewerbsrealitäten
   - Bewertung – emotionale Bedeutung
   - Identifizierung und Diskussion von potenziellen Krisen und grundsätzlichen Chancen
2. **Eine Führungskoalition aufbauen**
   - Zusammenstellen eine Gruppe mit ausreichender und vielfältiger Kompetenz
   - Initiieren von Motivation und Rahmen für Teamarbeit dieser Führungskoalition
3. **Vision und Strategie entwickeln**
   - ansteckendes Zukunftsbild aufzeigen
   - eine für den Wandel richtungsweisende Vision schaffen
   - Strategien für die Umsetzung der Vision entwickeln
   - Compound- und Leverage-Effekte identifizieren
4. **Die Vision des Wandels kommunizieren**
   - Kommunikationsstrategie für die Vision entwickeln
   - zunächst Leader klar mitnehmen – Storytelling vorbereiten
   - Kommunikation der neuen Vision und der Strategie durch alle verfügbaren Kommunikationskanäle
   - die Vision muss den Mitarbeitenden von der Führungskoalition vorgelebt werden.
5. **Mitarbeitende auf breiter Basis befähigen**
   - Hindernisse beseitigen
   - Ändern von Systemen oder Strukturen, die der Vision des Wandels nicht entsprechen
   - zur Risikobereitschaft und zu ungewöhnlichen Ideen, Aktivitäten und Handlungen ermutigen
6. **Schnelle Erfolge erzielen und sichtbar machen**
   - *sichtbare* Verbesserungen oder »Erfolge« planen und möglichst schnell erreichen
   - Fokus auf ein Leuchtturmprojekt
   - Die Menschen, die diese Erfolge ermöglichen, für alle deutlich erkennbar anerkennen und auszeichnen
7. **Erfolge konsolidieren und weitere Verbesserungen einleiten**
   - die wachsende Glaubwürdigkeit dazu nutzen, alle Systeme, Strukturen und Verfahren zu ändern, die nicht zusammenpassen oder nicht der Vision des Unternehmens entsprechen

  - Menschen, die die Vision des Wandels umsetzen können, einstellen, (be-)fördern und entwickeln
  - den Prozess mit neuen Projekten, Themen und Change Agents wiederbeleben
8. **Neue Ansätze in der Kultur verankern**
  - Erreichung einer Leistungsverbesserung durch kunden- und produktivitätsorientiertes Verhalten, mehr und bessere Führung und effektiveres Management
  - die Beziehung zwischen neuem Verhalten und Unternehmenserfolg herausstellen
  - Maßnahmen entwickeln, die Führungsentwicklung und –nachfolge sicherstellen

Das Erzeugen eines **Dringlichkeitsgefühls** ist ausschlaggebend, um die notwendige Kooperationsbereitschaft zu erhalten. Bei geringer Dringlichkeit wird es schwierig sein, eine Gruppe mit genügend Kraft und Glaubwürdigkeit zusammenzustellen, die in der Lage ist, den Prozess zu leiten oder Schlüsselspieler davon zu überzeugen, die notwendige Zeit in die Erstellung und Kommunikation einer Vision des Wandels zu investieren. Auch wenn es anfangs möglich ist, einige größere oder kleinere Veränderungen vorzunehmen, wird die Veränderung – unabhängig davon, wie viel Druck ausgeübt wird – wahrscheinlich weit vor der Ziellinie zum Stillstand kommen, wenn nicht auch viele andere Führungspersonen und Mitarbeitende die gleiche Dringlichkeit empfinden. Die zahlreichen Greenwashing-Aktionen zeigen, wie oberflächlich mit den erforderlichen Veränderungen umgegangen wird. Es fehlen die Dringlichkeit und die Einsicht, dass wir uns eine Pseudo-Nachhaltigkeit nicht mehr leisten können. Menschen finden zahllose ausgeklügelte Wege, um ihre Kooperation an einem Prozess zu verweigern, den sie für entbehrlich und nicht durchdacht halten. Hier kommen wieder alle alten Glaubenssätze und Verzerrungen zum Tragen.

Sichtbare Krisen – und langsam werden die Auswirkungen des Klimawandels für alle sehr deutlich, auch wenn sie in Schlechtwetterzeiten nach wie vor gut verdrängbar sind – haben eine enorme Schlagkraft und tragen erheblich dazu bei, die Aufmerksamkeit der Menschen zu gewinnen und die **Dringlichkeitsstufe zu erhöhen**. Allerdings scheint das – realistisch betrachtet – noch immer nicht zu reichen, insofern ist die Dringlichkeit mit einer ansteckenden Zukunftsvision zu koppeln. Diese sollte bildlich klar und verlockend sein und eine Lebensqualität beinhalten, für die es sich lohnt, zu kämpfen. Denn zentral für die Zukunft ist weiterhin der Mensch, insbesondere das grundlegende Wohlergehen und Überleben der menschlichen Spezies.

Um eine solche **Zukunftsvision zu entwickeln**, braucht es ein **handlungsorientiertes und kreatives Team**. Denn nur so ist ein fundamentaler Wandel möglich. Ein CEO oder ein Vorstandsvorsitzender kann als Leitfigur agieren und dafür Sorge tragen, dass das

Vorhaben glaubwürdig und kontinuierlich weitergeführt wird. Jedoch ohne ein wirklich durchsetzungsfähiges Team kann die passende Vision nicht entwickelt und vor allem nicht strategisch umgesetzt werden. Denn es gilt das Zukunftsbild einer Vielzahl von Mitarbeitenden überzeugend zu kommunizieren, alle großen Hindernisse zu beseitigen, kurzfristige Erfolge zu generieren, Dutzende von Veränderungsprojekten zu führen und zu managen und die neuen Ansätze tief in der Unternehmens- und Organisationskultur zu verankern.

Ein weiterer wichtiger Schlüssel für den Erfolg der nachhaltigen Veränderung in der Unternehmenskultur ist die Zusammensetzung der Führungskoalition. Es muss ein Team zusammengestellt werden, das in der Lage ist, fundamentale Veränderungsprozesse zu führen. Dazu müssen die **richtigen Mitglieder in der Führungskoalition** berufen werden. Vier wesentliche Charakteristika scheinen für eine effektive Führungskoalition in größeren Unternehmen von zentraler Bedeutung zu sein:[187]

1. **Hierarchische Bedeutung**: Sind genügend Schlüsselspieler an Board, speziell Linienmanager, sodass diejenigen, die ausgespart bleiben, den Fortschritt nicht blockieren können?
2. **Expertise**: Sind die verschiedenen Ansichten – fachlicher Natur, Erfahrung, Nationalität, Diversity etc. –, die für die anstehende Aufgabe von Bedeutung sind, angemessen vertreten, sodass fundierte und intelligente Entscheidungen getroffen werden können?
3. **Glaubwürdigkeit**: Sind in der Gruppe genügend Personen, die von allen geschätzt werden, sodass die Vorankündigungen von den Mitstreitern ernst genommen werden?
4. **Leadership**: Sind in der Gruppe genügend Leader vertreten, die bewiesen haben, dass sie in der Lage sind, einen solchen Veränderungsprozess zu treiben?

Der letzte Punkt zum Thema Leadership ist besonders wichtig. Man braucht beides in der Führungskoalition – Management- und Leadership-Fähigkeiten – und sie müssen im Tandem zusammenarbeiten. Manager halten den gesamten Prozess unter Kontrolle während Leader den Wandel vorantreiben. Beide Qualitäten sind wichtig, sie sollten jedoch nicht vermischt werden. Eine Managementdenkweise wird Pläne entwickeln und nicht Visionen. Strategien sind wichtig, nur aktuell haben wir zu viele Pläne aber nicht genug visionäre Leader. Gerade in großen Unternehmen schafft Erfolg und Wachstum eher mehr und mehr Manager, um das immer größer werdende Unternehmen unter Kontrolle zu halten. Hier ist es besonders wichtig, Leadership nicht zu vernachlässigen, damit der Führungskoalition das kritische Element der systematischen Entwicklung nicht entgleitet. Leader müssen in der Regel gefördert und ausgebildet werden, da es oft viele außergewöhnliche Manager, wunderbare Personen gibt, die aber den fundamentalen Wandel letztendlich nicht im Blick haben.

Auf jeden Fall geht es darum, **ein effektives Team aufzubauen, das auf Vertrauen und auf gemeinsamen Zielen basiert**. Dabei ist die Komponente Vertrauen, die wichtigste. Leider fehlt genau dies in vielen Organisationen. Daher sollte besonderes Augenmerk daraufgelegt werden, Vertrauen gerade in neu zusammengestellten Teams zu schaffen und eine Kommunikation zu etablieren, die dieses Vertrauen fördert. Ein Off-Site-Meeting in einer anderen Umgebung kann diesen Prozess anstoßen. Eine solche Veranstaltung sollte gründlich vorbereitet werden und eine sehr sinnvolle und kluge Agenda haben. Der Wandel sollte quasi zum Leben erweckt werden. Dazu ist ein **gemeinsames Ziel für das Herz und für den Verstand** sehr zielführend.

Eine Zielvision entwirft ein Bild von der Zukunft und vermittelt auf implizite und explizite Art und Weise, warum es für den Menschen erstrebenswert ist, diese Zukunft zu erschaffen. Eine überzeugende Vision dient im Transformationsprozess drei wichtigen Zwecken. Erstens vereinfacht sie Hunderte oder Tausende einzelner Entscheidungen, indem sie die allgemeine Richtung des Wandels klarstellt und unternehmensspezifisch formuliert. »2045 müssen wir … dastehen.« Zweitens motiviert sie Menschen dazu, Schritte in die richtige Richtung zu tun, auch wenn die ersten Schritte für den Einzelnen schmerzhaft sind. Drittens hilft sie dabei, das Handeln unterschiedlicher – auch Abertausender – Menschen auf eine außergewöhnlich schnelle und effiziente Art und Weise zu koordinieren.

Es ist wichtig, die **Richtung der nachhaltigen Transformation** und das Zukunftsbild klar zu definieren und immer wieder zu kommunizieren, denn erstaunlich oft sind sich Mitarbeitende über die Richtung uneinig. Sie sind verwirrt oder sie fragen sich, ob tiefgreifender Wandel überhaupt notwendig ist. »Reicht es nicht, wenn wir die bestehenden Gesetze einhalten?«, wird besonders oft gefragt. Oder es entsteht eine Abwehrhaltung, wenn eine neue Verordnung diskutiert wird. Natürlich ist es wichtig, im Einzelfall die Sinnhaftigkeit zu prüfen, das ist jedoch eine jeweilige strategische Entscheidung wiederum eingeordnet in das Zukunftsbild. Eine effektive Vision und unterstützende Strategien tragen zur Lösung dieser Probleme bei. Sie drücken Folgendes aus: So verändert sich unsere Welt, und dies sind überzeugende Gründe dafür, dass wir diese Ziele setzen und deshalb diese Entscheidungen (für Produkte, Dienstleistungen oder Programme) anstreben sollten, um die Ziele zu erreichen. Wenn die Richtung klar ist, kann auch die Unfähigkeit verschwinden, die erforderlichen Entscheidungen zu fällen. Endlose Debatten erledigen sich oft in der Regel von selbst. So kann eine Vision dazu beitragen, kosten- und zeitintensiven Ballast über Bord zu werfen. Wenn die Richtung klar definiert ist, können unpassende Projekte leichter identifiziert und gestoppt werden, selbst wenn sie politisch unterstützt werden. Die dadurch frei werdenden Ressourcen können dann im Transformationsprozess nutzenstiftend eingesetzt werden.

Eine weitere wichtige Funktion einer Vision besteht darin, dass sie größere Veränderungen erleichtert, indem sie zu Handlungen motiviert, die nicht unbedingt im kurzfristigen Eigeninteresse der Mitarbeitenden liegen. Eine bessere Zukunft hat in der Regel ihren Preis. Veränderungen sind fast immer mit Schmerzen verbunden, die Komfortzone darf verlassen werden. Dazu brauchen Menschen eine klare Motivation mit Mehrwert. Dies liefert eine gute Vision. Ein **klares Zukunftsbild motiviert** dazu und hilft, den natürlichen Widerstand zu überwinden und das zu tun, was notwendig ist, indem es Hoffnung vermittelt und so motivierend wirkt. Wenn das »Warum« klar ist, fällt das »Wie« leichter. Der zu erwartende Nutzen überwiegt alle Opfer, die auf dem Weg erbracht werden müssen.

Eine Vision hilft dabei, Menschen auf eine Richtung auszurichten, sodass alle an einem Strang ziehen. Die Handlungen motivierter Personen werden auf bemerkenswert effiziente Weise koordiniert. Mit einer klaren Vision können Führungskräfte und Mitarbeitende selbst herausfinden, was zu tun ist, ohne sich andauernd mit Vorgesetzten oder Kolleginnen abstimmen zu müssen. Dies ist von entscheidender Bedeutung, denn es spart Koordinierungskosten, die enorm sein können, vor allem wenn viele Leute daran beteiligt sind. Ohne ein gemeinsames Verständnis über die Richtung vergeuden voneinander abhängige Mitarbeitende ihre Zeit oftmals in Dauerkonflikten und Dauermeetings. Mit einer gemeinsamen Vision können sie mit einer gewissen Autonomie arbeiten.

Effektive Visionen zeichnen sich durch sechs zentrale Merkmale aus.[188] Sie sollten gut überlegt und von der Führungskoalition ausgearbeitet werden, um die gerade beschriebenen Funktionen für die nachhaltige Transformation zu erfüllen.

Eine gute Vision ist:

- Vorstellbar: Sie vermittelt ein konkretes Bild davon, wie die Zukunft aussehen wird.
- **Erstrebenswert**: Sie spricht die langfristigen Interessen aller relevanten Stakeholder an (Mitarbeitende, Kunden, Anteilseigner etc.).
- **Machbar**: Sie enthält realistische, erreichbare Ziele (keine Wunschbilder).
- **Fokussiert**: Sie ist ausreichend spezifisch, um Entscheidungsprozesse zu leiten.
- **Flexibel**: Sie ist ausreichend generisch, um Eigeninitiative und flexible Antworten auf sich verändernde Bedingungen zuzulassen.
- **Kommunizierbar**: Sie kann leicht kommuniziert werden, kann mit Erfolg innerhalb von fünf Minuten erklärt werden.

Gute Visionen vermitteln ein vorstellbares Bild von der Zukunft und formulieren klar den gewollten Wandel, sodass er von allen relevanten Stakeholdern akzeptiert werden kann. Sie sind strategisch machbar, auch wenn Ressourcen und Fähigkeiten stark beanspruchen werden. Vor allem beinhalten gute Visionen Herz und Verstand.

Alle effektiven Visionen bauen auf gefühlten Werten und analytischem Denken auf. Demzufolge ist das Schaffen einer Vision nicht nur eine Strategieübung zum Bewerten von Umweltzielen und organisatorischen Fähigkeiten. Der Prozess schließt in hohem Maße ein, mit sich selbst in Kontakt zu kommen: Wer sind wir und was ist uns wichtig? Persönlich kann diese Übung durchaus lohnend sein. Einfach ist diese Aktivität manchmal nicht, da sie oft noch ungewohnt ist. Aber wie ich bereits im Kapitel zum Mindset erläutert habe (vgl. Kap. 3.1), führt kein Weg daran vorbei und sie ist am Ende sehr bereichernd. Es lohnt sich, sich darauf einzulassen. Es geht immerhin darum, eine sinnhafte Vision zu erarbeiten, der sich alle verpflichtet fühlen. Auch hierfür ist es wieder wichtig, dass das Dringlichkeitsgefühl stark genug ist, denn sonst wird meist nicht die Zeit gefunden, den Prozess vollständig zu durchlaufen.

Wenn eine gute Vision gefunden wurde, ist es ebenso wichtig, sie effektiv und einfach zu kommunizieren. Auch dies ist kein leichter Vorgang. Er erfordert eine klare und wiederholte Kommunikation der Vision durch viele Beispiele und anschauliche Darstellungen. Noch wichtiger ist das Vorleben. Das Verhalten bedeutender Persönlichkeiten im Unternehmen muss der Vision entsprechen, ansonsten wäre es kontraproduktiv. Es geht darum, das Gesagte in die Tat umzusetzen und mit gutem Beispiel voranzugehen.

Und dann müssen die Mitarbeitenden auf breiter Basis die Fähigkeiten erwerben können, die zur Realisierung der Vision erforderlich sind. Es geht um Empowerment und darum, strukturelle Hindernisse zu beseitigen. Die notwendigen Trainings sollten sichergestellt werden und Systeme vor allem im Personalmanagement an die Vision angepasst werden. Erfolge, die sich zeigen, sollten gefeiert werden. Möglich schnelle Erfolge sollten geplant werden, um die Motivation oben zu halten. Leuchtturmprojekte sind hier sehr hilfreich.

Letztendlich sollten alle diese Schritte dazu führen, den Wandel in der Unternehmenskultur zu verankern. Denn eine Kultur lässt sich nur dann verändern, wenn man zuvor die Handlungsweisen der Menschen erfolgreich verändert hat. Wenn das neue Verhalten über einen längeren Zeitraum positive Ergebnisse gebracht hat und die Menschen die Verbindung zwischen neuem Handeln und verbesserten Leistungen wahrnehmen, vollzieht sich kultureller Wandel. Veränderungen der persönlichen Einstellungen und Verhaltensweisen beginnen meist schon früh in den Transformationsprozessen. Diese Veränderungen bewirken einen ganzheitlichen Wandel in den Arbeitsweisen, die helfen, ökologische bessere Produkte herzustellen und Dienstleistungen nachhaltig effizient anzubieten. Erst am Ende des Wandelzyklus wird das meiste in der Kultur verankert und wirklich gelebt. Eine solche gewandelte Unternehmenskultur ermöglicht den notwendigen Sprung in die Zukunft.

Die nachhaltige Unternehmenskultur steht also am Ende des Transformationsprozesses, der sowohl menschliche als auch unternehmerische Weiterentwicklung erfordert. Er beginnt mit der Erstellung einer klaren Zukunftsvision und der Bildung einer starken, teamorientierten Führungskoalition und verfolgt die konsequente Durchführung aller acht Stufen des nachhaltigen Wandels. Ähnlich einer Treppe sollte keine der Stufen übersprungen werden, um erfolgreich voranzuschreiten.

5.1.2 Fairness-Faktor und Fairness-Formel

Ein weiterer wichtiger Punkt, der bisher nicht explizit genannt wurde, aber für eine nachhaltige Unternehmenskultur sehr wichtig, ist der Faktor **Fairness**. Wenn Menschen Veränderung als unfair erleben, gelingen Change-Prozesse in der Regel nicht. Warum ist das so? Sind Menschen nicht egoistisch?

In der Tat gilt der Egoismus als ein Erbe der Evolution, das das Überleben von Individuum, Gemeinschaft und Gattung sichert – eine weitverbreitete Überzeugung. Doch auch die **Fairness findet sich in den genetischen Grundlagen**. Diese Erkenntnis stieß lange Zeit auf Widerstand beim Menschen, da Altruismus oft als versteckter Egoismus betrachtet wird. Es lohnt sich jedoch langfristig, fair zu sein. Obwohl dies nicht immer in das Selbstbild der Selbstlosen passt, ergibt es biologisch Sinn. Dies wird auch auf verschiedenen Ebenen von dem Züricher Ökonomen Ernst Fehr mit seinen spieltheoretischen Experimenten belegt.

Ein Paradebeispiel hierfür ist das sogenannte Ultimatum-Spiel: Ein Spieler A erhält 100 Euro, unter der Bedingung, dass er einem Spieler B einen Teil davon anbietet – wie viel bleibt ihm überlassen. Lehnt Spieler B das Angebot ab, gehen beide leer aus. Nach der Logik des Homo oeconomicus würde Spieler B jedes Angebot akzeptieren, um seinen eigenen Gewinn zu maximieren. Doch in der Realität geschieht das fast nie.

Wenn Spieler A seinem Mitspieler weniger als ein Drittel der Gesamtsumme anbietet, lehnt Spieler B das Angebot fast immer ab. Die Offerte wird als unfair wahrgenommen, und die Bewertung erfolgt nicht rein monetär. Tatsächlich zieht es Spieler B vor, sich am unsportlichen Bieter zu rächen, denn die Befriedigung, unfair verhaltenes Verhalten zu bestrafen, wird vom Gehirn mit Glücksgefühlen belohnt. Somit hat der alte Satz »Rache ist süß« ein wissenschaftliches Fundament.[189]

Diese und andere Experimente zeigen, wie **wichtig Fairness für Kooperation und Wohlbefinden** ist. Wenn Mitarbeitende das Gefühl haben, dass Veränderungen auf faire und transparente Weise durchgeführt werden, sind sie eher bereit, diese zu akzeptieren und sich aktiv daran zu beteiligen. Fairness fördert Vertrauen in die Entscheidungsträger und erhöht das Engagement für den Veränderungsprozess und den Kulturwandel.

Der Fairness-Faktor in einem Unternehmen bezieht sich auf die Gerechtigkeit und **Fairness, die in den internen Abläufen, Entscheidungen und Beziehungen herrschen.** Ein hoher Fairness-Faktor trägt dazu bei, ein positives Arbeitsumfeld zu schaffen, das Vertrauen, Motivation und Produktivität fördert. Es gibt verschiedene Dimensionen, die den **Fairness-Faktor** beeinflussen können:

1. **Gerechte Behandlung:** Mitarbeiter erwarten, dass sie fair und gleich behandelt werden, unabhängig von persönlichen Merkmalen wie Geschlecht, Rasse, Alter oder Hintergrund. Dies beinhaltet faire Vergütung, Chancengleichheit bei Beförderungen und gerechte Arbeitsbedingungen.
2. **Transparenz:** Ein transparenter Kommunikationsstil seitens der Unternehmensführung trägt zur Fairness bei, indem Entscheidungsprozesse offengelegt werden und Mitarbeiter verstehen können, warum bestimmte Maßnahmen ergriffen werden.
3. **Partizipation:** Mitarbeiterinnen und Mitarbeiter sollten in Entscheidungen einbezogen werden, die sie betreffen. Dies kann durch Mitarbeiterbefragungen, Feedback-Mechanismen oder Mitarbeitervertretungen geschehen. Eine partizipative Unternehmenskultur fördert das Gefühl der Zugehörigkeit und erhöht die Akzeptanz von Entscheidungen.
4. **Fairness in der Führung: Führungskräfte** spielen eine entscheidende Rolle bei der Schaffung eines fairen Arbeitsumfelds. Sie sollten konsistent handeln, klare Erwartungen kommunizieren und Mitarbeiter gerecht behandeln. Eine faire Führung fördert Vertrauen und Respekt.
5. **Konfliktlösung:** Ein effektives Konfliktmanagement trägt zur Fairness bei, indem Konflikte transparent und gerecht gelöst werden, ohne dass einzelne Parteien benachteiligt werden.

Ein Unternehmen mit einem hohen Fairness-Faktor fördert das Wohlbefinden der Mitarbeitenden, steigert die Mitarbeiterbindung und trägt langfristig zu einem positiven Ruf bei. Es ist wichtig, kontinuierlich an der Verbesserung des Fairness-Faktors zu arbeiten, da dies nicht nur die Mitarbeiterzufriedenheit erhöht, sondern auch die Leistung und den Erfolg des Unternehmens insgesamt verbessert.

Das Konzept der **Fairness-Formel**, das der Schweizer Mathematiker Herbert Lüthy vorschlägt,[190] betont die Freiheit und Gerechtigkeit in der Wirtschaft der Zukunft. Dies hat ebenfalls einen starken Bezug zur Nachhaltigkeit und kann weitere Denkräume öffnen. Für die **Unternehmenskultur sind Fairness, Freiheit und Gerechtigkeit fundamentale Werte**. Hier sind einige konkrete Gründe, warum:

Soziale Nachhaltigkeit: Eine faire Behandlung von Mitarbeitenden, Lieferanten und Gemeinschaften, in denen Unternehmen tätig sind, ist ein wesentlicher Bestandteil der sozialen Nachhaltigkeit. Die Fairness-Formel legt Wert darauf, dass alle Menschen gleichberechtigt behandelt werden und gerechte Arbeitsbedingungen erhalten. Dies fördert das Wohlbefinden der Mitarbeiter, stärkt die Gemeinschaften und trägt dazu bei, ein sozial nachhaltiges Umfeld zu schaffen.

Wirtschaftliche Nachhaltigkeit: Fairness in der Wirtschaft fördert langfristig stabile und widerstandsfähige Wirtschaftssysteme. Durch gerechte Verteilung von Ressourcen und Chancen wird vermieden, dass bestimmte Gruppen benachteiligt werden und soziale Ungleichheit entsteht, die das wirtschaftliche Gefüge destabilisieren könnte. Unternehmen, die fair agieren, sind oft langfristig erfolgreicher, da sie das Vertrauen ihrer Stakeholder gewinnen und eine positive Reputation aufbauen.

Umweltgerechtigkeit: Umweltgerechtigkeit ist ein wichtiger Aspekt der Nachhaltigkeit, der sicherstellt, dass Umweltauswirkungen gleichmäßig verteilt sind und nicht zulasten benachteiligter Gemeinschaften gehen. Die Fairness-Formel kann auch auf die Umwelt angewendet werden, indem sie fairere Produktions- und Konsumpraktiken fördert, die die Umweltbelastung verringern und sicherstellen, dass die negativen Auswirkungen auf die Umwelt gerecht verteilt werden.

Generationengerechtigkeit: Nachhaltigkeit erfordert, dass wir die Bedürfnisse der aktuellen Generation befriedigen, ohne die Fähigkeit zukünftiger Generationen zu gefährden, ihre eigenen Bedürfnisse zu erfüllen. Die Fairness-Formel berücksichtigt diese Generationengerechtigkeit, indem sie darauf abzielt, faire und gerechte wirtschaftliche und soziale Systeme zu schaffen, die langfristig das Wohlergehen aller Menschen, sowohl heute als auch in Zukunft, fördern. Unsere Wirtschaft muss **enkelfähig** werden.

Insgesamt kann die Fairness-Formel als Rahmen dienen, der die verschiedenen Dimensionen der Nachhaltigkeit – sozial, wirtschaftlich, ökologisch und intergenerationell – integriert und sicherstellt, dass alle diese Aspekte gleichermaßen berücksichtigt werden, um eine wirklich nachhaltige Wirtschaft der Zukunft zu schaffen.

5.1.3 Angstfreie nachhaltige Organisationskultur

Ein weiterer wichtiger Erfolgsfaktor betrifft das Thema Angst und unterstreicht die Notwendigkeit, am Arbeitsplatz psychologische Sicherheit zu gewährleisten – für mehr Entwicklung, Lernen und Innovation. In Kap. 4.2.1.3 habe ich bereits auf das Ergebnis von Googles Aristoteles-Studie hingewiesen, die Sicherheit als wichtigsten Faktor für Erfolg herauskristallisiert hat.

Die renommierte Forscherin auf dem Gebiet des Teammanagements und der Organisationspsychologie und Professorin an der Harvard Business School Amy Edmondson hat das Konzept der »Angstfreien Organisation« (Fearless Organization) entwickelt.[191]

Dieser Ansatz bietet eine gute Grundlage für die Schaffung eines positives nachhaltiges Arbeitsumfeld, das die Offenheit, das Lernen und die Innovation fördert. Die Schaffung einer angstfreien Organisation nach Amy Edmondson ist eng mit der Entwicklung einer nachhaltigen Unternehmenskultur verbunden. Im Folgenden gehe ich auf einige Wege ein, wie die Prinzipien der angstfreien Organisation zur Förderung der Nachhaltigkeit beitragen können.

Die **Gewährleistung von psychologischer Sicherheit und Mitarbeiterengagement** ist ein kontinuierlicher Prozess, der von Führungskräften und dem gesamten Team unterstützt werden muss. **Klare Kommunikation und Wertschätzung** sind wichtige Grundlagen. Führungspersonen sollten klare Erwartungen setzen und regelmäßig mit den Mitarbeitenden kommunizieren. **Offene und transparente** Kommunikation trägt dazu bei, Vertrauen aufzubauen und ein Umfeld zu schaffen, in dem sich Mitarbeitende sicher fühlen, ihre Gedanken und Ideen zu äußern. Führungskräfte sollten sich bemühen, die Perspektiven und Bedürfnisse ihrer Mitarbeiter zu verstehen. Indem sie **Empathie zeigen und aktiv zuhören**, können Führungskräfte ein Gefühl der Wertschätzung und Unterstützung vermitteln, das psychologische Sicherheit fördert. Eine **Feedbackkultur**, die konstruktives Feedback fördert und Fehler als Lernchancen betrachtet, ist entscheidend für die Schaffung von psychologischer Sicherheit. Mitarbeitende sollten ermutigt werden, offen über ihre Erfahrungen und Herausforderungen zu sprechen, ohne Angst vor negativen Konsequenzen zu haben. Die **Förderung von Teamarbeit und Zusammenarbeit** kann dazu beitragen, ein Gefühl der Zugehörigkeit und Verbundenheit unter den Mitarbeitern zu schaffen. Teams, die sich gegenseitig unterstützen und respektieren, sind eher bereit, sich aktiv an der Arbeit zu beteiligen und zum Erfolg des Unternehmens beizutragen. Mitarbeitende sollten regelmäßig für ihre Leistungen und Beiträge anerkannt und geschätzt werden. Anerkennung stärkt das Selbstvertrauen der Mitarbeiter und motiviert sie, sich weiterhin für das Unternehmen zu engagieren.

Indem Führungspersonen diese Maßnahmen umsetzen und eine Kultur fördern, die psychologische Sicherheit und Mitarbeiterengagement unterstützt, können sie ein Arbeitsumfeld schaffen, in dem Mitarbeiter ihr volles Potenzial entfalten können und sich mit ihrem Unternehmen identifizieren. Führungskräfte spielen eine Schlüsselrolle bei der Förderung einer nachhaltigen Unternehmenskultur, indem sie ein Umfeld schaffen, das die Werte und Ziele der Nachhaltigkeit unterstützt. Führungskräfte, die eine angstfreie Kultur fördern, können Mitarbeitende ermutigen, sich aktiv an nachhaltigen Initiativen zu beteiligen, und klare Erwartungen bezüglich umweltbewusster Entscheidungsfindung und Handlungsweisen setzen.

Durch die Schaffung einer angstfreien Organisation, in der Mitarbeiterinnen und Mitarbeiter sich sicher fühlen, Ideen auszutauschen, und in der Offenheit, Lernen und Verantwortung gefördert werden, können Unternehmen eine nachhaltige Unternehmenskultur entwickeln, die zur Lösung globaler ökologischer und sozialer Herausforderungen beiträgt. Angstfreiheit ist somit eine unabdingbare Voraussetzung, eine Conditio sine qua non für die Entwicklung einer nachhaltigen Unternehmenskultur.

Angstfreiheit hat auch positive ökonomische Folgen. So sind Unternehmen, die das Wohlbefinden ihrer Mitarbeiter priorisieren, langfristig erfolgreicher.[192] Das »Unternehmensziel Wohlbefinden« fördert, dass Mitarbeitende sich längerfristig an das Unternehmen gebunden fühlen, und zieht neue Mitarbeiter an, ist also gut für das Employer Branding, für eine gewinnende und überzeugende Arbeitgebermarke. Der Mensch ist ein wichtiger Wettbewerbsfaktor auch im Bereich Nachhaltigkeit. Unternehmen brauchen Sustainable Employees und Citizen Entrepreneurs, um es in den in aktuellen Diskussionen fallenden Schlagwörtern auszudrücken.

5.1.4 Co-Creation Leadership und Toolbook

Ein wichtiges nachhaltiges Fundament für die Unternehmenskultur ist die Co-Creation, auf die ich schon in Kapitel 3.2.4 hingewiesen habe. Ich möchte dies hier noch einmal in Bezug auf die Führungsqualitäten und die einsetzbaren Methoden konkretisieren, um zu zeigen, wie auch hier Nachhaltigkeit und biologische Faktoren einen besonderen Tiefgang ermöglichen. Co-Creation geht dabei über die Unternehmensgrenzen hinaus und umfasst auch und gerade die externen Stakeholder. Co-Creation-Führung kann revolutionäre Ergebnisse hervorbringen, weil Co-Creation selbst eine Revolution ist, so die Aussage eines Befürworters.[193]

Co-Creation-Leadership bezieht sich auf eine Führungsphilosophie und -praxis, die darauf abzielt, die Zusammenarbeit und Beteiligung verschiedener Interessengruppen bei der Entwicklung und Umsetzung von Ideen, Produkten, Dienstleistungen oder Lösungen zu fördern. Auch hier geht es darum, eine Umgebung zu schaffen, in der die Teilnehmenden sich gemeinsam engagieren, um innovative und nachhaltige Lösungen für komplexe Herausforderungen zu entwickeln. Es erfordert eine offene, flexible und empathische Führung, die die Stärken und Potenziale aller Beteiligten fördert und nutzt.

Das »**Co-Creation Toolbook**« der Autorinnen Kerstin Kurzhals, Katrin Uude, Eva Sormani, Choiwai Maggie Chak und Madleen Banze[194] ist eine Sammlung von Tools, Methoden und Best Practices, die verwendet werden können, um gemeinschaftliche Schöpfungsprozesse zu unterstützen. Co-Creation bezieht sich auf die Zusammenarbeit von verschiedenen Akteuren, wie zum Beispiel Unternehmen, Kunden, Mitarbeitern und anderen Stakeholdern, um gemeinsam neue Ideen, Produkte, Dienstleistungen oder Lösungen zu entwickeln.

Das Toolbook bietet eine Vielzahl von praktischen Werkzeugen und Ansätzen, die dabei helfen, Co-Creation-Prozesse zu strukturieren, zu erleichtern und zu optimieren. Diese Tools können in verschiedenen Phasen des Co-Creation-Prozesses eingesetzt werden, von der Ideenfindung und Konzeption über die Entwicklung und Umsetzung bis hin zur Evaluierung und Iteration. Hier einige Beispiele aus dem Toolbook.

Toolbook: Co-Creation-Methoden

- Brainstorming-Techniken:
  - Klassisches Brainstorming: Eine Gruppe von Teilnehmern sammelt spontan Ideen zu einem bestimmten Thema, ohne Einschränkungen oder Kritik.
  - Brainwriting: Jeder Teilnehmer schreibt Ideen auf Karten oder Zettel, die dann von anderen Teilnehmern gelesen und weiterentwickelt werden.
  - Mind Mapping: Eine grafische Darstellung von Ideen, die aus einem zentralen Thema oder Problem heraus entstehen und miteinander verbunden sind.
- Design Thinking:
  - Empathie-Maps: Um die Bedürfnisse und Erfahrungen der Nutzer zu verstehen, werden empathische Perspektiven entwickelt und visualisiert.
  - Persona-Entwicklung: Erstellung von Nutzerprofilen, die die verschiedenen Zielgruppen repräsentieren, um ihre Bedürfnisse und Verhaltensweisen besser zu verstehen.
  - Prototyping-Workshops: Schnelle Entwicklung von Prototypen, um Ideen zu visualisieren und sie mit anderen zu testen und zu verbessern.
- Prototyping- und Testmethoden:
  - Rapid Prototyping: Schnelle Entwicklung von einfachen Prototypen, um Ideen greifbar zu machen und Feedback von Stakeholdern zu erhalten.
  - Usability-Tests: Durchführung von Tests mit potenziellen Nutzern, um die Benutzerfreundlichkeit und Effektivität von Prototypen zu überprüfen und zu verbessern.
- Partizipative Entscheidungsfindung:
  - Konsensentscheidungen: Alle Beteiligten arbeiten gemeinsam an der Entwicklung von Lösungen und treffen Entscheidungen, auf die alle einstimmig zustimmen.
  - Demokratische Abstimmungen: Abstimmung über verschiedene Optionen, um eine Entscheidung zu treffen, wobei jede Stimme gleich gewichtet wird.
- Kollaborative Arbeitsmethoden:
  - Design-Studios: Gruppenarbeit, bei der Teams zusammenarbeiten, um Ideen zu generieren, zu skizzieren und zu verfeinern.

- Agile Workshops: Anwendung von agilen Prinzipien und Methoden, um gemeinsam an Projekten zu arbeiten, regelmäßig Feedback zu erhalten und sich kontinuierlich weiterzuentwickeln.

Diese Methoden dienen dazu, den Co-Creation-Prozess zu strukturieren, zu unterstützen und zu optimieren, indem sie die Zusammenarbeit, Kreativität und Produktivität der Teilnehmer fördern.

Das »Co-Creation Toolbook« kann sowohl von Organisationen als auch von Einzelpersonen genutzt werden, um Innovationsprozesse zu unterstützen, Kundenbedürfnisse besser zu verstehen, Produkte und Dienstleistungen zu verbessern und gemeinschaftliche Lösungen für komplexe Herausforderungen zu entwickeln. Es bietet eine strukturierte und praxisorientierte Anleitung für den Co-Creation-Prozess und trägt dazu bei, die Effektivität und Effizienz von gemeinschaftlicher Innovation zu steigern.

Nachdem wir uns eingehend mit den Ansätzen und Methoden für eine erfolgreiche Unternehmenskultur beschäftigt haben, die auf Nachhaltigkeit basiert und grundlegend aus dieser Perspektive heraus entwickelt wird, können wir nun die Umsetzung in den verschiedenen Unternehmensbereichen betrachten.

5.2 Umsetzung von nachhaltigen Strategien in allen Unternehmensbereichen

Die meisten Menschen wollen etwas sein, aber keiner will etwas werden.
Johann Wolfgang von Goethe

Wir haben festgestellt, dass ein **nachhaltiger Wandel im Unternehmen** eine **tiefgreifende Transformation ermöglicht**, die die **Zukunft des Unternehmens sichert**. Dieser Wandel beruht auf wichtigen Prinzipien, die auf individueller Ebene beginnen und dann durch die Führungspersonen auf ihre Bereiche übertragen werden. Ich gehe hier vor allem auf die Rahmenparameter ein. Auf die Inner Development Goals (IDGs) und die möglichen Methoden für diese Prozesse habe ich bereits in vorhergehenden Kapiteln hingewiesen.

Die Umsetzung von nachhaltigen Strategien in allen Unternehmensbereichen erfordert ein **systematisches Vorgehen und die Integration von Nachhaltigkeitsprinzipien in alle Aspekte der Geschäftstätigkeit**. Dazu müssen zunächst klare Rahmenbedingungen geschaffen werden und bewusste Entscheidungen seitens des Vorstandes bzw. durch die CEOs gefällt werden. Eine klare Nachhaltigkeitsvision und -strategie müssen etabliert werden. Langfristige Ziele und Verpflichtungen müssen definiert werden. Diese Vision sollte von der Unternehmensleitung als wichtig und dringlich betrachtet und in allen Unternehmensbereichen kommuniziert werden.

Auch der Rahmen für die **Integration von Nachhaltigkeit in die Unternehmenskultur** sollte gesetzt sein. Nachhaltigkeit sollte als grundlegender Wert in die Unternehmenskultur eingebettet werden. Mitarbeitende sollten über Schulungen und Veranstaltungen für Nachhaltigkeit sensibilisiert werden, um ein Bewusstsein für die Bedeutung von Nachhaltigkeit zu schaffen und sie zu befähigen, nachhaltige Entscheidungen zu treffen.

Unternehmen sollten alle relevanten Stakeholder, einschließlich Mitarbeitende, Kunden, Lieferanten, Investoren und Gemeinschaften, in den Nachhaltigkeitsprozess einbeziehen. Die Berücksichtigung der Bedürfnisse und Erwartungen dieser Stakeholder kann dazu beitragen, das Engagement für Nachhaltigkeit zu stärken und die Akzeptanz von Nachhaltigkeitsinitiativen zu erhöhen. Eine **Wesentlichkeitsanalyse** kann hierbei sehr hilfreich sein.

Messbare Ziele und **Leistungsindikatoren** müssen für Nachhaltigkeit entwickelt werden, um den Fortschritt zu verfolgen und sicherzustellen, dass die Strategien wirksam sind. Diese Ziele sollten spezifisch, messbar, erreichbar, relevant und zeitgebunden sein (SMART).

Nachhaltigkeitsaspekte sollten in **alle Geschäftsstrategien**, -prozesse und -entscheidungen integriert werden, einschließlich Beschaffung, Produktion, Vertrieb, Marketing, Personalwesen und Finanzen. Dies kann dazu beitragen, Ressourcen effizienter zu nutzen, Kosten zu senken und neue Geschäftsmöglichkeiten zu identifizieren.

Unternehmen sollten bestrebt sein, kontinuierlich ihre Nachhaltigkeitsleistung zu verbessern und innovative Lösungen für Nachhaltigkeitsherausforderungen zu entwickeln. Dies erfordert eine offene Denkweise, die Bereitschaft, Risiken einzugehen, und die Förderung einer Kultur der Innovation. **Kontinuierliche Verbesserung ist auf persönlicher und unternehmerischer Ebene** angesagt.

Indem Unternehmen diese Punkte berücksichtigen und Nachhaltigkeit als integrierten Bestandteil ihrer Geschäftsstrategie betrachten, können sie langfristig erfolgreiche Nachhaltigkeitsstrategien entwickeln und umsetzen, die sowohl ökologische als auch soziale und ökonomische Aspekte berücksichtigen.

Grundlegende pädagogische Neurohacks

- **Don't baby your Team:** Klarheit in der Führung ermöglicht die Eigenverantwortung jedes Teammitglieds
- **People to People (P2P):** Wertschätzende Kommunikation auf Augenhöhe
- **Heart to Heart (H2H):** Empathie und Mitgefühl öffnen Herzen und Türen

Was bedeutet dies konkret in den einzelnen Bereichen? Welche **konkreten Strategien** für die Umsetzung von Nachhaltigkeit in verschiedenen Unternehmensbereichen können umgesetzt werden? Hier einige noch einmal als Erinnerung:

1. **Beschaffung und Lieferkette**:
   a) Etablierung von Lieferantenrichtlinien für Nachhaltigkeit und Auswahl von Lieferanten, die soziale und Umweltstandards einhalten.
   b) Förderung von fairer Bezahlung, Arbeitsbedingungen und Umweltschutzpraktiken entlang der gesamten Lieferkette.
   c) Einsatz von Lieferantenbewertungssystemen, um die Nachhaltigkeitsleistung der Lieferanten zu messen und zu verbessern.
2. **Produktion und Betrieb**:
   a) Implementierung von Energieeffizienzmaßnahmen, Nutzung erneuerbarer Energien und Reduzierung des Ressourcenverbrauchs.
   b) Umstellung auf umweltfreundliche Produktionsverfahren und Materialien sowie Minimierung von Abfall und Emissionen.
   c) Schulung der Mitarbeiter zu Umweltschutzpraktiken und Förderung einer umweltbewussten Arbeitskultur.
3. **Marketing und Vertrieb**:
   a) Kommunikation der Nachhaltigkeitsbemühungen und -leistungen des Unternehmens an die Kunden transparent und authentisch.
   b) Entwicklung von nachhaltigen Produkten und Dienstleistungen, die den Bedürfnissen der Kunden entsprechen und umweltfreundlich sind.
   c) Förderung eines nachhaltigen Konsumverhaltens durch Aufklärung der Kunden über umweltfreundliche Produkte und deren Vorteile.
4. **Personalwesen und Personalmanagement**:
   a) Integration von Nachhaltigkeit in die Personalpolitik, einschließlich Einstellung, Training, Bewertung und Belohnung von Mitarbeitern.
   b) Förderung einer ausgewogenen Work-Life-Balance und Unterstützung von flexiblen Arbeitsmodellen sowie Maßnahmen zur Förderung der Mitarbeitergesundheit und des Wohlbefindens.
   c) Aufbau einer Unternehmenskultur, die Vielfalt, Inklusion und Chancengleichheit fördert.
5. **Finanzen und Investitionen**:
   a) Integration von Umwelt-, Sozial- und Governance-Kriterien (ESG) in die Finanz- und Investitionsentscheidungen des Unternehmens.
   b) Investition in nachhaltige Projekte und Initiativen, die einen positiven sozialen und Umweltnutzen bieten.
   c) Berichterstattung über die finanzielle und nichtfinanzielle Leistung des Unternehmens im Hinblick auf Nachhaltigkeit gegenüber Investoren und anderen Stakeholdern.

Diese Strategien können je nach Unternehmensgröße, Branche und Standort variieren. Unternehmen sollten ihre spezifischen Herausforderungen und Chancen analysieren und maßgeschneiderte Nachhaltigkeitsstrategien entwickeln, die auf ihre individuellen Bedürfnisse und Ziele zugeschnitten sind.

Umfeld und Netzwerk und Mastermind

Lass deine **Spiegelneuronen** ihre Arbeit tun! Deshalb hier noch ein fundamentaler Umsetzungshack. Schaffe dir ein Umfeld, das dich in deinem Bestreben nach nachhaltiger Weiterentwicklung auf persönlicher und emotionaler Ebene unterstützt. Das können Mentoren oder Masterminds sein. Oder auch Arbeitsgruppen und Treffen mit anderen Unternehmen, die gerade ähnliche Themen in den Mittelpunkt stellen. Dies kann auch sehr gut auf Bereichsebene installiert werden, wie zum Beispiel in Marketingclubs oder Vertriebsoffensiven.

Wichtig ist, sich in einem guten Klima aufzuhalten, denn Emotionen sind ansteckend (siehe auch mein Podcasttipp). Das Umfeld und dein Netzwerk bestimmen am Ende, wie viel Energie du für nachhaltige Veränderung entwickelst und wie du deine Denkweise weiter herausfordern kannst. Schaffe dir ein unterstützendes und nachhaltig herausforderndes Umfeld und kreiere es als Führungskraft in deinem Team.

Hörtipp: Podcast MAGIC BRAIN KICKS #117 – Emotionale Ansteckung

Sind Gefühle ansteckend? Ja sind sie – und zwar hoch ansteckend, vor allem auch die negativen. Wie du dich selbst und dein Team vor negativen Gefühlen schützen kannst, darum geht es in dieser Episode meines Podcasts »Magic Brain Kicks«. Gefühle springen von Mensch zu Mensch und so kann schnell auch die Gesamtstimmung in einer Gruppe im Keller sein. Dabei sind der Teamspirit und die emotionale Befindlichkeit für uns alle fundamental, gerade wenn es um Führung geht. Wie werden Gefühle übertragen und was können wir tun, um uns von negativen Gefühlen abzuschirmen? Was ist der Unterschied zwischen Empathie und emotionaler Ansteckung? Wie können wir die Stimmung im Team beeinflussen und wie lassen sich negative Gefühle in positive verwandeln? Viel Spaß und Erfolg mit den Tools in dieser Podcastfolge.

Da ich aus eigener Erfahrung weiß, wie zermürbend die Arbeit in den einzelnen Bereichen sein kann und dass dort leicht der Spirit und der Sprit verloren gehen, hier noch eine Anmerkung. Gerade wenn es in den Unternehmensbereichen an die Einzelarbeit geht, gilt der nachhaltige Grundsatz: **Akzeptiere nie eine kurzfristige Lösung für ein langfristiges Problem**. Also klebe bitte nicht einfach ein Pflaster drauf, sondern strebe nach umfassenden Lösungen. Unter dem Pflaster entstehen meist neue Probleme. Lass dich daher nicht müde machen. Dein Motiv, deine Kreativität und deine Willenskraft sind stärker und du bist bereit, alle nötigen Skills zu erlernen und eine Gemeinschaft aufzubauen, die die Transformation schafft (vgl. Dalai Lama/Desmond Tutu: Buch der Freude[195], Jane Goodall: Das Buch der Hoffnung[196]).

Ein weiteres unternehmerisches Ziel muss sein, eine **neue Definition von Luxus** zu schaffen. Auch in der Krise ist der Verkauf von (etablierten) Luxusgütern gestiegen.[197] Nachhaltigkeit darf der neue Luxus sein. Dazu sind Fantasie, Kreativität und ein neues Feeling gefragt, die neurologischen Erkenntnisse so zu nutzen, dass Menschen den Wert erkennen und ihren Wohlfühlfaktor bedient sehen. Welche Bedürfnisse sind aktuell da, mit denen der Luxus Nachhaltigkeit verkauft werden kann?

Ein weiterer Faktor ist die »Wahrnehmungslücke« von Menschen bezüglich der **Kooperation** anderer. **Menschen tragen wenig zum Klimaschutz bei, weil sie die Bereitschaft anderer unterschätzen, ebenfalls ihren Beitrag zu leisten.** Das ist das zentrale Ergebnis einer Studie der Bonner Verhaltensökonomen Peter Andre, Teodora Boneva, Felix Chopra und Armin Falk, Mitglieder des Exzellenzclusters ECONtribute.[198] Die Studie basiert auf einer weltweit repräsentativen Stichprobe von fast 130.000 Menschen in 125 Ländern. Daraus geht hervor, dass 86% der Menschen »soziale Normen für den Klimaschutz unterstützen« und 89% sich wünschen würden, dass ihre Regierungen mehr tun, um die Erwärmung zu bekämpfen. Auch sie selbst wären bereit, mehr zu tun. Demnach kann man davon ausgehen, dass dies auch in den Unternehmensbereichen gilt: Wenn du mitmachst, mache ich auch mit. Durch entsprechende Kommunikation kann verdeutlicht werden, dass auch in den anderen Bereichen die Bereitschaft höher als gedacht ist, nachhaltige Veränderungen möglich zu machen, und dass sie bereit sind, etwas für das Klima oder für die Nachhaltigkeit zu tun.

6 Fazit: Wie Führungskräfte ihr Mindset und das ihrer Teams verändern können

Jeder trägt die volle Verantwortung.
Willi Graf (Mitglied der weißen Rose)

Dieses Zitat las ich jeden Morgen beim Betreten des Willi-Graf-Gymnasiums in Berlin-Steglitz. Dort habe ich 2019 fünf Monate lang einen Biolehrer, der von der Leiter gefallen war, vertreten. Und um ehrlich zu sein, es hat mir Spaß gemacht, meine Schülerinnen und Schüler ebenso herauszufordern wie sie mich. Ich durfte in der besonders lauten Mittelstufe, also achte und neunte Klasse, mit Jugendlichen in der Hochpubertät (13–14 Jahre alt) unterrichten. Um ein Beispiel zu nennen: Klassengröße 33 Kinder, davon 29 Jungs mit den verschiedensten kulturellen Hintergründen, – und ich. Und dann standen auf dem Lehrplan auch genau in der Zeit solche entzückenden Themen wie Drogen- und Sexualaufklärung, was eine echte Bewährungsprobe für die Anwendung von Mindsetarbeit und Teamführung in der Praxis darstellte. Diese Zeit betrachte ich als meine private Challenge, die ich – wenn ich dem Feedback insbesondere der mir anvertrauten Jugendlichen glaube – mit Bravour gemeistert habe. Meine didaktische Ausbildung, die ich in meinen »Train the Trainer«-Kursen auch weitergebe, hat mir dabei sehr geholfen. Gelangweilt haben sich die Schülerinnen und Schüler auf jeden Fall bei der Methoden- und Medienvielfalt nicht. Und ich habe meine Stimmbänder gut trainieren können.

Die **zentrale Frage** ist also: **Trägst du die volle Verantwortung?** Bist du bereit, das zu tun, was es braucht, um die Dinge, die ich angesprochen habe, umzusetzen? **Vision und Leadership sind das, was gefordert ist. – Und die Klarheit, die Energie und den Mut, beides umzusetzen** (vgl. Kap. 3.1.8).

Nachhaltige Entwicklung ist Bewusstseinsentwicklung, menschliche Entwicklung und vor allem Persönlichkeitsentwicklung. Der erste Schritt zur Veränderung des Mindsets ist es, die Verantwortung zu übernehmen. Als **Führungsperson** darfst du dann zunächst **drei Dinge** tun:

1. Du darfst die Vorarbeit leisten, die innere Arbeit bei dir selbst, das Erlernen der notwendigen Skills – also die Knäckebrot-Arbeit ☺.
2. Du musst deine Kunden, deine Mitarbeitenden, deine Stakeholder gut kennen. Dazu darfst du dich selbst und die Menschen verstehen sowie Kommunikationstools lernen.
3. Du darfst dich selbst entwickeln (z.B. anhand der IDGs) und dein Team dazu anleiten.

Als Führungskraft änderst du zunächst deine eigene Denkweise, indem du einen anderen **Standard** für dich wählst – unabhängig von dem Umfeld. Dein **Standard ist das, was du unter allen Umständen und Bedingungen** und trotz aller Widerstände und Unannehmlichkeiten immer noch tust.

Nehmen wir als Beispiel Raucher. Rauchen kann ein Standard sein. Egal, was Zigaretten kosten und egal, wie die Umstände sind, Raucher rauchen. Sie kommen an eine Zigarette und schaffen es zu rauchen. Während ich dies hier schreibe, ist es gerade richtig kalt in Berlin: minus zehn Grad. Kennst du diese Kälte? Es ist so kalt, dass jeder, wenn er draußen ist, so schnell wie möglich wieder ins Warme möchte. Es ist diese Kälte, bei der dir die Hände abfrieren und du dir anziehen kannst, was du willst und trotzdem frierst. Wir gingen also gestern Abend bei der Kälte in ein Restaurant und waren alle froh, schön im Warmen am Tisch zu sitzen. Und dann gaben sich drei Personen ein Zeichen und nahmen sich ihre Jacken und gingen vor die Tür. Kennst du diese Augenzeichen unter Rauchern? Und egal, wie kalt es war, es hat sie nicht von ihrem Standard abgebracht. Sie haben zitternd und frierend vor der Tür ihre Zigarette geraucht. Das ist Standard!

Ein anderes Beispiel ist ein **Thermostat im Vergleich zu einem Thermometer**. Ein Thermometer misst nur die Temperatur und zeigt sie an, während ein Thermostat auch die Umgebungstemperatur regelt, indem es die Heiz- oder Kühlgeräte ein- oder ausschaltet. Während ein Thermometer eine passive Rolle spielt und nur Informationen liefert, spielt ein **Thermostat eine aktive Rolle bei der Steuerung** der Temperatur, um ein bestimmtes Temperaturniveau aufrechtzuerhalten. Ein Thermostat hat eine **Standard**temperatur eingestellt, die es bei allen Variationen der äußeren Bedingungen hält.

> **Reflexionsfragen: Dein Standard als Grundlage deines Mindsets**
> Welchen Standard hast du? Überprüfe deinen Standard. Dient er dir? Bremst er dich aus? Was sollte dein Standard sein, wenn du deine Vision erreichen willst?

Voraussetzung für nachhaltige Entwicklung ist dein nachhaltiger Standard, unabhängig von den Umständen. Es ist deine Bereitschaft und deine grundlegende Haltung, nachhaltig die volle Verantwortung zu tragen. Das verleiht Sinn und Klarheit und damit die Energie und den Mut, Dinge umzusetzen. Am Ende hat nachhaltige Transformation das Potenzial, dich und dein Team glücklich, zufrieden und erfolgreich zu machen.

Wie du diesen Standard erreichst und wie du Glaubenssätze und Mindset bei dir selbst und bei deinem Team ändern kannst, habe ich dir in Kapitel 3 erläutert und dir zahlreiche Methoden dafür an die Hand gegeben.

Du hast gelernt:

- Dass **Kraft für Veränderung von innen** kommt. Die SDGs werden durch die IDGs erreicht (Kap. 3).
- Wie du den **Erwartungseffekt** nutzt, um dein Mindset und das deines Teams nachhaltig zu verändern (Kap. 3).
- Wie du die **1,5-%-Methode** für kontinuierliche Veränderungen nutzt (Kap. 3.1.1).
- Wie du mit einer **Expedition in die Zukunft** eine nachhaltige Vision schaffen kannst (Kap. 3.1.2).
- Wie du **Klarheit in die Komplexität** bringst und den dahinterliegenden **Code entschlüsselst** (Kap. 3.1.3).
- Wie du deine nachhaltige Strategie definierst und mit dem **Navigationssystem** immer wieder **korrigieren und anpassen** kannst (Kap. 3.1.4).
- Wie du deine **Kreativität nachhaltig** mit den Methoden des **5-Uhr-Clubs** steigern kannst (Kap. 3.1.5).
- Wie du **Gewohnheiten unterbrechen** kannst und deinen **Autopiloten änderst** (Kap. 3.1.6).
- Wie du dein **Gehirn** wie einen Muskel **trainieren** kannst und welchen **Trainingsplan** du brauchst, um **Muscle Memory** aufzubauen (Kap. 3.1.7).
- Wie du die **Zeit für dich arbeiten lässt** und Mindset mit Momentum aufbaust (Kap. 3.1.8).
- Wie du **dich neu programmier**en und **rekalibrieren lernen** kannst (Kap. 3.1.9).
- Wie du den **Tipping Point nutzt** (Kap. 3.1.10).
- Wie du **deine Bremsen und die deines Teams löst** (Kap. 3.1.11).
- Wie sich **Führung durch KI verändert** und wie du dies **nachhaltig nutzen** kannst (Kap. 3.1.12).
- Wie wichtig **ein starkes ICH für ein starkes WIR** ist (Kap. 3.2).
- Wie du den **Entrepreneur Spirit bei dir und in deinem Team** entfachst (Kap. 3.2.1).
- Wie du mit **Teamplay schnell** und direkt die **Gehirne für Veränderungen öffnest** (Kap. 3.2.2).
- Wie du **Nachhaltigkeitsszenarien** in allen ihren **vernetzten Auswirkungen erfassen** kannst (Kap. 3.2.3).
- Wie du das **biologische Prinzip der Co-Creation** etablierst (Kap. 3.2.4).
- Wie du Green Teams und **Lernreisen für nachhaltiges Zusammenarbeiten** nutzt (Kap. 3.2.5).
- Wie du **spannende biologische Narrative** entwickelst, die fesseln und Spaß machen (Kap. 3.2.6).
- Wie du das **Hirtenprinzip** anwendest (Kap. 3.2.6.1).
- Was du von **Pinguinen und Erdhörnchen** lernen kannst (Kap. 3.2.6.2 und Kap. 3.2.6.3).

Damit hast du als Entscheidungsträger und Führungsperson die **Werkzeuge und die zukunftsorientierten Fähigkeiten** an die Hand bekommen, um den Wandel anzustoßen und deine unternehmerische Vision auf eine neue, nachhaltige Ebene zu heben – **basierend auf den Erkenntnissen der Neurowissenschaften** und der biologischen Prinzipien des menschlichen Denkens und Erfahrens.

Mit diesen essenziellen Werkzeugen kannst du Innovationsgeist, Anpassungsfähigkeit und die Fähigkeit, langfristig zu denken, bei dir selbst und in deinem Team trainieren. So wirst du aus den aktuellen Fallen ausbrechen können und den Schwung aufbauen, um nachhaltiges Denken effektiv in die Unternehmensstrategie zu integrieren und damit eine nachhaltige und wettbewerbsfähige Zukunft zu gestalten. Die Auswirkungen auf die **Unternehmenskultur** werden gravierend sein, sodass sie eine gewaltige Anziehungs- und Motivationskraft entwickelt. Das Wichtigste ist, dass du deine Zeit gut einsetzen und die physikalischen Hebeleffekte nutzen können wirst, die dir helfen, schnellere Erfolge zu erzielen.

Die Herausforderung liegt darin, etablierte Denkmuster zu überwinden und aus starren deduktiven Strukturen auszubrechen. Statt sich auf Vergangenes zu fokussieren, gilt es, den gegenwärtigen Zustand radikal zu hinterfragen, um nachhaltige Innovationen zu schaffen. Dies erfordert ein hohes Maß an Vertrauen, die Bereitschaft zur Verletzlichkeit, den Mut, Risiken einzugehen, und die Offenheit, aus Fehlern zu lernen. Dazu darfst du dich entscheiden. **Nachhaltige Entwicklung** braucht eine **Entscheidung:** Bist du bereit, das zu tun, was erforderlich ist, um die Dinge umzusetzen? Eine gewaltige **Verantwortung** – aber: »You will handle it!« Denke daran, dass dein Unterbewusstsein auf alles hört, was du tust. Deine Taten wiegen schwerer als deine Worte. Sei als Führungsperson die Sicherheit in der Unsicherheit und schütze deine eigene Energie!

Führung ist eine der wichtigsten erneuerbaren Ressourcen der Welt. In dieser turbulenten Zeit, in der Unsicherheit, Komplexität und Mehrdeutigkeit herrschen, brauchen wir eine neue Form der Führung für eine neue Ära. Deshalb hier noch einmal die **Denkfallen und Fallstricke zur Erinnerung,** damit du **in der Komplexität erfolgreich** bist.

Nachhaltiges Management erfordert ein tiefes Verständnis für die Komplexität der heutigen Geschäftswelt und die Vielzahl von Faktoren, die auf Organisationen einwirken.[199] Deshalb sind Metakognition und Reflexion so wichtig. Eine fundamentale Aufgabe besteht darin, die Denkfallen zu identifizieren. Dies umfasst das Vermeiden des Wunsches nach simplen Lösungen, das Festhalten an vertrauten Methoden und das Streben nach Kontrolle in einer sich schnell verändernden Umgebung. Nachhaltiges Management erfordert die Fähigkeit, flexibel zu sein und sich auf neue Wege des Denkens und Handelns einzulassen.

Nachhaltiges Management erfordert eine **adaptive Führung**, die auf veränderte Umstände und Herausforderungen angemessen reagiert. Dies bedeutet, verschiedene Perspektiven einzunehmen, Unsicherheit zu tolerieren und mit Ambiguität umzugehen. Führungskräfte sollten die Fähigkeit entwickeln, sich schnell an neue Situationen anzupassen und innovative Lösungen zu finden. Die oben genannten Methoden helfen dir dabei.

Nachhaltiges Management erfordert einen ständigen Lernprozess und die **Bereitschaft, eigene Denkmuster** zu hinterfragen. Führungskräfte sollten regelmäßig reflektieren, wie sie mit komplexen Situationen umgehen, und offen sein für neue Ansätze und Ideen. Kontinuierliches Lernen und Weiterentwicklung sind entscheidend, um langfristigen Erfolg in einer sich ständig verändernden Geschäftsumgebung zu gewährleisten. Die entsprechende positive und **unterstützende Umgebung** sowie neue Co-Creation-Möglichkeiten sind, wie ich gezeigt habe, wichtig und sollten ebenfalls Bestandteil des strategischen Vorgehens sein.

6.1 Zusammenfassung der wichtigsten Erkenntnisse und Methoden

Wer etwas bewegen will, muss sich selbst bewegen.
Moshe Feldenkreis

Wir sind **Milliardäre mit Amnesie**. Jeder Einzelne von uns kann viel mehr. Dies belegen alle bisherigen Erkenntnisse der Neurowissenschaften. Wir müssen das **Potenzial unseres Supercomputers**, die Gesamtheit unserer Gehirne, wesentlich besser nutzen, um unsere Zukunft und die unseres Planeten nachhaltig zu gestalten. Dazu enthält dieses Buch die Gebrauchsanweisung. Ich habe dir gezeigt, mit welchen neurologischen Pfunden wir wuchern können, aber auch welche Denkfehler und Widerstände vorprogrammiert sind und warum Veränderung uns so schwer fällt. Ich habe Wege und Methoden gezeigt, wie du als Führungskraft dein Mindset und das deines Teams verändern kannst, um **Transformation** zu ermöglichen und eine lebendige nachhaltige **Unternehmenskultur** zu gestalten.

Selbstregulation und Selbstverantwortung – mit Leichtigkeit das tun, was du für die Zukunft willst – darum geht es letztendlich bei der persönlichen genauso wie bei der nachhaltigen Entwicklung. Dazu dürfen wir **alle unsere Gehirne** – kognitiv und emotional, intuitiv und empathisch – nutzen und lernen, alle unsere Denksysteme optimal zu managen und zu reflektieren. Auf diese Weise wird Vieles einfacher, denn wir nutzen nicht nur unseren (begrenzten) rationalen Verstand, sondern das gesamte **Kopf-Herz-Bauch-System** und damit auch unsere impulsiven, leichten und vor allem weisen Anteile.

Das Zusammenspiel von technologischen, sozialen und ökologischen Veränderungen ist zweifellos komplex und erfordert die Antwort unserer gesamten Gehirnsubstanz. Es ist an der Zeit, alte Glaubenssätze abzustreifen, traditionelle Methoden zu hinterfragen und neue Wege zu beschreiten. Die Frage ist auch: Machst du noch Change-Management oder transformierst du schon? Es geht um grundliegende Veränderungen. KI und Nachhaltigkeit dürfen da durchaus auch zusammengedacht werden, wie ich gezeigt habe.

Lass uns noch einmal Revue passieren:

Unser **Kopfgehirn ist eine Wunderwaffe,** wenn wir die drei Gehirnteile effektiv nutzen und managen können. Jedes Gehirn ist einzigartig, wie unser Fingerabdruck. Jeder Mensch hat ein individuelles Nervenmosaik. Dies wird durch die Art und Vielzahl der Verknüpfungen der Nervenzellen und durch die Aktivität der Neurotransmitter und Hormone bestimmt. Diversität beginnt also im Gehirn – genauso wie Veränderung –, denn jedes Gehirn ist auch bis zum Lebensende veränderbar. Zudem besteht die Möglichkeit, aktiv neue Gehirnzellen zu bilden. Wir dürfen dazu trainieren, gedanklich und körperlich. Unsere kognitive Intelligenz ist in Verbindung mit unserer **emotionalen Intelligenz** einzigartig. Das macht die Überlegenheit der biologischen Intelligenz, wenn wir sie richtig nutzen, aus. Künstliche Intelligenz ist unterstützend sehr hilfreich. Wichtig für die Zukunft ist jedoch, mindestens genauso viele Ressourcen in die Ausbildung der menschlichen Intelligenz zu stecken wie in die Weiterentwicklung der künstlichen Intelligenz. Wir dürfen lernen, die Frequenz unserer Gehirnwellen und unseren Autopiloten gezielt zu steuern. Auch der bewusste Einsatz unserer Sinne und unseres Atems kann ein sehr effektiver Hack sein, wie ich gezeigt habe. Die Funktionsweise unseres Gehirns und seiner wunderbaren Möglichkeiten zu verstehen, ist der Türöffner, um einen nachhaltigen Wandel möglich zu machen.

Unser **Herzgehirn** kann ebenfalls viel mehr, als wir bisher ahnen. Die Kohärenz zwischen Gehirn und Herz ist fundamental für die Steuerung unserer Emotionen und sehr gesundheitsfördernd. Wir sollten unsere Emotionen als *Gift* im englischen Sinn nutzen. Sie sind ein Geschenk, das Vieles ermöglicht. Wie die soziale neurowissenschaftliche Forschung zeigt, sind Emotionen – und hier vor allem Empathie und Mitgefühl – trainierbar, wie auch die von mir erläuterten, wirksamen Methoden zeigen. Die **Bedeutung von MITgefühl (Compassion)** haben die Studien von Tania Singer gezeigt. Erst das **Mitgefühl setzt Aktion frei,** macht Handeln möglich. Voraussetzung dafür sind Impathie, also das Gefühl für sich selbst, und Empathie, das Gefühl für andere. **Mitgefühl fördert eine Unternehmenskultur,** die auf Respekt, Fürsorge und gegenseitiges Verständnis basiert. Dies schafft ein Arbeitsumfeld, in dem Mitarbeitende sich unterstützt und wertgeschätzt fühlen. Eine starke soziale Dimension ist ein wesentlicher Bestandteil der ganzheitlichen Nachhaltigkeit.

Unser **Darmgehirn** kann auch weit mehr. Unsere Ernährung ist nicht nur Brainfood, sondern bestimmt auch unser inneres Reportersystem, das die Bakterien im Darm darstellen. Auch der Darm hat über den Vagusnerv einen direkten Draht zum Gehirn. Unser Bauchgefühl, unsere Intuition, ist bei Entscheidungen gerade in den aktuellen Zeiten nicht hoch genug einzuschätzen. Und auch unsere **Intuition** ist trainierbar, wie ich gezeigt habe. Der Pilot Chesley B. Sullenberger, genannt Sully, rief am 15. Januar 2009 seine gesamte 45-jährige Erfahrung ab, um »intuitiv« auf dem Hudson River zu landen. Nicht irrelevant für dein biologisches Gesamtsystem ist die eine gesunde Ernährung. Nicht umsonst wurde 2010 die mediterrane Ernährung von der UNESCO zum immateriellen Kulturerbe der Menschheit erklärt.

Nutze auch effektiv deinen Atem und damit die Teamarbeit zwischen Hirn und Lunge. Ich habe dir konkrete Methoden zur Kunst des Atmens beschrieben. Vor allem die Tonglen-Übung des Dalai Lama zur Stärkung des Mitgefühls tut unglaublich gut. Außerdem hat deine Nase einen direkten Draht zum Gehirn, den du wunderbar einsetzen kannst (vgl. Kap. 2.1.4 und 2.15).

Wichtig für unsere Zukunft ist das **Investment in den Menschen und seine Intelligenz** auf allen Ebenen – kognitiv, emotional, intuitiv. Die erfolgreichen Methoden, um diese Ebenen bewusst zu trainieren, habe ich dir in Kap. 3 ausführlich erläutert und im vorangegangen Kap. 6 noch einmal zusammengefasst.

Es gibt einen Unterschied zwischen Mensch und Menschsein.
Steve Jobs

Dieses Training hat große Auswirkungen auf die Möglichkeiten, nachhaltigen Wandel zu gestalten. In Kapitel 4 hast du die Erfolgsfaktoren für eine **teamfördernde, nachhaltige Unternehmenskultur** kennengelernt. Konzepte und Strategien, die den neuesten Erkenntnissen der Gehirnforschung Rechnung tragen, machen nachhaltige Entwicklung erfolgreich. Wichtig sind auch **Priming-Faktoren**. Die Vorerfahrungen von Menschen müssen evaluiert und berücksichtigt werden. Die sinnliche Gestaltung von Räumen, Meetings und Events ist ebenfalls fundamental. Der Mensch erfährt sich und damit auch den Wandel mit allen Sinnen. Lasst eure **Fantasie spielen,** um **Nachhaltigkeit mit positiven Emotionen und mit allen Sinnen erlebbar** werden zu lassen.

Storytellinghack: Nachhaltige Erlebnisse kreieren

Ein Beispiel: »**Lebendige Elbe**« hieß ein Projekt, das Gruner+Jahr als Verlag an der Elbe gemeinsam mit der Deutschen Umwelthilfe und Unilever acht Jahre lang unterstützte. Diese partnerschaftliche Zusammenarbeit, bei der es eigentlich um die Realisierung der Wasserrahmenrichtlinie ging, gestalteten wir sehr lebendig, mit viel Aktion und Spaß. So veranstalteten wir den ersten »**Internationalen Elbebadetag**«, bei dem 100.000 Menschen

den ehemaligen verminten Grenzfluss ganz neu entdeckten. Überall entlang der Elbe wurden sehr fantasievolle Badefeste am früher dreckigsten Fluss Europas veranstaltet. In Hamburg feierten wir am Wittenberger Strand in Blankenese mit Live-Übertragung des NDR und vier Jahre später noch einmal am Sandtorkai in der Hafencity. **Uwe Seeler** gab den Startschuss für den **Big Jump** in die Elbe in historischer Badekleidung. Ich konnte sogar den damaligen Chefredakteur von GEO bewegen, in die Elbe zu springen. Begleitet wurde das ganze durch eine Elbe-Wanderausstellung und eine Konzertreise von Rolf Zuckowski (CD: »Elbkinder«). Der Event war in allen Medien sogar in den **Tagesthemen**. Es hat einfach Spaß gemacht und nebenbei haben wir die Wirkung der Wasserrahmenrichtlinie gefeiert. Schirmherrin war Angelika Jahr, deren Hund ebenfalls in der Elbe war. Elbtaufen gab es auch und vieles mehr. Das Konzept eines nachhaltigen, wirkungsvollen Events, der Groß und Klein mit allen Sinnen das Erlebnis, einen Fluss zurückzuerobern, nahebrachte, ist voll aufgegangen. Für eine Elbausstellung im Pressehaus von Gruner+Jahr haben wir bei einer weiteren Veranstaltung die **Feuerwehr** gebeten, Elbwasser auf den Eingang des Pressehauses zu pumpten, sodass man mit Schirm ausgerüstet durch das Elbwasser gehen konnte. Das hat sich selbst John Jahr nicht entgehen lassen und war bereit, seinen maßgeschneiderten Anzug dafür nass werden zu lassen. Also wenn es Spaß macht, sind sogar Vorstände bereit, alles für den nachhaltigen Nutzen mitzumachen. Außerdem gibt es gute Bilder – und Bilder sagen bekanntlich mehr als Worte, da sie viel schneller im Gehirn ankommen. Bei Journalistenreisen zu verschiedenen Projekten an der Elbe, zum Beispiel zur Wiederansiedlung des Lachses, haben wir uns ähnliche haptische Dinge einfallen lassen. Da gab es viel Stoff für **Storytelling**.
Also: Denkt euch solche Erlebnisse aus, um die Menschen für nachhaltige Themen und Produkte zu begeistern.

Storytelling, Emotionalität, Kreativität sind Schlüssel, um Menschen zu erreichen und für den Wandel zu gewinnen. Nachhaltigkeit ist kein einmaliges Projekt, sondern ein kontinuierlicher Prozess der Anpassung und Verbesserung. Dieser Prozess kann nur erfolgreich sein, wenn Menschen den Wert erkennen und ein Gefühl der Zusammengehörigkeit und des gemeinsamen Zwecks erfahren.

In Kapitel 4.1 habe ich einige Möglichkeiten beschrieben, wie erfolgreiche Prozesse der Umgestaltung von Organisationen aussehen können. Das empirisch belegte Laloux-Kulturmodell bietet einen faszinierenden Einblick in die **Evolution organisatorischer Denkweisen** und verdeutlicht, wie Teal-Organisationen eine neue Ära der Selbstorganisation und Verantwortlichkeit repräsentieren. Es gibt inzwischen zahlreiche Beispiele für die **Profitabilität von selbstorganisierten Unternehmen**. Agile Prozesse führen zu erfolgreicher und effektiver Kommunikation, wie das Holacracy-

Modell zeigt. In der Quantenwirtschaft wird akzeptiert, dass die Realität unscharf und von Unsicherheit geprägt ist, ähnlich wie in der Quantenphysik. Biologisch ist alles miteinander verbunden und alles wirkt aufeinander. Unternehmen sollten dieses **vernetzte Denken** anwenden und verstehen, wie ihre Handlungen Auswirkungen auf andere haben. Die Quantenwirtschaft betont die **Bedeutung von Kreativität und Intuition** in wirtschaftlichen Entscheidungsprozessen. Sie ermutigt dazu, innovative Ideen zu fördern und nicht nur auf rationale, analytische Ansätze zu setzen. Die Theorie U regt an, **von der Zukunft her zu führen**. Die Donut-Ökonomie zeigt ergänzend, wie eine Vision für eine nachhaltige Zukunft aussehen kann.

In Kapitel 4.2 habe ich dir die Erfolgsfaktoren nachhaltiger Unternehmensführung und deren Umsetzung durch Führungskräfte mitgegeben. Ich habe dir die Strategien von New Work für den nachhaltigen Wandel im Unternehmen erläutert und gezeigt, wie sich die **biologisch-menschlichen Fähigkeiten in neuen Arbeitsformen und in neuen Führungsszenarien erfolgreich** anwenden lassen. Die **Neuromarketing**-Ideen aus Kap. 2.2.1 sind auch in diesem Kontext sehr hilfreich.

Den **herausragenden Effekt und den tiefgreifenden Nutzen der Kombination von Neurowissenschaft und Nachhaltigkeit für eine sinnstiftende Unternehmenskultur** habe ich in Kapitel 5 dargestellt. Die lebendigen biologischen Parameter bilden die Grundpfeiler für eine Kultur, die es Menschen und Unternehmen ermöglicht, zu wachsen und sich nachhaltig und zukunftsorientiert zu entwickeln.

Das lebendige biologische Wissen ist die Voraussetzung für Erkennen und Umsetzen. Die Anwendung und der Fortschritt sind von den kulturellen Rahmenbedingungen abhängig. Unternehmen sind nicht nur wirtschaftliche Einheiten, sondern komplexe soziale Systeme, die den Menschen ermöglichen sollten, ihre grundlegenden Bedürfnisse nach sinnvollem Zusammenleben und -arbeiten sowie selbstwirksamer kreativer Tätigkeit zu erfüllen. Doch wie kann eine nachhaltige Unternehmenskultur geschaffen werden, die diesen Anforderungen gerecht wird? Es hat sich gezeigt, dass dieser Wandel und diese Transformation aktiv gesteuert werden müssen. Der Wandel muss bewusst geleitet werden, um eine erfolgreiche Umsetzung zu gewährleisten. Dazu sind Führungspersonen erforderlich, die nachhaltige Unternehmenskultur vorleben und schaffen.

Ich habe dazu den **Acht-Stufen-Prozess des nachhaltigen Wandels der Unternehmenskultur** beschrieben (vgl. Kap. 5.1.1). Außerdem kannst du dort ebenfalls nachlesen, wie du eine nachhaltige Zukunftsvision entwickeln kannst. Die Methoden, die sich aus den Themen des Fairness-Faktors, der Fairness-Formel sowie einer angstfreien Organisationskultur ergeben, sind ebenfalls weiterführend (vgl. Kap. 5.1.2 und 5.1.3). Außerdem gibt es Co-Creation **Leadership Toolbook** (vgl. Kap. 5.1.4). Suche dir bitte aus dem von mir kreierten Buffet an erfolgreichen Methoden das aus, was dir schmeckt und zu deiner Persönlichkeit und deinem Gehirnmosaik passt!

In Kapitel 5.2 bin ich auf die Umsetzung der nachhaltigen, gehirngerechten Strategien in den einzelnen Unternehmensbereichen eingegangen. Ein wichtiger Punkt ist die »**Emotionale Ansteckung**«. Emotionen werden nicht nur individuell erlebt, sondern haben auch eine kollektive und soziale Dimension, die nachhaltig ausgenutzt werden sollte. Ein weiterer entscheidender Faktor liegt in der »**Wahrnehmungslücke**« vieler Menschen hinsichtlich der Kooperationsbereitschaft anderer. Oftmals tragen Menschen selbst wenig zum Klimaschutz bei, da sie die Bereitschaft und das Engagement ihrer Mitmenschen zur gemeinsamen Verantwortungsübernahme unterschätzen.

6.2 Ausblick auf die Bedeutung von Nachhaltigkeit für die Zukunft von Unternehmen und Gesellschaft

»Lass uns eine Zukunft malen und konsequent darauf zu tanzen. Wir pflücken zwischendurch ein paar Blumen und treten die Revolution zur Transformation an. Friedlich reiten wir über die Anden, tauchen ein in die blauen Tiefen der Walheimat. Wir schwingen uns auf zu grünen Gipfeln und lachen uns die Seele aus dem Leib vor Freude.«[200]

… ich erinnere mich täglich mehr daran, wie oft er mir diesen Satz geschenkt hat – mal als Mahnung, mal als Warnung, als Ratschlag oder auch als Tadel. Drei Worte nur in dem warmen Jiddisch, das ich so vermisse: »Sej a Mensch!« – »Sei ein Mensch!«

Marcel Reif[201]

Wir dürfen nicht vergessen, dass wir Menschen sind und dass wir immer weiter lernen dürfen, was es wirklich heißt, Mensch zu sein. Genau darin liegt die tiefe Bedeutung von Nachhaltigkeit für die Zukunft von Unternehmen und Gesellschaft. Entscheidend dafür ist, dass wir lernen, dass wir uns lebendiges biologisches Wissen aneignen und es in unserem Leben anwenden. Darüber hinaus sollten wir uns bewusst machen, dass wir alle miteinander verbunden sind. Zusammenarbeit und Co-Creation sind daher unverzichtbar. Dieses Buch liefert das aktuellste Wissen über die Neurobiologie des Menschen und zeigt auf, wie wir es nachhaltig für unser eigenes Wohlbefinden und das harmonische Zusammenleben auf unserem wunderschönen blauen Planeten nutzen können. **Lasst uns gemeinsam daran arbeiten, unser Menschsein voll auszuschöpfen!**

In einer Ära der Unsicherheit und ständigen Veränderung sehnen sich viele nach Orientierung und Führung. Die Weltwirtschaft, der Klimawandel und geopolitische Krisen fordern Antworten und Flexibilität. In dieser turbulenten Landschaft sind Führungskräfte gefragt, die ihr eigenes Menschsein charismatisch leben und ihre Teams motivieren, entwickeln und durch unsichere Zeiten navigieren können.

Die Herausforderung besteht darin, in einem volatilen Umfeld Entscheidungen zu treffen und neue Möglichkeiten zu erkennen, während man gleichzeitig auf einem klaren

Wertesystem basiert. Wir benötigen reflektierte Führungskräfte, die sowohl rational als auch emotional gebildet sind und deren Handlungen mit Empathie und Vorbildwirkung überzeugen. Diese Führungspersönlichkeiten setzen auf Methoden, die das wahre Potenzial ihrer Mitarbeitenden ansprechen, und wagen es, sich und andere als komplexe Individuen zu betrachten.

Der Einsatz modernster neurowissenschaftlicher Erkenntnisse ermöglicht es diesen Führungskräften, nachhaltige Praktiken in ihre Führung und unternehmerische Transformation zu integrieren. Sie erkennen, dass die radikale Umsetzung von Nachhaltigkeit nicht nur eine Überlebensstrategie ist, sondern auch zu einem gesunden und glücklichen Arbeitsumfeld führt.

Denn wahre Führung beginnt mit Selbstkenntnis und Selbstliebe, die es ermöglichen, andere mit Hingabe zu führen. In diesem Sinne ist Selbstliebe die Grundlage für eine authentische und mitfühlende Führung. Liebe ist weit mehr als eine persönliche Emotion; sie stellt eine transformative Kraft dar, die sowohl individuelle als auch gesellschaftliche Veränderungen ermöglicht. Drei Schlüsselfaktoren bilden das Fundament für kreative Zusammenarbeit und die Entfaltung unseres Potenzials: Liebe als Grundlage, Authentizität und Selbstbestimmung sowie Gemeinschaft und Solidarität.[202] Diese Prinzipien bekräftigen nicht nur das bereit Erwähnte, sondern zeigen die wegweisende Bedeutung meines interdisziplinären Ansatzes, der Biologie, Theologie und Pädagogik vereint, insbesondere für Unternehmen.

Prägnant formuliert dies das »Rheinische Grundgesetz«,[203] auf das ich hier als Rheinländerin gerne verweise. Es zeigt den **grundlegenden Optimismus**, der eine **unbedingte Voraussetzung zur Gestaltung der Zukunft** ist.

Das Rheinische Grundgesetz
Stelle immer erst die Universalfrage
§ 1 Wat soll dä Quatsch?
Sieh den Tatsachen ins Auge
§ 2 Et is wie et is
Habe keine Angst vor der Zukunft
§ 3 Et kütt wie et kütt
Lerne aus der Vergangenheit
§ 4 Et hätt noch immer joot jejange
Jammere den Dingen nicht nach
§ 5 Wat fott es, es fott
Sei offen für Neuerungen
§ 6 Et bliev nix wie et wor
Sei kritisch, wenn Neuerungen überhand nehmen
§ 7 Kenne mer nit, bruche mer nit, fot domet

> Füge Dich in Dein Schicksal
> ***§ 8 Wat willze maache***
> Achte auf Deine Gesundheit
> ***§ 9 Mach et joot, äwwer nit ze of***
> Komme dem Gebot der Gastfreundschaft nach
> ***§ 10 Kumm, drinkse eene met***

Manchmal verlassen uns Kraft und Zuversicht trotzdem. Was könnte uns motivieren, dann nicht aufzugeben? Viele Menschen, vor allem jüngere, haben Zukunftsangst. Gerade sie brauchen Menschen, die zeigen, dass es trotz aller Widerstände auch anders geht. Wie beleben wir unseren Optimismus immer wieder neu? Ich hatte die Ehre, eine Auditoriumsveranstaltung bei Gruner+Jahr mit Jane Goodall zu organisieren. Jane Goodall ist eine renommierte britische Primatologin, Anthropologin und Umweltschützerin, die für ihre bahnbrechenden Arbeiten im Bereich der Verhaltensforschung von Schimpansen bekannt ist. Sie hat unglaublich viel bewegt und es war beeindruckend, diese Persönlichkeit live zu erleben. Ich habe bereits das **Prinzip Hoffnung** angesprochen und möchte hier vier Gründe teilen, die Jane Goodall in ihrem »Buch der Hoffnung«[204] nennt und die sie persönlich bewegen, nicht aufzugeben.

- **Das Wunder des menschlichen Intellekts:** Unser Intellekt ist der wichtigste Unterschied zwischen uns und Schimpansen und anderen Tieren, meint Jane und nennt ihn bewusst nicht Intelligenz. Sie glaubt an die Fähigkeit des Menschen, Mitgefühl zu entwickeln und positive Veränderungen herbeizuführen. In der Vergangenheit habe die Menschheit bereits große Herausforderungen bewältigt, sodass es möglich sei, dies auch in Zukunft zu tun.
- **Die Widerstandskraft der Natur:** Trotz der zunehmenden Umweltzerstörung und des Verlusts der Biodiversität zeigt Jane Goodall, dass die Natur erstaunlich widerstandsfähig ist und sich regenerieren kann, wenn wir ihr die Chance dazu geben.
- **Die Macht der Jugend:** Sie sieht die Jugend als treibende Kraft für den Wandel. Sie ist beeindruckt von der Leidenschaft, dem Engagement und der Kreativität junger Menschen, die sich für Umweltschutz und soziale Gerechtigkeit einsetzen.
- **Das wachsende Bewusstsein und die Handlungsbereitschaft:** Jane Goodall beobachtet eine zunehmende Sensibilisierung und Bereitschaft zur Handlung in der Gesellschaft. Sie sieht eine wachsende Zahl von Menschen, die sich für den Schutz der Umwelt einsetzen und nachhaltige Lebensweisen anstreben.

Diese vier Gründe geben Jane Hoffnung und ermutigen sie, weiterhin für den Schutz der Natur zu kämpfen und andere dazu zu inspirieren, dasselbe zu tun. Sie glaubt fest daran, dass es möglich ist, eine positive Zukunft für unseren Planeten zu gestalten, wenn wir gemeinsam handeln.

Unser Gehirn glaubt das auch. Es ist auf Freude, Neugier und Gemeinschaft eingestellt. Unser Gehirn liebt die lösungs- und nicht die problemorientierte Perspektive. Eine konsequente Ausrichtung des Inhalts in Richtung Lösung (verlockende Zukunft) motiviert und reduziert Ängste. Das Gehirn benötigt sinnvolles Lernen und ist eigentlich von Natur aus optimistisch gestimmt.

Angesichts dessen möchte ich für einen optimistischen Ausblick in die Zukunft plädieren. Wir sollten darauf hinarbeiten, dass Dunkelheit durch die Kraft und Kreativität von Menschen vertrieben wird, die im Inneren einen Funken entzünden und dann ein Feuerwerk an Lösungen entfachen. Es gibt bereits viele, die sich dem Optimismustrend angeschlossen haben. Die Bill & Melinda Gates Foundation versendet beispielsweise den »**Optimist**-Newsletter«, und Simon Sineks Unternehmen trägt den Namen »The Optimism Company«. Sie alle suchen und finden die Silberstreifen am Horizont.

Love, life, leadership and silver linings – we discuss it all on a Bit of optimism.
Simon Sinek

Eine Zukunftsvision bezüglich Nachhaltigkeit im Unternehmen könnte eine Welt sein, in der Unternehmen nicht nur nach kurzfristigem Profit streben, sondern auch ihre soziale und ökologische Verantwortung anerkennen und aktiv danach streben, positive Auswirkungen auf die Umwelt und die Gesellschaft zu erzielen.

In dieser Vision würden Unternehmen Nachhaltigkeit als grundlegenden Bestandteil ihrer Geschäftsstrategie betrachten. Dies bedeutet, dass sie nicht nur gesetzliche Anforderungen erfüllen, sondern auch proaktiv Initiativen ergreifen, um ihren ökologischen Fußabdruck zu reduzieren, Ressourcen effizient zu nutzen und soziale Gerechtigkeit zu fördern. Unternehmen würden innovative Lösungen entwickeln, um nachhaltige Praktiken in ihre gesamte Wertschöpfungskette zu integrieren, von der Beschaffung über die Produktion bis hin zum Vertrieb und zur Entsorgung.

Ein weiterer wichtiger Aspekt dieser Vision wäre die Transparenz. Unternehmen würden offen und ehrlich über ihre Nachhaltigkeitsbemühungen berichten, damit Kunden, Investoren und andere Interessengruppen fundierte Entscheidungen treffen können. Durch eine transparente Kommunikation könnten Unternehmen auch von Feedback und Input profitieren, um kontinuierlich ihre Nachhaltigkeitsziele zu verbessern.

Darüber hinaus würde diese Zukunftsvision eine verstärkte Zusammenarbeit zwischen Unternehmen, Regierungen, NGOs und der Gesellschaft insgesamt umfassen. Gemeinsame Anstrengungen und Partnerschaften wären entscheidend, um komplexe Herausforderungen wie den Klimawandel, soziale Ungleichheit und Umweltverschmutzung anzugehen.

Insgesamt würde diese Vision eine Welt skizzieren, in der Unternehmen nicht nur als Gewinnmaximierer agieren, sondern als treibende Kräfte für positive Veränderungen, die dazu beitragen, eine nachhaltigere und gerechtere Zukunft für alle zu schaffen.

7 Danke

Dieses Buch wäre nicht zustande gekommen, wenn mich nicht viele liebe Menschen inspiriert und unterstützt hätten. Allen voran meine Familie, meine Geschwister, mein Netzwerk an Gleichgesinnten und Freunden sowie meine Mentoren und Mentees.

Bedanken möchte ich mich bei den Kolleginnen und Kollegen des Haufe Verlages für die tatkräftige Unterstützung und Begleitung. Insbesondere bei Manuel Wehrle, Christoph Herzog und besonders bei Bettina Noé sowie bei allen, die extern am Entstehungsprozess dieses Buches beteiligt waren.

Für viele nachhaltig inspirierende Gespräche geht mein Dank an Daniel Pietsch, mit dem ich bereits 2019 eine vierwöchige Fortbildung für Quereinsteiger im Nachhaltigkeitsmanagement konzipiert und insgesamt zwanzigmal durchgeführt habe. Viele aktive und erfolgreiche Nachhaltigkeitsmanagerinnen und -manager sind daraus hervorgegangen, die heute in den unterschiedlichsten Branchen die nachhaltige Entwicklung kräftig aufmischen. Einige bilden inzwischen sogar selber aus. Es ist eine Freude, zu sehen, wie viele nachhaltige Kreise diese Ausbildung zieht. Vielen Dank auch an alle meine vielen anderen Studierenden, denen ich wertvolle Impulse vor allem im Health Management und in der Psychologie verdanke. Viele Inspirationen und tolle Innovationsideen kamen auch von den Gästen in meinem Podcast MAGIC BRAIN KICKS.

Sehr bedanken möchte ich mich bei der jüngeren Generation, für die ich dieses Buch vor allem geschrieben habe und mit der ich die Freude habe, vor allem in meiner Familie viele Themen auszutauschen und die vielen anderen Sichtweisen kennenzulernen und zu diskutieren. Mein besonderer Dank geht an meine Kinder Saskia und Patrick und meine Patenkinder Jonathan, Katrin und Anna sowie an meine Nichten und Neffen Marie, Gregor, Florian und Lukas und nicht zuletzt an meine Enkelin Aria.

Intensiv begleitet während des Schreibprozesses haben mich Freundinnen und Freunde. Mein herzlicher Dank geht an Silke Schulz, Helen Kreins, Ulrich Niermann, Paul Heinrich, Susan Molzow, Angela Niack, Katja Praefke, Andreas Schieweck und vor allem an Sonja von Behrens für unsere wöchentlichen Mastermind-Calls. Besonders intensiv war die Unterstützung von Silke Baumgarten. Liebe Silke, ganz herzlichen Dank für die Telefonate und dein wunderbares Verständnis und die Fähigkeit, immer die richtigen Worte zu finden.

Ich hoffe sehr, dass dieses Buch dazu beiträgt, dass viel mehr Menschen nachhaltig ins Tun kommen und ihre biologische Intelligenz voll ins Spiel bringen.

Ein herzliches nachhaltiges Dankeschön

Maria Hoffacker

Literatur

Folgende Bücher, Artikel, Online-Videos und Links haben mich inspiriert:

Ait Si Abbou, Kenza (2023): Menschenversteher. Wie Emotionale Künstliche Intelligenz unseren Alltag erobert, Droemer Verlag, München

Asmus, Frank (2021): Impact: Wie Sie sich und andere überzeugen, Goldegg Verlag, Berlin

Baron-Cohen, Simon (2004): Vom ersten Moment an anders, Walter Verlag, Düsseldorf und Zürich

Beck, Henning/Hauser, Birgit (2017): Der Fairness-Faktor, Carl Hanser Verlag, München

Becker, Christina (2021): Mein Weg zur selbstbewussten Führungskraft, Wolters Kluwer, Hürth

Ben Said, Daniela (2017): Glück ist tierisch leicht: Was wir von Tieren lernen können, Coppenrath Verlag, Münster

Berger, Jennifer Garvey (2019): Unlocking Leadership Mindtraps: How to Thrive in Complexity, Combined Academic Publishers, Harrogate England

Bergmann, Frithjof (2017): Neue Arbeit, neue Kultur, arbor Verlag, Freiburg

Birbaumer, Niels-Peter/Schmidt, Robert F. (2018): Biologische Psychologie, Springer, Berlin/Heidelberg

Boddice, Rob (2020): Die Geschichte der Gefühle, wbg Theiss, Darmstadt

brand eins (Heft 11/2023): Meine Chefin: die Ki – Wie sich Führung verändert, Hamburg

Breidenbach, Joana/Rollow, Bettina (2019): New Work Needs Inner Work, Verlag Franz Vahlen, München

Brizendine, Louann (2007): Das weibliche Gehirn, Hoffmann und Campe Verlag, Hamburg

Brizendine, Louann (2010): Das männliche Gehirn, Hoffmann und Campe Verlag, Hamburg

Brizendine, Louann (2023): Gehirn-Power Wechseljahre, Mosaik Verlag, München

Brooks, Arthur C./Winfrey, Oprah (2023): Die Kunst und Wissenschaft des Glücklichseins, FinanzBuch Verlag, München

Caldini, Robert B. (2013): Die Psychologie des Überzeugens, Verlag Hans Huber, Bern

Caldini, Robert B. (2023): Influence – wie man (andere) überzeugt – nützliche Erkenntnisse der Psychologie, HarperCollins; 2. Auflage, Hamburg

Carter, Rita (2012): Gehirn und Geist – Eine Entdeckungsreise ins Innere unsere Köpfe, Spektrum Akademischer Verlag, Heidelberg

Chopra, Deepak/Mlodinow, Leonard (2012): Schöpfung oder Zufall? – Wie Spiritualität und Physik die Welt erklären, Arkana, München

Clear, James (2020): Die 1 % Methode – minimale Veränderung, maximale Wirkung, Goldmann Verlag, München

Dalai Lama/Tutu, Desmond/Abrams, Douglas (2016): Buch der Freude, Lotos Verlag, München

Dalio, Ray (2019): Die Prinzipien des Erfolgs, FinanzBuch Verlag, München

De Becker, Gavin (2016): Vertraue deiner Angst. Wie uns unsere Intuition vor Gewalt schützt, mvg Verlag, München

Deutsches Klima-Konsortium/Deutsche Meteorologische Gesellschaft/Deutscher Wetterdienst, Extremwetterkongress Hamburg/Helmholtz-Klima-Initiative /klimafakten.de (Hrsg.) (2023): Was wir heute übers Klima wissen – Basisfakten zum Klimawandel, die in der Wissenschaft unumstritten sind, Stand: Dezember 2023: https://www.deutsches-klima-konsortium.de/fileadmin/user_upload/pdfs/Publikationen_DKK/Faktenpapier_2023.pdf, abgerufen am 25.1.2024

Dispenza, Joe (2014): Du bist das Placebo, Koha, Dorfen

Dluzniewski, Jürgen (2023): Essentielle Führung, Haufe-Lexware, Freiburg

Drucker, Peter F. (2000): Die Kunst des Managements: eine Sammlung der in der Harvard Business Review erschienenen Artikel, Econ Verlag, München

Duhigg, Charles (2012): Die Macht der Gewohnheit: warum wir tun, was wir tun, Berliner-Verlag, Berlin

Duhigg, Charles (2017): Smarter, schneller, besser: warum manche Menschen so viel erledigt bekommen – und andere nicht, Redline-Verlag, München

Edmondson, Amy C. (2020): Die angstfreie Organisation, Vahlen, München

Edmüller, Andreas/Wilhelm, Thomas (2016): Manipulationstechniken, Haufe-Lexware, Freiburg

Esch, Tobias (2014): Die Neurobiologie des Glücks, Thieme, Stuttgart

Esmailzadeh, Annahita (2023): Von Quotenfrauen und alten weißen Männern – Schluss mit Vorurteilen in der Arbeitswelt, Campus Verlag, Frankfurt/New York

Fabritius, Friederike/Hagemann, Hans Werner (2021): Neurohacks, Campus Verlag, Frankfurt

Faltin, Günter (2019): David gegen Goliath, Murmann/Haufe, Freiburg

Felber, Christian (2017): Kooperation statt Konkurrenz – 10 Schritte aus der Krise, Deuticke im Paul Zsolnay Verlag, Wien

Feldman Barrett, Lisa (2023): Wie Gefühle entstehen: eine neue Sicht auf unsere Emotionen, Rowohlt, Hamburg

Ferris, Tim (2017): Tools der Titanen, FinanzBuch Verlag, München

Flick, Michaela/Jäger, Margareta (2020): Future Skills for Leadership, Haufe-Lexware, Freiburg

Förstl, Hans (Hrsg.) (2007): Theory of Mind, Springer Medizin Verlag, Heidelberg

Frisch, Max (2019): Fragebogen, Suhrkamp Verlag, Berlin

Gadeib, Andera (2019): Die Zukunft ist menschlich, Gabal Verlag, Offenbach

Gawdat, Mo (2018), Die Formel für Glück, Redline-Verlag, München

Gladwell, Malcom (2000): Der Tipping Point – Wie kleine Dinge Großes bewirken können, Berlin Verlag, Berlin

Goodall, Jane (2021): Das Buch der Hoffnung, Goldmann Verlag, München

Graziosi, Dean (2019): Die Erfolgsgeheimnisse der Millionäre, FinanzBuch Verlag, München

Grimm, Andrea/Malschinger, Astin (2021): Green Marketing 4.0 – Ein Marketing-Guide für Green Davids und Greening Goliaths, Springer Gabler, Wiesbaden

Grote, Sven/Goyk, Rüdiger (Hrsg.) (2018): Führungsinstrumente aus dem Silikon Valley, Springer Gabler, Berlin

Grzeskowitz, Ilja (2018): Radikal menschlich – Erfolgsfaktor Persönlichkeit in Zeiten der Veränderung, Gabal, Offenbach

Haidt, Jonathan (2011): Die Glückshypothese, VAK Verlag, Kirchzarten bei Freiburg

Hamel, Gary/Prahalad, C. K. (1995): Wettlauf um die Zukunft, Ueberreuter, Wien

Hamm, Ingo/Köhler Wiebke (2020): Wettbewerbsfaktor Mensch, Springer-Gabler, Berlin

Harari, Yuval Noah (2017): Homo Deus, C.H.Beck, München

Hardy, Darren (2020): Die Gewinnerformel, Goldmann, München

Hartmann, Alexander (2015): Mit dem Elefant durch die Wand – Wie wir unser Unterbewusstsein auf Erfolgskurs bringen, Ariston Verlag in der Verlagsgruppe Random House, New York

Häusel, Hans-Georg (2016): Brain View, warum Kunden kaufen, Haufe-Lexware, Freiburg

Heath, Chip/Heath, Dan (2011): Switch – Veränderungen wagen und dadurch gewinnen!, S. Fischer Verlag, Frankfurt

Hehn, Svea von/Cornelissen, Nils I./Braun, Claudia (2016): Kulturwandel in Organisationen, Springer-Verlag, Berlin/Heidelberg

Hehn, Svea von/Rauls, Johanna (2023): Achtsamkeit und emotionale Intelligenz in Organisationen: agiles Arbeiten in Teams und Organisationskultur der Zukunft, Haufe-Leware, Freiburg

Hill, Napoleon (1966): Denke nach und werde reich, Ariston Verlag, Kreuzlingen

Hinrichs, Bernd (2023): Nachhaltigkeit als Unternehmensstrategie, Haufe-Lexware, Freiburg

Hintringer, Sandra (2021), Der Vagusnerv, unserer innerer Therapeut, Irisiana Verlag, München

Hüther, Gerald (2007): Bedienungsanleitung für ein menschliches Gehirn, Vandenhoeck&Ruprecht, Göttingen

Hüther, Gerald/Hosang, Maik/Grün, Anselm (2020): Liebe ist die einzige Revolution: drei Impulse für Ko-Kreativität und Potenzialentfaltung, Herder Verlag, Berlin

Indset, Anders (2019): Quantenwirtschaft: Was kommt nach der Digitalisierung?, Econ Verlag, Berlin

Indset, Anders (2019): Wildes Wissen: klarer denken als die Revolution erlaubt, Campus Verlag, Frankfurt

Indset, Anders (2021): Das infizierte Denken, Econ Verlag, Berlin

Ivanov, Bogdfan (2021): Stop overthinking, Independently published, Berlin

Joel, Daphne (2021): Das Gehirn hat kein Geschlecht, dtv Verlagsgesellschaft, München

Juckel, Georg/Edel, Marc-Andreas (2014): Neurobiologie und Psychotherapie, Schattauer GmbH, Stuttgart

Juul, Jesper (2021): Das Beste von Jesper Juul, Mathias Voelchert Velag, Windberg

Kahneman, Daniel (2012): Schnelles Denken, langsames Denken, Siedler Verlag, München

Kandel, Eric (2014): Auf der Suche nach dem Gedächtnis, Goldmann Verlag, München

Kast, Bas (2007): Wie der Bauch dem Kopf beim Denken hilft, S. Fischer Verlag, Frankfurt

Kast, Bas (2018): Der Ernährungskompass, C. Bertelsmann, München

Kempermann, Gerd (2016): Die Revolution im Kopf – Wie neue Nervenzellen unser Gehirn ein Leben lang jung halten, Droemer, München

Kempton, Beth (2019): WABI SABI, Die japanische Weisheit für ein perfektes Leben, Bastei Lübbe AG, Köln

Klein, Naomi (2015): Die Entscheidung: Kapitalismus vs. Klima, S. Fischer Verlag, Frankfurt

Kluge, Sabine/Kluge, Alexander (2020): Graswurzelinitiativen in Unternehmen: Ohne Auftrag mit Erfolg!, Verlag Franz Vahlen, München

Kolodej, Christa (2022): Priming – Stärkende Räume entstehen lassen, Springer Gabler, Wiesbaden

Kölsch, Stefan (2022): Die dunkle Seite des Gehirns – Wie wir unser Unterbewusstes überlisten und negative Gedankenschleifen ausschalten, Ullstein extra, Berlin

Koroma, Thaddaeus (2024): 5:30 Challenge, Online-Videos, abgerufen 2.1.2024–15.1.2024

Kotter, John P. (2011): Leading Change – Wie Sie Ihr Unternehmen in acht Schritten erfolgreich verändern, Verlag Franz Vahlen, München (Nachdruck 2015)

Kotter, John/Rathgeber, Holger (2017): Das Pinguin-Prinzip, Droemer Verlag, München

Kotter, John/Rathgeber, Holger (2017): Das Erdmännchen-Prinzip, Droemer Verlag, München

Kreutzer. Ralf T. (2023): Der Weg zur nachhaltigen Unternehmensführung, Springer Gabler, Wiesbaden

Kross, Ethan (2022): CHATTER – Die Stimme in deinem Kopf, btb Verlag, München

Kurzhals, Kerstin/Uude, Katrin/Sormani, Eva/Chak, Choiwai Maggie/Banze, Madleen (2022): Das Co-Creation Toolbook, Open access, Springer Gabler, Wiesbaden

Laloux, Frederic (2017): Reinventing Organisations visuell, Verlag Franz Vahlen, München

Laloux, Frederic (o. J.): https://thejourney.reinventingorganizations.com/index.html abgerufen am 23.1.2024

Leman, Kevin/Pentak, William (2005): Das Hirtenprinzip – sieben Erfolgsrezepte guter Menschenführung, Gütersloher Verlagshaus, Gütersloh

Lichtenthaler, Ulrich (2020): Integrierte Intelligenz, Camus Verlag, Frankfurt

Lichtenthaler, Ulrich/Fronapfel, Felix (Hrsg.) (2022): Sustainability als Wettbewerbsvorteil, Haufe-Lexware, Freiburg

Lindau, Veit (2023): Co-Creation: Wie Menschen zusammen Großes erschaffen, Gräfe und Unzer, München

Lüthke, Herbert (2016): Die Fairness-Formel: Freiheit und Gerechtigkeit in der Wirtschaft der Zukunft, Springer, Heidelberg

Mattes, Ruth Maria/Herzog-Braune, Danny (Hrsg.) (2023): Was Führung heute wirklich braucht, Haufe-Lexware, Freiburg

McGrath, James (2018): Ein Jahr mit Drucker, Buffett & Co.: 52 zeitlose Management-Weisheiten für die tägliche Businesspraxis, Wiley VCH, Mannheim

Medina, John (2002): Am Tor zur Hölle – Die Biologie der sieben Todsünden, Spektrum Akademischer Verlag, Heidelberg und Berlin

Messer, Barbara (2020): Inhalte merk-würdig vermitteln, Beltz Verlag, Weinheim und Basel

Metzen, Dorothea/Ocklenburg, Sebastian (2023): Die Psychologie und Neurowissenschaften der Klimakrise, Springer-Verlag, Berlin

Michalik, Georg (2020); Co-Creation, Schäffer-Poeschel Verlag, Stuttgart

Nachhaltigkeitsstrategie der Bundesregierung 2021: https://www.bundesregierung.de/resource/blob/998194/1875176/3d3b15cd92d0261e7a0bcdc8f43b7839/deutsche-nachhaltigkeitsstrategie-2021-langfassung-download-bpa-data.pdf abgerufen am 30.12.2023

Nehls, Michael (2022): Das erschöpfte Gehirn, Der Ursprung unserer mentalen Energie und warum sie schwindet, Wilhelm Heyne Verlag, München

Nestor, James (2021): Atem – Neues Wissen über die vergessene Kunst des Atmens, Piper Verlag, München

Neuner, Ralf (2019): Psychische Gesundheit bei der Arbeit, Springer Gabler, Wiesbaden

Norretranders, Tor (1994): Spüre die Welt – Die Wissenschaft des Bewusstseins, Rowohlt Verlag, Hamburg

Pascal, Blaise (1949): Abhandlungen über die Leidenschaften der Liebe, Kiepenheuer, Köln+Hagen

Plattner, Hasso/Meinel, Christoph/Leider, Larry (2012): Design Thinking Research, Springer-Verlag, Berlin/Heidelberg

Polmann, Paul (2022): Net Positive: How Courageous Companies Thrive by Giving More Than They Take, Harvard Business Review Press

Powell, James Lawrence (2021): 2084 – Eine Zeitreise durch den Klimawandel, Bastei Lübbe, Köln

Prieß, Arne (Hrsg.) (2023): Green Company Transformation, Haufe-Lexware, Freiburg

Raworth, Kate (2018): Die Donut-Ökonomie: endlich ein Wirtschaftsmodell, das den Planeten nicht zerstört, Carl Hanser Verlag, München

Ricard, Matthieu/Singer, Tania/Karius, Kate (2019): Die Macht der Fürsorge: für eine gemeinsame Zukunft. Wissenschaft und Buddhismus im Dialog mit dem Dalai Lama, Knaur Verlag, München

Ringertz, Erik/Emdén, Fredrik (2018): Harder, Better, Faster, Stronger – Führen ohne Hierarchie, Campus Verlag, Frankfurt

Robbins, Tony /Diamandis, Peter/Hariri, Robert (2022): Lifeforce; FinanzBuch Verlag, München

Robertson, Brian J. (2016): Holacracy – Ein revolutionäres Managementsystem für eine volatile Welt, Verlag Franz Vahlen, München

Robson, David (2022): The Expectation Effect – How Your Mindset Can Transform Your Life, Canongate Books, Edinburgh

Rogl, Magdalena (2022): Mitgefühl – Warum Emotionen im Job unverzichtbar sind, Edition Michael Fischer, Igling

Rosenberg, Stanley (2019): Der Selbstheilungs-Nerv, VAK Verlag, Kirchzarten bei Freiburg

Ruiz, Don Miguel (2020): Die vier Versprechen, Ullstein, Berlin

Schandry, Rainer (2003): Biologische Psychologie, Beltz, PVU, Weinheim

Scharmer, Claus Otto (2019): Essentials der Theorie U: Grundprinzipien und Anwendungen, Von der Zukunft her führen, Carl-Auer Verlag, Heidelberg

Scheuermann, Ulrike (2021): Freunde machen gesund, Knaur, München

Schröger, Erich/Grimm, Sabine/Müller, Dagmar (2022): Biologische Psychologie, Springer, Berlin

Schumacher, Ernst Friedrich (2013): Small is beautifull, Oekom Verlag, München

Scott, Linda (2020): Das weibliche Kapital, Carl Hanser Verlag, München

Seligman, Martin (1991): Pessimisten küsst man nicht, Droemer Knaur, München

Sharma, Robin (2019): Der 5 Uhr Club, O. W. Barth Verlag, München

Sharma, Robin (2023): Über die Kunst des Führens, FinanzBuch Verlag, München

Sichart, Silke/Preußig (2019): Agil führen – Neue Methoden für moderne Führungskräfte, Haufe-Lexware, Freiburg

Sinek, Simon (2014): Frag immer erst: warum, Redline-Verlag, München

Sinek, Simon (2017): Finde dein Warum, Redline-Verlag, München

Sinek, Simon (2017): Gute Chefs essen zuletzt: warum manche Teams funktionieren – und andere nicht, Redline-Verlag, München

Sinek, Simon (2017): Zusammen sind wir besser, Redline-Verlag, München

Sinek, Simon (2020): Das unendliche Spiel – Strategien für dauerhaften Erfolg, Redline-Verlag, München

Smolka, Heide-Marie/Turecek, Katharina (2018): Zum Glück mit Hirn – Ein verlockendes Angebot für Glückssucher, Springer Verlag, Berlin

Sommer, Iris (2023): Gehirn, weiblich, Verlag C.H. Beck, München

Steffens, Dirk/Göring, Marlene (»023): Eat it – Die Menschheit ernähren und dabei die Welt retten, Penguin Verlag, München

Stracke, Friedemann/Schmäh, Marco (2018): Unternehmerpersönlichkeiten verstehen, Springer Gabler, Wiesbaden

Ternés, Anabel (2023): Los, jetzt – Nachhaltig führen = Zukunft gewinnen, Haufe-Lexware, Freiburg

Traidl-Hoffmann, Claudia/Trippel, Katja (2021): Überhitzt- Die Folgen des Klimawandels für unsere Gesundheit, Dudenverlag, Berlin

Vajkoczy, Peter/Fichtl, Gisela (2022): Kopfarbeit, Droemer, München

Vester, Frederic (1975): Denken Lernen Vergessen, Deutsche Verlags-Anstalt, München

Vester, Frederic (2000): Die Kunst vernetzt zu denken: Ideen und Werkzeuge für einen neuen Umgang mit Komplexität, Deutsche Verlags-Anstalt, München

Voss, Chris (2017): Kompromisslos verhandeln, Redline-Verlag, München

Wehling, Elisabeth/Lakoff, George (2016): Auf leisen Sohlen ins Gehirn – Politische Sprache und ihre heimliche Macht, Carl Auer Verlag, Heidelberg

Weigand, Heiner (2017): Green Marketing – Erfolgsstrategien für kleine und mittelständische Unternehmen, Haufe-Lexware, Freiburg

Anmerkungen/Endnoten

1 https://www.ardmediathek.de/video/ard-wissen/drama-klimaschutz-warum-wissenschaft-und-proteste-scheitern/das-erste/Y3JpZDovL21kci5kZS9zZW5kdW5nLzI4MTA2MC8yMDIzMTIwNDIyNTAvc29uZGVyc2VuZHVuZy1tZHItaW0tZXJzdGVuLTEyNA.

2 https://www.welt.de/iconist/partnerschaft/article245907784/Heidi-Klum-und-eine-Birkenstock-Sandale-Was-haben-sie-gemeinsam.html, abgerufen am 4.2.2024.

3 https://www2.deloitte.com/de/de/pages/strategy/articles/chief-strategy-officer-survey.html, abgerufen am 3.2.2024.

4 Anders Indset, https://www.linkedin.com/pulse/kapitalismus-rettet-die-menschheit-ein-davos-fazit-anders-indset-pe82e%3FtrackingId=zAyjOCIJTf6FBnf04hQPAA%253D%253D/?trackingId=zAyjOCIJTf6FBnf04hQPAA%3D%3D, abgerufen am 21.1.2024.

5 Aus einem Vortrag von Daniela Ben Said, hier mein Podcast mit ihr: https://www.drmariahoffacker.com/gedankenverblueffung-strategien-fuer-fuehrung-im-winter-mit-daniela-ben-said-125/, abgerufen am 4.2.2024.

6 https://www.thepioneer.de/originals/others/articles/desillusionierung-ist-wunderbar, abgerufen am 3.1.2024.

7 https://youtu.be/R7qwsiKCvwY?si=DZAzW8x6s-e7j6r8, abgerufen am 4.1.2024.

8 https://www.haufe.de/sustainability/strategie/nachhaltigkeitsmanager-zwischen-regulatorik-und-entwicklung_575772_611858.html, abgerufen am 28.12.2023.

9 https://klimawirtschaft.org/publikationen/positionen/unternehmensappell2024, abgerufen am 16.2.2024.

10 https://unric.org/de/17ziele/, abgerufen am 28.12.2023.

11 https://unric.org/de/17ziele/, abgerufen am 4.1.2024.

12 https://www.weforum.org/publications/global-risks-report-2023/ und https://www3.weforum.org/docs/WEF_Global_Risks_Report_2023.pdf, abgerufen am 4.1.2024.

13 https://www.pwc.com/gx/en/issues/c-suite-insights/global-investor-survey.html, abgerufen am 11.1.2023.

14 https://www.pwc.com/gx/en/issues/c-suite-insights/global-investor-survey.html, abgerufen am 11.1.2023.

15 https://www.eib.org/de/press/all/2023-123-81-of-young-germans-say-the-climate-impact-of-prospective-employers-is-an-important-factor-when-job-hunting, abgerufen am 4.1.2024.

16 https://economicgraph.linkedin.com/content/dam/me/economicgraph/en-us/global-green-skills-report/green-skills-report-2023.pdf, abgerufen am 11.1.2024.

17 https://www.linkedin.com/pulse/die-linkedin-jobs-im-trend-2024-diese-25-berufe-wachsen-sfede%3FtrackingId=3TgCZb2xSj%252BL0F%252FjGa%252Bz1w%253D%253D/?trackingId=3TgCZb2xSj%2B-L0F%2FjGa%2Bz1w%3D%3D, abgerufen am 16.2.2024.

18 Sneakerjagd: https://sneakerjagd.letsflip.de/, abgerufen am 27.3.2024.

19 https://www.nim.org/publikationen/detail/greenwashing-vs-greenacting, abgerufen am 26.12.2023.

20 Kahneman, Daniel (2012): Schnelles Denken, langsames Denken, Siedler Verlag, München.

21 Deloite Studie: https://www2.deloitte.com/content/dam/Deloitte/de/Documents/CxO%20Sustainability%20Report_Deloitte_Germany.pdf, abgerufen am 27.12.2023.

22 Abschlussbericht (1994) der vom Bundestag 1987 eingesetzten Enquete-Kommission »Vorsorge zum Schutz der Erdatmosphäre«: https://dserver.bundestag.de/btd/12/086/1208600.pdf – Zitate zur Historie: https://www.ardalpha.de/wissen/umwelt/klima/klimawandel/klimawandel-klimaforschung-geschichte-historisch-100.html, abgerufen am 31.12.2023.

23 Johan Rockström: https://www.pik-potsdam.de/de/aktuelles/nachrichten/pik-director-nimmt-am-ted-countdown-teil und Video: https://www.ted.com/talks/johan_rockstrom_10_years_to_transform_the_

future_of_humanity_or_destabilize_the_planet, abgerufen am 31.12.2023. Planetare Grenzen: https://www.pik-potsdam.de/de/produkte/infothek/planetare-grenzen/planetare-grenzen und Greentech: https://greentechfestival.com/, abgerufen am 18.1.2024.

24 Apple Spot: https://youtu.be/QNv9PRDIhes?feature=shared und Parody: https://youtu.be/llWTcqtk4vY?feature=shared, abgerufen am 1.11.2023.

25 Grünes Kleid von Lidl: https://letsflip.de/lidl-rueckzug-myanmar/, abgerufen am 31.12.2023 und Panorama Dokumentation: https://daserste.ndr.de/panorama/archiv/2023/Nach-Panorama-Recherche-Lidl-zieht-sich-aus-Myanmar-zurueck,lidlmyanmar100.html, abgerufen am 31.12.2023.

26 ZDF-Dokumentation Greenwashing: https://youtu.be/fRl9SWJwy-A?si=9evxxpUhJg8J8xV6, abgerufen am 31.12.2023.

27 Vaude-Studie: https://www.vaude.com/de/de/blog/post/greenwashing-umfrage-verbraucherschutz-dringend-geboten.html, abgerufen am 31.12.2023.

28 Vaude-Studie: https://www.vaude.com/de/de/blog/post/greenwashing-umfrage-verbraucherschutz-dringend-geboten.html, abgerufen am 31.12.2023.

29 Zitat vom Februar 2021 in https://www.zeit.de/2021/09/anne-hidalgo-paris-buergermeisterin-umweltschutz-klimawandel-frankreich/seite-2, abgerufen am 31.12.2023.

30 Deloite Studie: https://www2.deloitte.com/de/de/pages/sustainability1/articles/cxo-sustainability-survey-2023.html, abgerufen am 5.3.2024.

31 https://www.derstandard.de/story/2000110716488/nobelpreistraeger-eric-kandel-wird-90 und https://youtu.be/TCYF84qlBhY, abgerufen am 23.12.2023.

32 Artikel Spektrum: https://www.spektrum.de/news/gefuehle-kann-man-buchstaeblich-riechen/2202568?utm_source=sdwv_daily&utm_medium=nl&utm_content=heute und Studie: Reading the Mind through the Nose: Mentalizing Skills Predict Olfactory Performance: https://www.mdpi.com/2076-3425/12/5/644, abgerufen am 4.1.2024.

33 Artikel Spektrum: https://www.spektrum.de/news/gefuehle-kann-man-buchstaeblich-riechen/2202568?utm_source=sdwv_daily&utm_medium=nl&utm_content=heute und Studie: Reading the Mind through the Nose: Mentalizing Skills Predict Olfactory Performance https://www.mdpi.com/2076-3425/12/5/644, abgerufen am 4.1.2024.

34 Scheuermann, Ulrike (2021): Freunde machen gesund, Knaur, München.

35 Rita Levi-Montalcini: https://www.faz.net/aktuell/feuilleton/zum-tod-von-rita-levi-montalcini-gehirn-und-gedaechtnis-12011438.html, abgerufen am 1.1.2024.

36 Sharma, Robin (2019): Der 5 Uhr Club, O. W. Barth Verlag, München, S. 353.

37 Simon Sinek, Human Skills in the Digital Age: https://youtube.com/shorts/2AvcOVVx6xU?si=ZcflhplIbrH7nZpD, abgerufen am 5.1.2024.

38 Human Brain Projekt (Forschungszentrum Jüllich): https://www.youtube.com/watch?v=EUo6u8_wTns, abgerufen am 25.1.2024.

39 The Ultimate Brain Map: https://www.youtube.com/watch?v=UHDfvfYCY0U&feature=youtu.be, abgerufen am 25.1.2024.

40 Das Gehirn in Wissenschaft und Kunst, Ausstellung des Berliner Medizinhistorischen Museums der Charité, https://bmm-charite.de/ausstellungen/das-gehirn, abgerufen am 25.1.2024.

41 Haynes, John-Dylan/Eckholdt, Matthias (2021): Fenster ins Gehirn, Ullstein Verlag, Berlin.

42 Dokumentation Einsteins Gehirn: https://www.n-tv.de/wissen/Die-Odyssee-von-Einsteins-Gehirn-article14904011.html, abgerufen am 25.1.2024 und https://en.wikipedia.org/wiki/Relics:_Einstein%27s_Brain sowie https://en.wikipedia.org/wiki/Brain_of_Albert_Einstein, abgerufen am 25.1.2024.

43 Paterniti, Michael (2001): Unterwegs mit Mr. Einstein, Rowohlt Buchverlag, Reinbek bei Hamburg.

44 Test Yourself: Stroop Effect, https://youtu.be/Tpge6c3Ic4g?feature=shared, abgerufen am 28.3.2024.

45 Buchsta bensalat: https://www.rhetos.de/html/lex/buchstabensalat.htm, abgerufen am 25.1.2024 oder https://www.nzz.ch/buchstabensalat-ld.686556.

46 Buzan, Tony/Buzan, Barry (2013): The Mind-Map-Buch, MVG, München.

47 Inspiriert durch: Kast, Bas (2007): Wie der Bauch dem Kopf beim Denken hilft, S. Fischer Verlag, Frankfurt am Main.

48 Damasio, Antonio (2004): Descartes' Irrtum: Fühlen, Denken und das menschliche Gehirn, List, Berlin.

49 Goleman, Daniel (2004): Emotionale Intelligenz, dtv, München.

50 Damasio, Antonio (2021): Wie wir denken, wie wir fühlen – Die Ursprünge unseres Bewusstseins, Hanser Verlag, München.

51 Kahneman, Daniel (2012): Schnelles Denken, langsames Denken, Siedler Verlag, München.

52 Feldman Barrett, Lisa (2023): Wie Gefühle entstehen: eine neue Sicht auf unsere Emotionen, Rowohlt, Hamburg.

53 Dispenza, Joe (2014): Du bist das Placebo, Koha, Dorfen.

54 https://www.taxi-times.com/superhirn-londons-taxifahrer-dienen-der-hirn-forschung/, abgerufen am 30.1.2024.

55 https://youtu.be/LNHBMFCzznE?si=IrhOmNMilmuNhEiH, abgerufen am 30.1.2024.

56 https://youtu.be/LNHBMFCzznE?si=IrhOmNMilmuNhEiH, abgerufen am 30.1.2024.

57 https://www.dasgehirn.info/grundlagen/das-konnektom/das-connectome, abgerufen am 30.1.2024.

58 Norretranders, Tor (1994): Spüre die Welt – Die Wissenschaft des Bewusstseins, Rowohlt Verlag, Hamburg.

59 Das *Bit* ist im Computerumfeld die kleinste Informationseinheit und kann die Werte »0« oder »1« annehmen.

60 Kast, Bas (2007): Wie der Bauch dem Kopf beim Denken hilft, S. Fischer Verlag, Frankfurt am Main, S. 76.

61 Sheldrake, Rupert (2011): Das Gedächtnis der Natur: das Geheimnis der Entstehung der Formen, Scherz, Frankfurt am Main.

62 Gigerenzer, Gerd (2021): Klick – wie wir in einer digitalen Welt die Kontrolle behalten und die richtigen Entscheidungen treffen, C. Bertelsmann, München.

63 https://scilogs.spektrum.de/hirn-und-weg/was-tut-unser-hirn-wenn-wir-nichts-tun/, abgerufen am 30.1.2024.

64 https://www.for-a-change.com/2019/02/04/a-quick-tool-for-change-focus-mapping/, abgerufen am 12.2.2024.

65 https://youtu.be/2lXh2n0aPyw?si=mWd_yut8rFdQqHsh, abgerufen am 12.2.2024.

66 https://de.wikipedia.org/wiki/Liste_kognitiver_Verzerrungen#/media/Datei:Cognitive_bias_codex_en.svg, abgerufen am 12.2.2024.

67 https://de.in-mind.org/article/wie-heuristiken-uns-helfen-entscheidungen-zu-treffen#:~:text=sind%20heuristische%20Entscheidungen%3F-,Was%20sind%20Heuristiken%3F,treffen%20und%20Urteile%20zu%20f%C3 %A4llen, abgerufen am 12.2.2024.

68 https://www.researchgate.net/publication/329428354_Verzerrte_Welt, abgerufen am 12.2.2024.

69 Kopfarbeit: Neurochirurgie, Gehirn und Seele mit Peter Vajkoczy und https://youtu.be/YwZVkGj2A34?si=YLzUBzu02dujj5JN, abgerufen am 31.1.2024.

70 https://www.kardiologe-bayreuth.de/herz-fakten/, abgerufen am 1.2.2024.

71 https://www.rki.de/DE/Content/GesundAZ/H/Herz_Kreislauf_Erkrankungen/Herz_Kreislauf_Erkrankungen_node.html, abgerufen 1.2.2024.

72 Tabata, Izumi (2022): Tabata Training – The Science and History of HIIT, Academic Press Inc, Cambridge USA.

73 https://www.theguardian.com/lifeandstyle/2013/mar/25/tabata-harder-faster-fitter-quicker, abgerufen am 2.2.2024.

74 Hansen, Anders/Sundberg, Carl Johan (2017): Das Gesundheitsrezept – Klüger Trainieren, Länger leben – High Intensity Interval-Taining, Goldmann, München.

75 https://www.nature.com/articles/nature23018.epdf?referrer_access_token=rtrph0TF4CQwr2H962H_jNRgN0jAjWel9jnR3ZoTv0Pu2bFadmfud14d09w_1frY4rPdQLfz1NTx3mVeUC-R6NTMVJQE7wl3XJ84ve-tqLMa1

C68qx54MiuowZoPBxPkF7klzMFw7vHVzTQ0x968D0qTIOy7Ftw3hY3LvK_xr8qCWdTUGG4eQMru97FTZ8yA dDu0l0TOjjaIMTsFTQdSxw%3D%3D&tracking_referrer=www.bbc.com, abgerufen am 4.2.2024.

76 Hansen, Anders/Sundberg, Carl Johan (2017): Das Gesundheitsrezept – Klüger Trainieren, Länger leben – High Intensity Interval-Taining, Goldmann, München, S. 44.

77 https://www.heartmath.org/science/, abgerufen am 1.2.2024.

78 Dr. Rollin McCraty – HeartMath® Wissenschaftsdirektor in Berlin, https://www.kampmann-coaching.de/dr-rollin-mccraty-heartmath-wissenschaftsdirektor-in-berlin, abgerufen am 29.3.2024.

79 https://www.spektrum.de/news/immunsystem-wie-das-gehirn-krankheit-und-gesundheit-steuert/2116716, abgerufen am 17.2.2024.

80 https://www.mpg.de/20979952/1020-pfor-herzregeneration-wird-durch-umprogrammierung-des-zellstoffwechsels-moeglich-149770-x, abgerufen am 17.2.2024.

81 https://de.wikipedia.org/wiki/Kirlianfotografie, abgerufen am 17.2.2024.

82 Die Herz-Hirn-Connection, https://www.dasgehirn.info/grundlagen/herz/die-herz-hirn-connection, abgerufen am 29.3.2024.

83 Egli, René (1999): Das LOLA-Prinzip, 8. Auflage, Editions d'Olt, Zug.

84 Wohlleben, Peter (2015): Das geheime Leben der Bäume: Was sie fühlen, wie sie kommunizieren – die Entdeckung einer verborgenen Welt, Ludwig, München.

85 Goleman, Daniel (1996): Emotionale Intelligenz, Hanser Verlag, München.

86 De Becker, Gavin (2016): Vertraue deiner Angst. Wie uns unsere Intuition vor Gewalt schützt, mvg Verlag, München.

87 https://www.resource-project.org/, abgerufen am 17.2.2024.

88 https://taniasinger.de/de/das-resource-project/, abgerufen am 17.2.2024.

89 https://www.social.mpg.de/, abgerufen am 17.2.2024.

90 Ricard, Matthieu/Singer, Tania/Karius, Kate (2019): Die Macht der Fürsorge: für eine gemeinsame Zukunft. Wissenschaft und Buddhismus im Dialog mit dem Dalai Lama, Knaur Verlag, München.

91 https://www.matthieuricard.org/en/, abgerufen am 17.2.2024.

92 Janssen, Bodo/Grün, Anselm (2017): Stark in stürmischen Zeiten – Die Kunst sich selbst und andere zu führen, Ariston, München.

93 Kessler, Christof/Rautenberg, Regina (2019): Essen für den Kopf, südwest, München.

94 Kast, Bas (2018): Der Ernährungskompass, C. Bertelsmann, München.

95 https://www.oliocentrica.it/de/2021/06/23/die-mittelmeerdiaet-ist-ein-immaterielles-kulturerbe-der-menschheit/, abgerufen am 5.3.2024.

96 https://pubmed.ncbi.nlm.nih.gov/25681666/, abgerufen 19.2.2024.

97 Kast, Bas (2007): Wie der Bauch dem Kopf beim Denken hilft, S. Fischer Verlag, Frankfurt am Main.

98 Hintringer, Sandra (2021), Der Vagusnerv, unserer innerer Therapeut, Irisiana Verlag, München.

99 Nestor, James (2021): Atem – Neues Wissen über die vergessene Kunst des Atmens, Piper Verlag, München, S. 62.

100 Nestor, James (2021): Atem – Neues Wissen über die vergessene Kunst des Atmens, Piper Verlag, München.

101 Dalai Lama/Tut, Desmond /Abrams, Douglas (2016): Buch der Freude, Lotos Verlag, München.

102 Tonglen Übung, in: Dalai Lama/Tut, Desmond/Abrams, Douglas (2016): Buch der Freude, Lotos Verlag, München, S. 346–347.

103 Vgl. Häusel, Hans-Georg (2016): Brain View, warum Kunden kaufen, Haufe-Lexware, Freiburg.

104 https://www.house-of-communication.com/de/de/brands/serviceplan/landingpages/cmo-barometer-2024.html, abgerufen am 22.1.2024.

105 Kreutzer, Ralf T. (2023): Der Weg zur nachhaltigen Unternehmensführung, Springer Gabler, Wiesbaden.

106 Kreutzer, Ralf T. (2023): Der Weg zur nachhaltigen Unternehmensführung, Springer Gabler, Wiesbaden.

107 https://www.innerdevelopmentgoals.org/, abgerufen am 13.02.2024.

108 Film »Inner Development Goals«, https://vimeo.com/657361309, abgerufen am 14.2.2024.

109 https://www.innerdevelopmentgoals.org/framework, abgerufen am 4.2.2024.

110 https://www.innerdevelopmentgoals.org/, abgerufen am 13.02.2024.

111 https://www.weforum.org/agenda/2020/10/top-10-work-skills-of-tomorrow-how-long-it-takes-to-learn-them/, abgerufen am 13.2.2024.

112 https://www3.weforum.org/docs/WEF_Future_of_Jobs_2020.pdf, abgerufen am 13.2.2024.

113 Robson, David (2022): The Expectation Effect – How Your Mindset Can Transform Your Life, Canongate Books, Edinburgh.

114 Dispenza, Joe (2014): Du bist das Placebo, Koha, Dorfen.

115 Kluge, Sabine/Kluge, Alexander (2020): Graswurzelinitiativen in Unternehmen: Ohne Auftrag mit Erfolg!,Verlag Franz Vahlen, München.

116 Simon Sinek et al. (2017): Finde Dein Warum, Redline-Verlag, München, S. 94.

117 Clear, James (2020): Die 1% Methode – minimale Veränderung, maximale Wirkung, Goldmann Verlag, München.

118 Sharma, Robin (2019): Der 5 Uhr Club, O. W. Barth Verlag, München.

119 https://www.vogue.de/lifestyle/artikel/5am-club-trend, abgerufen am 13.2.2024.

120 Hardy, Darren (2020): Die Gewinnerformel, Goldmann, München.

121 https://selbst-management.biz/der-compound-effekt-dein-schluesselfaktor-fuer-dauerhaften-erfolg/, abgerufen am 10.1.2024.

122 Hardy, Darren (2020): Die Gewinnerformel, Goldmann, München.

123 https://selbst-management.biz/der-compound-effekt-dein-schluesselfaktor-fuer-dauerhaften-erfolg/, abgerufen am 10.1.2024.

124 Ferris, Tim (2017): Tools der Titanen, FinanzBuch Verlag, München.

125 5:30 Challenge by Thaddaeus Koroma, abgerufen am 2.1.2024.

126 5:30 Challenge by Thaddaeus Koroma, abgerufen am 2.1.2024.

127 https://www.openpr.de/wiki/momentum, abgerufen am 31.1.2024.

128 https://philipp-stelzel.com/de/momentum-business/, abgerufen am 31.1.2024.

129 Hardy, Darren die Gewinnerformel, Goldmann München, S. 165.

130 Gladwell, Malcom (2000): Der Tipping Point – Wie kleine Dinge Großes bewirken können, Berlin Verlag, Berlin.

131 https://www.spektrum.de/frage/wie-viele-zellen hat-der-mensch/620672, abgerufen am 4.2.2024.

132 Ternés, Anabel (2023): Los, jetzt – Nachhaltig führen=Zukunft gewinnen, Haufe-Lexware; Freiburg.

133 Indset, Anders (2019): Wildes Wissen: klarer denken als die Revolution erlaubt, Campus Verlag, Frankfurt.

134 https://de.wikipedia.org/wiki/Intelligenz, abgerufen am 15.2.2024.

135 Meckel, Miriam/Steinacker, Léa (2024): Alles überall auf einmal: Wie Künstliche Intelligenz unsere Welt verändert und was wir dabei gewinnen können, Rowohlt Buchverlag, Hamburg.

136 https://www.nzz.ch/feuilleton/miriam-meckel-kuenstliche-intelligenz-wird-den-menschen-nicht-ersetzen-ld.1807236, abgerufen am 13.2.2024.

137 https://www.nzz.ch/feuilleton/miriam-meckel-kuenstliche-intelligenz-wird-den-menschen-nicht-ersetzen-ld.1807236, abgerufen am 13.2.2024.

138 brand eins (Heft 11/2023): Meine Chefin: die Ki – Wie sich Führung verändert, Hamburg.

139 Interview in brand eins (Heft 11/2023): Meine Chefin: die Ki – Wie sich Führung verändert, Hamburg.

140 https://www.linkedin.com/posts/stefaniehauer_planetarybusiness-sustainability-climatechange-activity-7155105375275433984-npAm?utm_source=share&utm_medium=member_desktop, abgerufen am 24.1.2024.

141 Edmüller, Andreas/Wilhelm, Thomas (2016): Manipulationstechniken, Haufe-Lexware, Freiburg.

142 Caldini, Robert B. (2013): Die Psychologie des Überzeugens, Verlag Hans Huber, Bern.

143 Voss, Chris (2017): Kompromisslos verhandeln, Redline-Verlag, München.

144 https://mr-transformation.com/tools/teamplay/, abgerufen am 5.3.2024.

145 https://shop.mr-transformation.com/products/teamplay-kartenset, abgerufen am 5.3.2024.

146 https://www.frederic-vester.de/deu/frederic-vester/, abgerufen am 17.1.2024.

147 https://www.system-logics.com, abgerufen am 17.1.2024.

148 https://spiele.tips/oekolopoly, abgerufen am 17.1.2024.

149 Vester, Frederic (1975): Denken Lernen Vergessen, Deutsche Verlags-Anstalt, München.

150 Vester, Frederic (2000): Die Kunst vernetzt zu denken: Ideen und Werkzeuge für einen neuen Umgang mit Komplexität, Deutsche Verlags-Anstalt, München.

151 Michalik, Georg (2020); Co-Creation – Die Kraft des gemeinsamen Denkens, Schäffer-Poeschel Verlag, Stuttgart.

152 Lindau, Veit (2023): Co-Creation: Wie Menschen zusammen Großes erschaffen, Gräfe und Unzer, München.

153 Plattner, Hasso/Meinel, Christoph/Leider, Larry (2012): Design Thinking Research, Springer-Verlag, Berlin/Heidelberg.

154 Ben Said, Daniela (2017): Glück ist tierisch leicht: Was wir von Tieren lernen können, Coppenrath Verlag, Münster.

155 Leman, Kevin/Pentak, William (2005): Das Hirtenprinzip – sieben Erfolgsrezepte guter Menschenführung, Gütersloher Verlagshaus, Gütersloh.

156 Kotter, John/Rathgeber, Holger (2017): Das Pinguin-Prinzip, Droemer Verlag, München.

157 Kotter, John/Rathgeber, Holger (2017): Das Erdmännchen-Prinzip, Droemer Verlag, München.

158 https://www.deutsches-klima-konsortium.de/fileadmin/user_upload/pdfs/Publikationen_DKK/Faktenpapier_2023.pdf sowie https://www.deutsches-klima-konsortium.de/de/startseite.html und genau: https://www.deutsches-klima-konsortium.de/de/basisfakten.html, abgerufen am 25.1.2023.

159 Traidl-Hoffmann, Claudia/Trippel, Katja (2021): Überhitzt – Die Folgen des Klimawandels für unsere Gesundheit, Dudenverlag, Berlin.

160 Kolodej, Christa (2022): Priming – Stärkende Räume entstehen lassen, Springer Gabler, Wiesbaden.

161 Christiane Voss, Weimar: Gastlichkeit als Szene der Affektpolitik. Eine medienphilosophische Perspektive, Vortrag, Internationaler Kongress Einstein Forum »A Matter of Feeling? Recent Perspectives in the Study of Emotions«, Berlin 1.-3.2.2024.

162 Laloux, Frederic (2017): Reinventing Organisations visuell, Verlag Franz Vahlen, München.

163 https://youtu.be/gcS04BI2sbk?feature=shared, auf englisch abgerufen am 20.1.2024.

164 https://thejourney.reinventingorganizations.com/index.html, abgerufen am 23.1.2024.

165 Robertson, Brian J. (2016): Holacracy – Ein revolutionäres Managementsystem für eine volatile Welt, Verlag Fran Vahlen, München.

166 Indset, Anders (2019): Quantenwirtschaft: Was kommt nach der Digitalisierung?, Econ Verlag, Berlin.

167 Indset, Anders (2019): Wildes Wissen: klarer denken als die Revolution erlaubt, Campus Verlag, Frankfurt.

168 Scharmer, Claus Otto (2019): Essentials der Theorie U: Grundprinzipien und Anwendungen, Von der Zukunft her führen, Carl-Auer Verlag, Heidelberg.

169 Raworth, Kate (2018): Die Donut-Ökonomie: endlich ein Wirtschaftsmodell, das den Planeten nicht zerstört, Carl Hanser Verlag, München.

170 Faltin Günter (2017): Kopf schlägt Kapital: Die ganz andere Art, ein Unternehmen zu gründen – Von der Lust, ein Entrepreneur zu sein, dtv Verlagsgesellschaft, München.

171 Faltin, Günter (2013): Wissen heißt: macht!, Hanser Verlag, München.

172 Faltin, Günter (2019): David gegen Goliath, Murmann/Haufe, Freiburg.

173 Frisch, Max (2019): Fragebogen, Suhrkamp Verlag, Berlin.

174 Heifetz, Ronald A./Linsky, Marty (2014): Leadership on the Line, With a New Preface: Staying Alive Through the Dangers of Change, Harvard Business Review Press.

175 Breidenbach, Joana/Rollow, Bettina (2019): New Work Needs Inner Work, Verlag Franz Vahlen, München, S. 26.

176 https://www.nytimes.com/2016/02/28/magazine/what-google-learned-from-its-quest-to-build-the-perfect-team.html?_r=1, abgerufen 19.1.2024 und Duhigg, Charles (2017): Smarter, schneller, besser, Redline-Verlag, München.

177 Breidenbach, Joana/Rollow, Bettina (2019): New Work Needs Inner Work, Verlag Franz Vahlen, München, S. 44.

178 Breidenbach, Joana/Rollow, Bettina (2019): New Work Needs Inner Work, Verlag Franz Vahlen, München, S. 39.

179 Breidenbach, Joana/Rollow, Bettina (2019): New Work Needs Inner Work, Verlag Franz Vahlen, München, S. 66.

180 Ebd., S. 85.

181 Ebd., S. 95.

182 Bergmann, Frithjof (2017): Neue Arbeit, neue Kultur, arbor Verlag, Freiburg.

183 Sinek, Simon (2020): Das unendliche Spiel – Strategien für dauerhaften Erfolg, Redline-Verlag, München, S. 137.

184 Kotter, John P. (2011): Leading Change – Wie Sie Ihr Unternehmen in acht Schritten erfolgreich verändern, Vahlen, München (Nachdruck 2015).

185 https://www.handelsblatt.com/unternehmen/management/ceo-berater-mittelmanager-haben-eine-starke-obsession-fuer-den-status-quo/100002391.html, abgerufen am 6.2.2024.

186 Angelehnt und geändert auf Basis von Kotter, John P. (2011): Leading Change – Wie Sie Ihr Unternehmen in acht Schritten erfolgreich verändern, Vahlen, München (Nachdruck 2015).

187 Vergleiche auch Kotter, John P. (2011): Leading Change – Wie Sie Ihr Unternehmen in acht Schritten erfolgreich verändern, Vahlen, München (Nachdruck 2015).

188 Angelehnt an Kotter, John P. (2011): Leading Change – Wie Sie Ihr Unternehmen in acht Schritten erfolgreich verändern, Vahlen, München (Nachdruck 2015).

189 https://www.brandeins.de/corporate-services/impulse/evolution-der-fairness-warum-die-hilfsbereitschaft-in-unserer-natur-liegt, abgerufen am 18.2.2024.

190 Lüthke, Herbert (2016): Die Fairness-Formel: Freiheit und Gerechtigkeit in der Wirtschaft der Zukunft, Springer, Heidelberg.

191 Edmondson, Amy C. (2020): Die angstfreie Organisation, Vahlen, München.

192 Fritz-Schubert, Ernst (2021): Unternehmensziel Wohlbefinden: Erfolg durch Werteorientierung und Mitarbeiterzufriedenheit, Haufe-Lexware, Freiburg.

193 Jackson, Terence (2021): Co-Creation Leadership: Helping Leaders Develop Their Superpower of Co-Creation for the Greater Good of the Organization, THINKaha, Los Altos Hills Kalifornien.

194 Kurzhals, Kerstin/Uude, Katrin/Sormani, Eva/Chak, Choiwai Maggie/Banze, Madleen (2022): Das Co-Creation Toolbook, Open access, Springer Gabler, Wiesbaden.

195 Dalai Lama/Tutu, Desmond/Abrams, Douglas (2016): Buch der Freude, Lotos Verlag, München.

196 Goodall, Jane (2021): Das Buch der Hoffnung, Goldmann Verlag; München.

197 https://de.statista.com/outlook/cmo/luxusgueter/weltweit#umsatz, abgerufen am 5.3.2024.

198 https://econtribute.de/de/soziale-normen-praegen-bereitschaft-zum-klimaschutz-i-peter-andre-teodora-boneva-felix-chopra-armin-falk/ und https://www.econtribute.de/RePEc/ajk/ajkdps/ECONtribute_101_2021.pdf abgerufen 21.2.2024.

199 Berger, Jennifer Garvey (2019): Unlocking Leadership Mindtraps: How to Thrive in Complexity, Combined Academic Publishers, Harrogate England.

200 Dr. Maria Hoffacker.

201 https://www.bundestag.de/dokumente/textarchiv/2024/kw05-gedenkstunde-rede-reif-988214, gehalten am 31.1.2024 im Bundestag, abgerufen am 24.2.2023, Video: https://youtu.be/X8QWdOTyhpo?si=imDOOpd1a45cZoQF, abgerufen 24.2.2024,

202 Hüther, Gerald/Hosang, Maik/Grün, Anselm (2020): Liebe ist die einzige Revolution: drei Impulse für Ko-Kreativität und Potenzialentfaltung, Herder Verlag, Berlin.

203 https://www.fh-muenster.de/ciw/downloads/personal/juestel/juestel/Das_Rheinische_Grundgesetz.pdf, abgerufen am 20.1.2024.

204 Goodall, Jane (2021): Das Buch der Hoffnung, Goldmann Verlag, München.

Die Autorin

Dr. Maria Hoffacker

Dr. Maria Hoffacker ist Biologin, Theologin, Pädagogin und Expertin für Neurowissenschaften. Ihr breites interdisziplinäres Wissensspektrum fließt in neue innovative Denkansätze und Transformationskonzepte. Die promovierte Meeresökologin und Pionierin im Nachhaltigkeitsmanagement hat über 20 Jahre Erfahrung in Sustainable Management, Medien und Kommunikation. Ihr herausragendes Engagement für Nachhaltigkeit in Unternehmen wurde mit einem der ersten B.A.U.M.-Umweltpreise gewürdigt. Über 16 Jahre arbeitete sie für die TV-GEO-Reportage, einer Dokumentationsreihe, die weltweit herausragendes ökologisches und soziales Engagement porträtierte und bei ARTE ausgestrahlt wurde. Aktuell gibt sie ihr Wissen als Hochschuldozentin, Trainerin und Mentorin weiter. Sie begleitet Unternehmen und Führungspersonen bei nachhaltigen Transformationsprozessen. Als erfahrene Speakerin präsentiert sie die Erkenntnisse der modernen Gehirnforschung amüsant und praxisnah. Ihr Podcast MAGIC BRAIN KICKS ist der Podcast für innovative Ideen, Gedankenanstöße für dein Gehirn und viel Wissen über dein Gehirn. Er ist überall da zu hören, wo es Podcasts gibt. Dr. Maria Hoffackers Spezialgebiet liegt in der Schnittmenge von Gehirnforschung und innovativer nachhaltiger Transformation. Neue zukunftsfähige Entwicklungen werden durch menschliche Entwicklung erst möglich. Dazu ist lebendiges biologisches Wissen gefragt, das leicht und konkret umsetzbar ist.

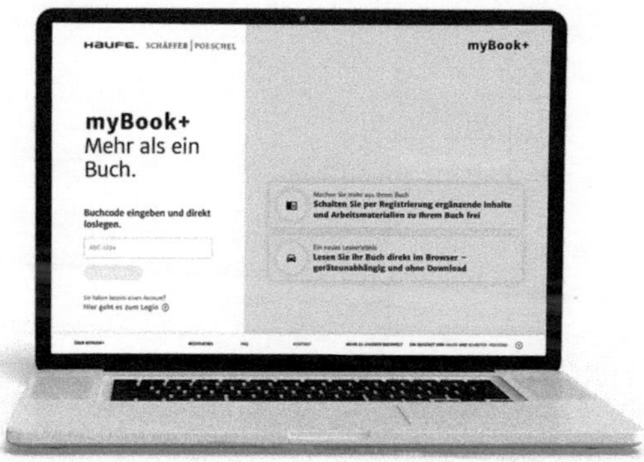
myBook+
myBook+
Mehr als ein Buch.
Buchcode eingeben und direkt loslegen.

PI12535077
9043645